中国地质大学(武汉)本科教学工程项目资助
中国地质大学(武汉)实验技术研究项目资助
中国地质大学(武汉)实验教学系列教材

多媒体信息系统

DUOMEITI XINXI XITONG

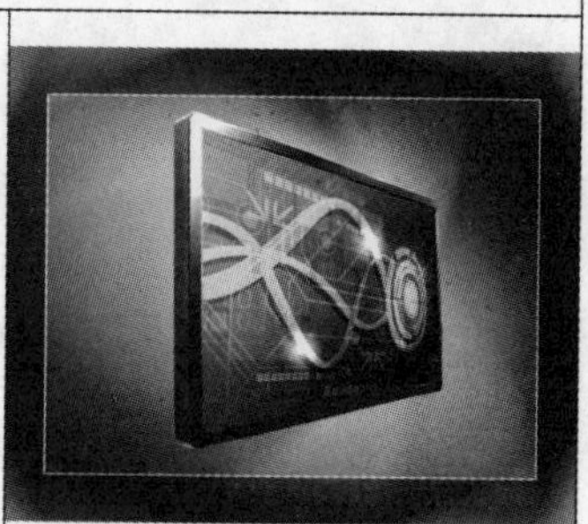

周　林 ◎主　编

吴　亮
贾孝良 ◎副主编

中国地质大学出版社
ZHONGGUO DIZHI DAXUE CHUBANSHE

图书在版编目(CIP)数据

多媒体信息系统/周林主编. —武汉:中国地质大学出版社,2016.12 (2018.重印)
中国地质大学(武汉)实验教学系列教材
ISBN 978-7-5625-3977-3

Ⅰ.①多…
Ⅱ.①周…
Ⅲ.①多媒体技术-高等学校-教材
Ⅳ.①P37

中国版本图书馆 CIP 数据核字(2016)第 303081 号

多媒体信息系统

主　编 周　林
副主编 吴　亮　贾孝良

责任编辑:彭　琳　　责任校对:周　旭

出版发行:中国地质大学出版社(武汉市洪山区鲁磨路 388 号)　　邮编:430074
电　话:(027)67883511　　传　真:(027)67883580　　E-mail:cbb @ cug.edu.cn
经　销:全国新华书店　　Http://www.cugp.cug.edu.cn

开本:787 毫米×1 092 毫米　1/16　　字数:371 千字　印张:14.5
版次:2016 年 12 月第 1 版　　印次:2018 年 6 月第 2 次印刷
印刷:武汉市教文印刷厂　　印数:501-1000 册

ISBN 978-7-5625-3977-3　　定价:38.00 元

中国地质大学(武汉)实验教学系列教材

编委会名单

前言

在数字全球化的影响下，数字产品应用已经广泛影响着我们的生活，传统的纸质印刷媒体在多个领域已经逐渐被数字多媒体所替代。与此同时，数字多媒体的传播与应用需求使得多媒体信息系统应运而生。多媒体信息系统不仅可以实现多媒体资源的组合播放，提供人性化的工作环境和轻松惬意的娱乐休息空间，而且是一条行之有效的宣传途径，相对以往的宣传手段，它能实现信息发布的统一化管理，信息传递快捷、方便，显示效果多样灵活，富有更强的视觉冲击力和印象感染力。借助日益普及的高速信息网，多媒体技术及多媒体信息系统正广泛应用于咨询服务、图书、教育、通信、军事、金融、医疗等诸多行业，并正潜移默化地改变着我们生活的面貌。多媒体技术应用是当今信息技术领域发展最快、最活跃的技术，是新一代电子技术发展和竞争的焦点。因此，在本科教育中广泛开展多媒体信息系统及相关技术的教学非常必要。

笔者首先介绍了多媒体信息系统中涉及的基本概念及基础知识，然后介绍了常见媒体的处理技术与基于内容的检索技术，最后介绍了多媒体同步通信技术以及典型多媒体信息系统实例。全书共分为 7 章：第一章主要讲述多媒体信息系统相关的一系列概念和音频、图像、视频、颜色模型的基础知识；第二章主要讲述数字图像处理的相关技术，包括图像增强、图像复原、图像分割、形态学图像处理、图像压缩与编码等内容；第三章讲述数字音频编码技术及标准，主要介绍了数字音频压缩编码的基础知识、无损音频编码技术和感知音频编码技术；第四章讲述视频压缩编码技术及标准，主要介绍了视频编码的基础知识、H.264/AVC 视频编码技术、HEVC 视频编码技术和 AVS 视频编码技术；第五章主要介绍了媒体图像、音频和视频的基于内容的信息检索技术；第六章主要介绍了多媒体同步的基本知识，并详细介绍了一个音视频同步传输的实现示例；第七章主要介绍了 3 类常见的多媒体信息系统，即视频会议系统、移动教育系统和移动医疗系统。

笔者近年一直从事本课程的本科教学工作，积累了一定的教学资料和教学经验。笔者采取了由浅入深、循序渐进的方式向读者讲述多媒体信息系统的相关内容，旨在让初学者对多媒体技术及多媒体信息系统有一个初步了解，为后续的学习及研究打下基础。本书可被定位为一本入门级的书籍，也可作为各院校本科生相关课程的教材或初学者的参考用书。

本书的出版得到了“中国地质大学（武汉）实验技术研究经费”的资助。在本书的筹备过程中，李奔、王淑锦、王雪柔等同学参与了资料的搜集，笔者所在院系的领导及同事给予了大量的关心与帮助。在此，对以上各方面的支持与帮助表示衷心的感谢。

由于篇幅所限，全书内容只涵盖了多媒体信息系统的一小部分基础知识，所涉内容也难免存在分析不够深入或介绍不够详细的问题。另外，由于笔者的水平有限，书中难免有错误与不足之处，欢迎广大读者及专家批评指正。

周　林

2016年11月30日于武汉

目　录

第一章 多媒体信息系统基础

第一节 基本概念

一、媒体的概念及分类

按照传统的说法，媒体(media)是指信息的载体，如报纸、杂志、电视、广播、因特网等。在计算机领域有两层含义：一是信息的存储实体，如磁盘、光盘、磁带、半导体存储器等，中文常译为媒质或媒介；二是传递信息的基本元素，如文字、声音、图形、动画和图像等。国际电话电报咨询委员会(CCITT)把媒体分成5类。

1. 感知媒体(perception medium)

感知媒体是指能直接作用于人的感觉器官，使人直接产生感觉(视、听、嗅、味、触觉)的一类媒体，如语言、音乐、图形、动画、数据、文字、文件等。

2. 表示媒体(representation medium)

表示媒体是为了更有效地加工、处理及传输感知媒体而人为研究和构造出来的一种媒体。它包括上述感知媒体的各种编码，如语音编码、静止和活动图像编码，以及文本编码等。

3. 呈现媒体(presentation medium)

呈现媒体是感知媒体与用于通信的电信号之间在转换中用于信息输入和输出的媒体。可分为输入呈现媒体(如键盘、摄像机、话筒、扫描仪等)和输出呈现媒体(如显示器、扬声器、打印机等)两种。

4. 存储媒体(storage medium)

存储媒体用于存储表示媒体，即存放感知媒体数字化产品(结果)的媒体，如磁盘、光盘、磁带、半导体存储器等。

5. 传输媒体(transmission medium)

传输媒体是指用来将表示媒体从一处传递到另一处的物理传输介质，如同轴电缆、双绞线、光纤及其他通信信道。

二、多媒体概述

多媒体(multimedia),一般理解为多种媒体的综合,是指由两种或两种以上媒体组合成的信息交互和传播的形式。该定义中的媒体是一个宽泛的概念,囊括了以上五大分类。

多媒体技术是指利用计算机技术把文本、图像、图形、动画、音频及视频等多种媒体有机地集成起来,使人们能以更加自然的方式使用信息,并与计算机进行交互,且使表现的信息图、文、声并茂的技术。简言之,多媒体技术就是计算机综合处理声、文、图信息的技术,常被简称为多媒体。

多媒体信息是指以两种或两种以上媒体表达同一信息内容的一种综合信息类型。该定义中的媒体元素主要包括文本、图形、图像、音频、视频、动画等。

1. 文本(text)

"文本"来自英文 text,又译作本文、正文、语篇和课文等。从词源上看,它表示编织的东西。这与中国"文"的概念颇有类似之处。《说文解字·序》中称:"仓颉之初作书,盖依类象形,故谓之文。……文者,物象之本也。"可见,鸟兽身上的花纹彩羽,以及物体的形状、线条、色彩即为"文"。但文本的概念后来变成"任何由书写所固定下来的话语"。文本可为一个单句,也可由一系列句子组成。在计算机中,文本主要指用于记载和储存文字、数字、字母和符号信息,而不含图像、声音等信息的媒体形式。常见的文本类型有 txt、rtf、doc、docx、wps 等。

2. 图形(graphics)

图形又称矢量图,它用一组指令集合来描述事物的颜色、形状、轮廓、大小、位置等属性,常见的图形有直线、圆、矩形、曲线、图表等。每个图形都是一个独立的实体,这使得图形可以自由无限制地重新组合。图形主要具有无级缩放、不产生锯齿、高分辨率输出等特点。图形文件的格式较多,常见的有 ai、cdr、dxf、emf、eps、svg 等。

3. 图像(image)

这里主要指静态图像,以二维整数数组形式表示,如照片、画片等。数字图像可由许多不同的输入设备和技术生成,例如数码相机、扫描仪、坐标测量机等。数字图像经常采用一定的压缩格式进行传输和储存。目前,比较常见的图像格式有 BMP、GIF、JPEG、PNG 等。

4. 音频(audio)

音频是人类能够听到的所有声音的统称,包括语音、音乐、噪声等。声音在空气中以一种连续波的形式传播,故又称声波。当声波的频率在 20Hz～20kHz 之间时,可被人耳感知即为音频。常见的音频格式有 cda、wav、mp3、wma、vqf 等。

5. 视频(video)

视频泛指将一系列静态图像以电信号的方式加以捕捉、记录、处理、储存、传送与重现的各种技术。由于人眼看到一幅画或一个物体后,在 0.34s 内不会消失,根据这一视觉暂留原理,当连续的图像变化每秒超过 24 帧(frame)画面时,人眼就无法辨别单幅的静态画面,看上去是平滑连续的视觉效果，这样连续的画面叫作视频。视频技术最早是为了电视系统而发展，但现在已经发展为各种不同的格式，如 mpeg、mov、avi、rm、asf 等。

6. 动画(animation)

动画是通过把人物的表情、动作、变化等分解成许多动作瞬间的画幅，再用摄影机连续拍摄成一系列画面，给视觉造成连续变化的图画。它的基本原理与电影、电视一样，都是视觉暂留原理。动画与视频不同之处在于：动画的每帧图像是计算机产生出来或人工绘制的，而视频的每帧图像则是通过实时摄取自然景象或者活动对象获得的。

多媒体信息系统是指在各类软硬件的支持下，能完成对多媒体信息进行收集、存储、检索、管理、处理、传输、表现等任务的技术系统。当前研发的大多数软硬件系统都属于此列，如视频会议系统、地理信息系统软件、移动图书馆系统等。

第二节　音频基础知识

声音是机械振动或气流振动引起周围传播媒质(气体、液体、固体等)发生波动的现象，通常将产生声音的发声体称为声源。当声源产生振动时，引起邻近空气的振动，这样空气就随着声源体所振动幅度的不同，而产生密或稀的振动，空气的这种振动被称为声波。声波可以用一条连续的曲线来表示，如图 1-1 所示。声波具有普通波所具有的特性，例如反射、折射和衍射等。

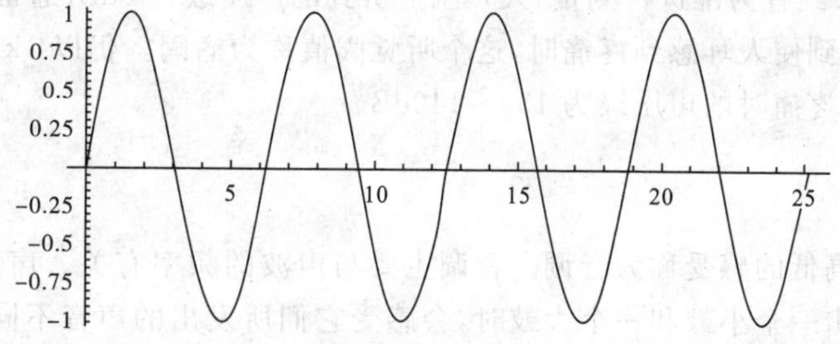

图 1-1　声音是一种连续的波

一、声音的基本特征

1. 频率

频率是单位时间内声波信号振动的次数，单位是赫兹(Hz)。声波信号按频率可以分为：次声波(＜20Hz)、音频信号(20Hz～20kHz)和超声波(＞20kHz)。

2. 频谱

声音信号按频率成分可分为：纯音、复音、基音和谐音。纯音是频率单一、振幅随时间按正弦函数规律变化的声音，复音是由不同频率和不同振幅的声波组合而成的声音，基音是复音中频率最低的成分(分音)，谐音是复音中频率与基音成整数倍的分音。声音的频谱结构是用基音、谐音数目、各谐音振幅大小及相位关系来描述的。

3. 声压及声压级

由声波引起的交变压强称为声压，一般用 p 表示，单位是帕(Pa)。声压的大小反映了声音振动的强弱，同时也决定了声波的幅度大小。用声压的相对大小(称声压级或声强)来表示声压的强弱。声压级用符号 SPL 表示，单位是分贝(dB)：

$$\mathrm{SPL}=20\times\lg\frac{p}{p_{\mathrm{ref}}} \tag{1-1}$$

式中：p 为声压有效值；p_{ref} 为参考声压，一般取 2×10^{-5} Pa，这个数值是人耳所能听到的 1kHz 声音的最低声压，低于这一声压，人耳就无法觉察出声波的存在了。

4. 响度

在客观的度量中，声音的强弱是由声波的振幅(声压)决定的，但响度与声波的振幅并不完全一致。响度不仅取决于振幅的大小，还取决于频率的高低以及与声源的距离。响度用符号 N 表示，单位是宋(sone)。国际上规定，1 宋(sone)是指频率 1kHz 的纯音在声压级 40dB 时的响度。

$$N=2^{0.1\times(SPL-40)} \tag{1-2}$$

当声音减弱到人耳刚刚可以听见时，此时的声音强度称为最小可听阈值，简称为听阈或闻阈。一般以 1kHz 纯音为准进行测量，人耳刚能听到的声压级为 0dB(通常大于 0.3dB 即有感受)。当声音增强到使人耳感到疼痛时，这个听觉阈值称为痛阈。仍以 1kHz 纯音为准来进行测量，使人耳感到疼痛时的声压级为 130～140dB。

5. 音调

人耳对声音高低的感受称为音调。音调主要与声波的频率有关。声波的频率高，则音调也高。当分别敲击一个小鼓和一个大鼓时，会感受它们所发出的声音不同。小鼓被敲击后振动频率快，发出的声音比较清脆，即音调较高；而大鼓被敲击后振动频率较慢，发出的声音比较低沉，即音调较低。频率越高，振动越快，声音越尖。

6. 音色

音色是人们区别具有同样响度、同样音调的两个声音之所以不同的特性，或者说是人耳对各种频率、各种强度的声音的综合反应。不同材质、形状的发音源，泛音的排列组合也不同，也就构成了这一物体特殊的音色。音色是一个主观量，常用柔和、刺耳、饱满等词描述。

二、音频数字化基础

音频数字化是指通过采样、量化把模拟声波信号转换成由二进制数组成的数字音频文件的过程。采样和量化过程所用的主要硬件是由模拟到数字的转换器(A/D 转换器)，在数字音频回放时，再由数字到模拟的转换器(D/A 转换器)将数字声音信号转换成原始的电信号。

1. 采样(sampling)

采样是指每隔一定的时间间隔,抽取信号的一个瞬时幅度值(样本值),即在时间上将模拟信号进行离散化。采样后所得到的一系列在时间上离散的样本值称为样值序列。单位时间内采样的次数称为采样频率。显然采样频率越高,所得到的离散幅值的数据点就越逼近于连续的模拟音频信号曲线,同时采样的数据量也越大。

为了保证数字化的音频能够准确(可逆)地还原成模拟音频进行输出,奈奎斯特(Nyquist)采样定理要求:采样频率必须大于或等于模拟信号频谱中最高频率的2倍。

常用的音频采样率有8kHz、11.025kHz、22.05kHz、16kHz、37.8kHz、44.1kHz、48kHz等。例如:话音信号频率在0.3～3.4kHz范围内,用8kHz的抽样频率,就可获得能取代原来连续话音信号的抽样信号,而一般CD(代表小型镭射盘,是一个用于所有CD媒体格式的一般术语)的采样频率为44.1kHz。

2. 量化(quantization)

量化,就是把采样得到的声音信号幅度转换成数字值,用于表示信号强度。

量化精度:用多少个二进位来表示每一个采样值,也称为量化位数。声音信号的量化位数一般是4bits、6bits、8bits、12bits或16bits。

3. 声道数

声音通道的个数称为声道数,是指一次采样所记录产生的声音波形个数。单声道信号一次产生一组声波数据。如果一次产生两组声波数据,则称其为双声道或立体声。随着声道数的增加,所占用的存储容量将成倍增长。数据量计算公式为:

数据量(MB)=[采样频率(kHz)×量化精度×声道数×时间(s)]/[8(B/s)×1.024]

例如:1min声音,单声道、8位采样位、采样频率为11.025kHz,数据量为0.66MB/min;若采样频率为22.05kHz,则数据量为1.32MB/min;若是立体声,则为2.6MB/min。

4. 声音质量与数据率

根据声音的频带,通常把声音的质量分成5个等级,由低到高分别是数字电话、调幅广播(AM)、调频广播(FM)、CD和数字录音带(DAT)的声音。在这5个等级中,使用的采样频率、样本精度、通道数和数据率如表1-1所示。

表1-1 声音质量和数据率

质量	采样频率 (kHz)	样本精度 (B/s)	单道声 (立体声)	数据率(未压缩) (kB/s)	频率范围 (Hz)
电话	8	8	单声道	64.0	200～3 400
AM	11.025	8	单声道	88.2	50～7 000
FM	22.050	16	立体声	705.6	20～15 000
CD	44.1	16	立体声	1 411.2	20～20 000
DAT	48	16	立体声	1 536.0	20～20 000

备注:电话使用μ率编码,动态范围为13位,而不是8位。

第三节　颜色模型

国际照明委员会(International Commission on Illumination,简称 CIE)对颜色的描述作了一个通用的定义,用颜色的 3 个特性来区分颜色。这些特性是色调、饱和度和明度,它们是颜色所固有的并且是截然不同的特性。

色调(hue)又称为色相,指颜色的外观,用于区别颜色的名称或颜色的种类。色调用红、橙、黄、绿、青、蓝、靛、紫等术语来刻画。用于描述感知色调的一个术语是色彩(colorfulness)。

饱和度(saturation)是相对于明度的一个区域的色彩,是指颜色的纯洁性,它可用来区别颜色明暗的程度。完全饱和的颜色是指没有渗入白光所呈现的颜色,例如仅由单一波长组成的光谱色就是完全饱和的颜色。

明度(brightness)是视觉系统对可见物体辐射或者发光多少的感知属性。它和人的感知有关。由于明度很难度量,因此国际照明委员会定义了一个比较容易度量的物理量来度量明度,称为亮度(luminance),亮度即辐射的能量。明度的一个极端是黑色(没有光),另一个极端是白色,在这两个极端之间是灰色。

光亮度(lightness)是人的视觉系统对亮度的感知响应值,光亮度可用作颜色空间的一个维,而明度(brightness)则仅限用于发光体,该术语用来描述反射表面或者透射表面。

颜色模型是表示颜色的一种数学方法,人们用它来指定和产生颜色,使颜色形象化。颜色模型选用一些参数来描述颜色在颜色模型中的位置,但并没有说明是什么颜色,其颜色取决于采用的坐标。从技术角度上区分,颜色模型可分为 3 类:①计算机图形颜色模型,这类模型主要用于计算机、摄像机等的颜色显示系统,包括 RGB、HSI、HSL 和 HSV 等颜色模型;②CIE 颜色模型,这类颜色模型是由国际照明委员会定义的,通常作为国际性的颜色模型标准,用作颜色的基本度量方法,包括 CIE 1931 XYZ、Lab、Luv 和 LCH 等可作为转换过渡的颜色模型;③电视系统颜色模型,由广播电视需求推动而开发的颜色模型,主要目的是通过压缩色度信息以有效地播送彩色电视图像,包括 YUV、YIQ、YC_bC_r 等颜色模型。

以下详细介绍几种常见的颜色模型。

一、RGB 颜色模型

在 RGB 模型中,颜色空间里所有的颜色都是由 R、G、B(红、绿、蓝)3 种光依不同的比例相加而成。如在 24 位图像中,每一种颜色成分都由 0～255 之间的数值表示。RGB 中的每一色光均含有亮度成分,例如 R 的成分越多,表示越红越亮。各色光混合后,会比原来单独的色光还亮,称为相加混色。当红色、蓝色和绿色的光以最大强度组合在一起时,眼睛看到的颜色就是白色。当每一种颜色成分的值为 0 时,即表示没有任何颜色的光,因此,眼睛看到的颜色就为黑色。

RGB 颜色模型适用于以主动光源显示影像的场合,如电视、电脑、投影仪等。

二、CMY/CMYK 颜色模型

CMY/CMYK 颜色模型主要用于彩色印刷、彩色胶片和绘画中,属于相减混色。当颜色

(即油墨)被添加到一种表面如白纸时,颜色会“减少”表面的亮度。当每一种颜色成分(C、M、Y)的值都最大时,所得到的颜色即为黑色。当每一种颜色成分的值都为0时,即表示表面没有添加任何颜色,因此,表面本身就会显露出来——在这个例子中白纸就会显露出来。

从理论上来看,任何一种由颜料呈现的颜色都可以用青(cyan,简写为C)、品红(magenta,简写为M)和黄(yellow,简写为Y)这3种基色按不同的比例混合而成,这就是CMY颜色模型。但由于彩色墨水和颜料的化学特性,用等量的CMY三基色得到的黑色不是真正的黑色,因此,在印刷术中常加一种真正的黑色墨水(black ink,简写为K),于是CMY颜色模型就变成了CMYK颜色模型。

由于RGB颜色模型比CMYK颜色模型大,因此,简单的代数转换不能获得满意的结果,故在此不讨论两者的转换问题。

三、YUV颜色模型

YUV是PAL(Phase Alternating Line,逐行倒相)制彩色电视系统所采用的一种颜色模型。其中,Y表示明亮度(luminance或luma),也就是灰阶值;U和V表示的则是色度(chrominance或chroma),作用是描述影像色彩及饱和度,用于指定像素的颜色;U表示蓝色色差(即B－Y),V代表红色色差(R－Y)。

亮度信号Y和色度信号U、V是分离的。如果只有Y信号分量而没有U、V分量,表示的图为黑白灰度图。这就解决了彩色电视和黑白电视兼容的问题。同时,由于人眼对彩色的敏感度低于对亮度的敏感度的视觉特性,并基于“大面积着色原理”,可用较窄的频带传送U、V信号,优化彩色电视信号的传输。

RGB颜色模型转YUV颜色模型的公式如下:

$$\begin{bmatrix} Y \\ U \\ V \end{bmatrix} = \begin{bmatrix} 0.299 & 0.587 & 0.114 \\ -0.148 & -0.289 & 0.437 \\ 0.615 & -0.515 & -0.100 \end{bmatrix} \cdot \begin{bmatrix} R \\ G \\ B \end{bmatrix} \tag{1-3}$$

YUV颜色模型转RGB颜色模型的公式如下:

$$\begin{bmatrix} R \\ G \\ B \end{bmatrix} = \begin{bmatrix} 1 & 0 & 1.140 \\ 1 & -0.395 & -0.581 \\ 1 & 2.032 & 0 \end{bmatrix} \cdot \begin{bmatrix} Y \\ U \\ V \end{bmatrix} \tag{1-4}$$

四、YIQ颜色模型

YIQ颜色模型是由YUV颜色模型推导而来,是国家电视系统委员会(National Television System Committee,简称NTSC)制彩色电视系统所采用的一种颜色模型。YIQ系统中,Y分量代表图像的亮度信息,I、Q两个分量则携带颜色信息,I分量代表从橙色到青色的颜色变化,而Q分量则代表从紫色到黄绿色的颜色变化。I、Q是通过将U、V轴逆时针旋转33°获得的。

$$I = V\times\cos 33° - U\times\sin 33° \tag{1-5}$$

$$Q = V\times\sin 33° + U\times\cos 33° \tag{1-6}$$

人眼彩色视觉的特性表明,人眼分辨红、黄之间颜色变化的能力最强,而分辨蓝、紫之间颜色变化的能力最弱。通过一定的变化，I 对应于人眼最敏感的色度，而 Q 对应于人眼最不敏感的色度。这样，传送 Q 可以用较窄的频带，而传送分辨率较强的 I 信号时，可以用较宽的频带。

RGB 颜色模型转 YIQ 颜色模型的公式如下：

$$\begin{bmatrix}Y\\I\\Q\end{bmatrix}=\begin{bmatrix}0.299 & 0.587 & 0.114\\0.596 & -0.274 & -0.322\\0.211 & -0.523 & 0.312\end{bmatrix}\cdot\begin{bmatrix}R\\G\\B\end{bmatrix} \quad (1-7)$$

RGB 颜色模型转 YIQ 颜色模型的公式如下：

$$\begin{bmatrix}R\\G\\B\end{bmatrix}=\begin{bmatrix}1 & 0.956 & 0.621\\1 & -0.272 & -0.647\\1 & -1.106 & 1.703\end{bmatrix}\cdot\begin{bmatrix}Y\\I\\Q\end{bmatrix} \quad (1-8)$$

五、YC_bC_r 颜色模型

YC_bC_r 颜色模型也是由 YUV 颜色模型派生的一种颜色模型，其中，Y 是指亮度分量，C_b 指蓝色色度分量，而 C_r 指红色色度分量。YC_bC_r 颜色模型主要用于数字电视系统，在数字多功能光盘(DVD)、摄像机、数字电视等消费类视频产品中，有时简称为 YCC。

YC_bC_r 不是一种绝对颜色模型，是 YUV 压缩和偏移的版本。

RGB 颜色模型转 YC_bC_r 颜色模型的公式如下：

$$\begin{bmatrix}Y\\C_b\\C_r\\1\end{bmatrix}=\begin{bmatrix}0.2990 & 0.5870 & 0.1140 & 0\\-0.1687 & -0.3313 & 0.5000 & 128\\0.5000 & -0.4187 & -0.0813 & 128\\0 & 0 & 0 & 1\end{bmatrix}\cdot\begin{bmatrix}R\\G\\B\\1\end{bmatrix} \quad (1-9)$$

RGB 颜色模型转 YIQ 颜色模型的公式如下：

$$\begin{bmatrix}R\\G\\B\end{bmatrix}=\begin{bmatrix}1 & 1.40200 & 0\\1 & -0.34414 & -0.71414\\1 & 1.77200 & 0\end{bmatrix}\cdot\begin{bmatrix}Y\\C_b-128\\C_r-128\end{bmatrix} \quad (1-10)$$

六、HSV 颜色模型

HSV(Hue, Saturation and Value)，由 A. R. Smith 根据颜色的直观特性于 1978 年创建，也称六角锥体模型(hexcone model)。HSV 的表示方法如下。

色调(H)：用角度度量，0°～360°。红色为 0°，按逆时针方向计算；绿色为 120°；蓝色为 240°。

饱和度(S)：取值范围为 0.0～1.0。

亮度值(V)：取值范围为 0.0(黑色)～1.0(白色)。

HSV 和 RGB 之间没有转换矩阵，但可对它们之间的转换算法进行描述。RGB 颜色模型转 HSV 颜色模型的描述如下：

max＝max(R,G,B)

min＝min(R,G,B)

if R＝max, H＝(G－B)/(max－min)

```
if G=max,H=2+(B-R)/(max-min)
if B=max,H=4+(R-G)/(max-min)
H=H * 60
if H<0,H=H+360
V=max(R,G,B)
S=(max-min)/max
```

HSV 颜色模型转 RGB 颜色模型的描述如下：

```
if s=0,R=G=B=V
else H/= 60
i=INTEGER(H)
f=H-i
a=V * (1-s)
b=V * (1-s * f)
c=V * (1-s * (1-f))
switch(i)
case 0:R=V;G=c;B=a;
case 1:R=b;G=v;B=a;
case 2:R=a;G=v;B=c;
case 3:R=a;G=b;B=v;
case 4:R=c;G=a;B=v;
case 5:R=v;G=a;B=b;
```

七、HSI颜色模型

HSI(Hue,Saturation and Intensity)，是美国色彩学家孟塞尔(H. A. Munseu)于 1915 年提出的，它反映了人的视觉系统感知彩色的方式，以色调、饱和度和强度 3 种基本特征量来感知颜色。

色调(H)：与光波的波长有关，它表示人的感官对不同颜色的感受，如红色、绿色、蓝色等；也可表示一定范围的颜色，如暖色、冷色等。

饱和度(S)：表示颜色的纯度，纯光谱色是完全饱和的，加入白光会稀释饱和度。饱和度越大，颜色看起来就会越鲜艳，反之亦然。

强度(I)：表示光的强度。

对任何 3 个[0,1]范围内的 R、G、B 值，其对应 HSI 模型中的 H、I、S 分量的计算公式为：

$$H=\begin{cases}\theta & B\leqslant G\\ 360-\theta & B>G\end{cases} \tag{1-11}$$

式中：$\theta=\arccos\left\{\dfrac{\frac{1}{2}((R-G)+(R-B))}{\sqrt{(R-G)^2+(R-B)(G-B)}}\right\}$

$$S=1-\frac{3}{(R+G+B)}\min(R,G,B) \tag{1-12}$$

$$I=\frac{(R+G+B)}{3} \tag{1-13}$$

当 $S=0$ 时，对应的是无色彩的中心点，这时 H 就没有意义，此时定义 H 为 0。当 $I=0$ 时，S 也没有意义。

设 S、I 的值在[0,1]之间，R、G、B 的值也在[0,1]之间，则 HSI 转换为 RGB 的公式(分成 3 段以利用对称性)如下。

(1)当 H 在[0°,120°]之间：

$$B=I(1-S) \tag{1-14}$$

$$R=I\left[1+\frac{S\cos H}{\cos(60^\circ-H)}\right] \tag{1-15}$$

$$G=3I-(B+R) \tag{1-16}$$

(2)当 H 在[120°,240°]之间：

$$R=I(1-S) \tag{1-17}$$

$$G=I\left[1+\frac{S\cos(H-120^\circ)}{\cos(180^\circ-H)}\right] \tag{1-18}$$

$$B=3I-(R+G) \tag{1-19}$$

(3)当 H 在[240°,360°]之间：

$$G=I(1-S) \tag{1-20}$$

$$B=I\left[1+\frac{S\cos(H-120^\circ)}{\cos(300^\circ-H)}\right] \tag{1-21}$$

$$R=3I-(G+B) \tag{1-22}$$

八、Lab 颜色空间

Lab 颜色模型是由国际照明委员会建立的。Lab 颜色模型是基于人的眼睛感知颜色，而不是监视器、数码相机和其他设备再现颜色。也正是因为这样，Lab 被称为独立于设备的颜色模式。RGB 和 CMKY 被认为是与设备相关的颜色模式，因为在不同的设备上打印或显示时，相同的颜色看起来也会有所不同。

在 Lab 颜色模型中，所有可视色的范围(或色谱)是用马蹄形表示的。该图形通常被用作与其他颜色模型可得到的颜色范围进行比较的参考图形。在颜色管理中，Lab 还被用作将颜色从一种颜色空间转换为另一种颜色空间的参考。

上述几种颜色模型示意图如图 1-2 所示。

第四节　图像基础知识

一、图像的基本参数

1. 像素

像素又称像元，是数字图像的基本元素，每个像素具有整数行(高)和列(宽)位置坐标，每

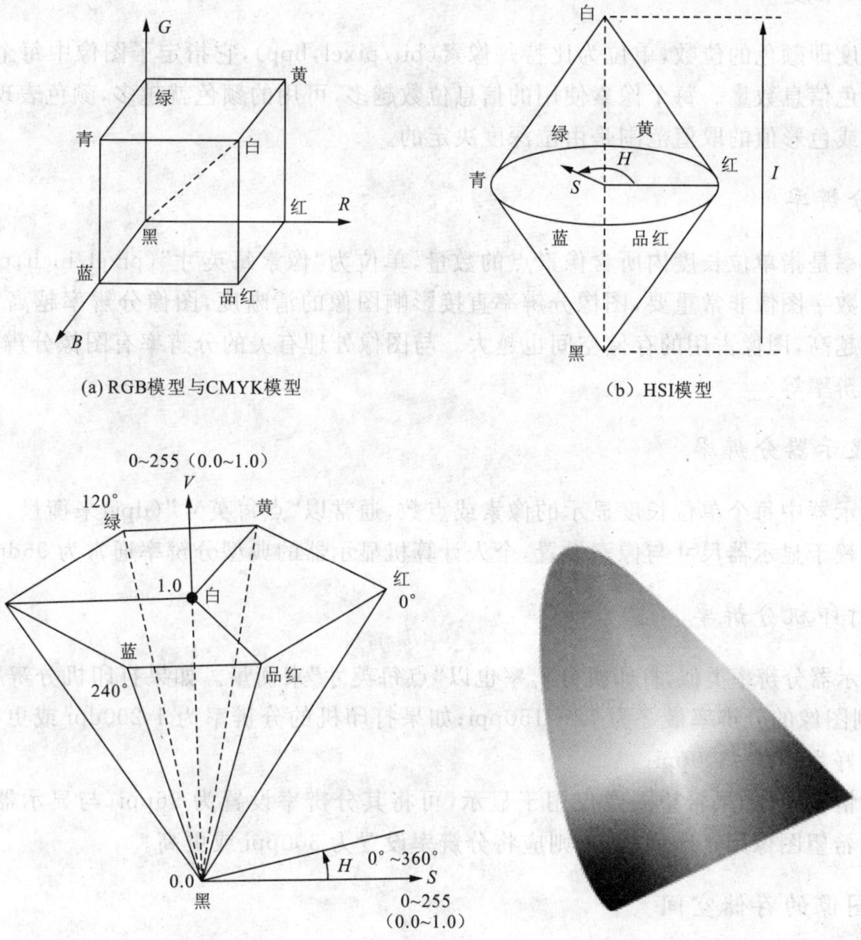

(a) RGB模型与CMYK模型　(b) HSI模型

(c) HSV模型　(d) Lab模型

图1-2　几种颜色模型示意图

个像素对应二维整数数组中的一个元素，它的值表征了一定的灰度值或色彩值。像素是决定清晰度的条件之一，一个相机可以使用2 048×1 536像素的解析度，因2 048×1 536＝3 145 728，故常被称为有300万像素。

2. 图像宽度

图像宽度是指以像素为单位计量图像横向上的水平宽度，是计算每行字节数的主要参数。

3. 图像高度

图像高度是指以像素为单位计量的图像纵向上的垂直高度，是计算每列字节数的主要参数。

4. 位深度

位深度即颜色的位数，单位为比特每像素(bit/pixel，bpp)，它指定了图像中每个像素可以使用的颜色信息数量。每个像素使用的信息位数越多，可用的颜色就越多，颜色表现得就更逼真。灰度或色彩值的取值范围是由位深度决定的。

5. 分辨率

分辨率是指单位长度内所含像素点的数量，单位为"像素每英寸"(pixel/inch，ppi)。分辨率对处理数字图像非常重要，图像分辨率直接影响图像的清晰度，图像分辨率越高，则图像的清晰度也越高，图像占用的存储空间也越大。与图像处理有关的分辨率有图像分辨率、打印机或屏幕分辨率等。

6. 显示器分辨率

在显示器中每个单位长度显示的像素或点数，通常以"点每英寸"(dpi)来衡量。显示器的分辨率依赖于显示器尺寸与像素设置，个人计算机显示器的典型分辨率通常为 96dpi。

7. 打印机分辨率

与显示器分辨率类似，打印机分辨率也以"点每英寸"来衡量。如果打印机分辨率为 300～600dpi，则图像的分辨率最好为 72～150ppi；如果打印机的分辨率为 1 200dpi 或更高，则图像分辨率最好为 200～300ppi。

通常情况下，如果希望图像仅用于显示，可将其分辨率设置为 96ppi(与显示器分辨率相同)；如果希望图像用于印刷输出，则应将分辨率设置为 300ppi 或更高。

8. 图像的存储空间

256 色图像的每个像素用 1 个字节来存储色彩值，因此，一幅 640×480 像素的 256 色图像需要 640×480×1÷1 024＝300kB 的存储空间；而真彩色图像的每个像素用 3 个字节来存储色彩值，因此，一幅 640×480 像素的真彩色图像需要 640×480×3÷1 024＝900kB 的存储空间。可见，未经压缩的图像需要占用大量的存储空间，为节约存储空间往往需要对图像进行压缩编码处理。依据不同的编码规则产生的图像具有不同的格式，将在后面章节中详细介绍。

二、图像的种类

根据颜色特征，可将图像进行分类。

1. 单色图像

单色图像又名二值图像，是只有黑、白两种颜色的图像，每个像素的像素值用 1bit 存储，其值是"0"或"1"。

2. 灰度图像

灰度图像是只有明暗不同的像素而没有彩色像素组成的图像。如果每个像素的像素值用一个字节表示，灰度值级数就等于 256 级，每个像素可以是 0～255 之间的任何一个值。

3. 彩色图像

每幅彩色图像是由 3 幅不同颜色的灰度图像组合而成：①红色；②绿色；③蓝色。彩色图像的位深度常见的取值有：

4 bpp $2^4=16$，16 色；

8 bpp $2^8=256$，256 色；

16 bpp $2^{16}=65\,536$，65 536 色，称为高彩色；

24 bpp $2^{24}=16\,777\,216$，16 777 216 色，称为真彩色。

256 色或者更少色彩的图像称为索引图像。索引图像中包含两个矩阵：一个是图像数据矩阵，另一个是调色板矩阵。调色板是一个有 3 列和若干行的色彩映像矩阵，矩阵每行代表一种颜色，3 列分别代表红色、绿色、蓝色的强度。尽管索引图像的色彩数量有限，但这些颜色选自一个大的多的调色板，通常是 16M 色。改变调色板中的色彩值可以得到一种动画效果。

对于位深度超过 8bpp 的图像，这些数位就是 3 个分量（红绿蓝）的各自数位的总和。16 位深度通常分为 5 位红色和 5 位蓝色、6 位绿色（眼睛对于绿色更为敏感）。24 位深度一般是每个分量 8 位。在有些系统中，32 位深度也是可选的，这意味着 24 位的像素有 8 位额外的数位来描述透明度。

当一个图像文件显示在屏幕上时，每个像素的数位对于光栅文本和对于显示器可以是不同的。有些光栅图像文件格式相对其他格式有更大的色彩深度。例如 GIF 格式，最大深度为 8 位，而 TIFF 文件可以处理 48 位像素。

没有任何显示器可以显示 48 位色彩，所以这个深度通常用于特殊专业应用，例如胶片扫描仪和打印机。这种文件在屏幕上采用 24 位深度绘制。

第五节　视频基础知识

视频最初主要应用于电视系统中，电视的发展经历了黑白模拟视频、彩色模拟视频和彩色数字视频。

一、黑白电视原理

黑白电视的基本原理为顺序扫描、传输图像信号，然后在接收端同步再现。电视图像扫描是由隔行扫描组成场，由场组成帧，1 帧为 1 幅图像。定义每秒扫多少帧为帧频，每秒扫描多少场为场频，每秒扫描多少行为行频。以电视画面传输率每秒 25 帧、50 场为例，25Hz 的帧频能以最少的信号容量有效地满足人眼的视觉残留特性；50Hz 的场频隔行扫描，把一帧分成奇、偶两场，奇、偶的交错扫描相当于有遮挡板的作用。这样，其他行还在高速扫描时，人眼不易觉察出闪烁，同时也解决了信号带宽的问题。电视信号中除了图像信号以外，还包括同步信号。所谓同步是指摄像端（发送端）的行、场扫描步调要与显像端（接收端）扫描步调完全一致，即要求同频率、同相位才能得到一幅稳定的画面。1 帧电视信号称为 1 个全电视信号，它由奇数场行信号和偶数场行信号顺序构成。电视的清晰度一般用垂直方向和水平方向的分解率来表示。垂直分解率与扫描行数密切相关。扫描行数越多越清晰，分解率越高。水平方向的分解率或像素数决定电视信号的上限频率。

二、彩色电视与黑白电视的兼容

彩色电视信号必须使亮度和色度信号分开传送，以便使黑白电视和彩色电视能够分别重现黑白和彩色图像。用 YUV 颜色模型就能解决这个问题。采用 YUV 空间颜色模型还可以充分利用人眼对亮度细节敏感而对彩色细节迟钝的视觉特性，大大压缩了色度信号的带宽。

三、模拟视频的数字化

模拟视频传输随时间连续变化的电信号，依靠模拟调幅的手段在空间传播，并使用磁带录像机将视频作为模拟信号存放在磁带上。模拟视频不适合网络传输，在传输效率方面先天不足，而且信号随时间和频道的衰减较大，不便于分类、检索和编辑。因此，模拟视频逐渐被数字视频取代。

模拟视频的数字化主要涉及以下问题：

(1)颜色模型转换。模拟视频采用 YUV 颜色模型，而计算机工作采用 RGB 颜色模型；

(2)光栅扫描的转换。电视机是隔行扫描，计算机显示器大多逐行扫描；

(3)分辨率的统一。电视图像的分辨率与显示器的分辨率也不尽相同。

模拟视频一般采用分量数字化方式，先把复合视频信号中的亮度和色度分离，得到 YUV 或 YIQ 分量，然后用 3 个模/数转换器对 3 个分量分别进行数字化，最后再转换成 RGB 空间。根据电视信号的特征，亮度信号的带宽是色度信号带宽的两倍。因此在数字化时可采用幅色采样法，即对信号的色差分量的采样率低于对亮度分量的采样率。用 $Y:U:V$ 来表示 YUV 三分量的采样比例，则数字视频的采样格式分别有 4∶1∶1、4∶2∶2 和 4∶4∶4 三种。电视图像既是空间的函数，也是时间的函数，而且又是隔行扫描式，所以采样方式比扫描仪扫描图像的方式要复杂得多。分量采样时采到的是隔行样本点，要把隔行样本组合成逐行样本，然后进行样本点的量化和 YUV 到 RGB 颜色模型的转换，最后才能得到数字视频数据。

四、视频的制式

电视信号的标准也称为电视的制式。目前各国的电视制式不尽相同，制式的区分主要在于其帧频(场频)的不同、分解率的不同、信号带宽以及载频的不同、颜色模型的转换关系不同等。世界上现行的彩色电视制式有 3 种：NTSC(National Television System Committee)制式(简称 N 制式)、PAL(Phase Alternation Line)制式和 SECAM(法文：Sequential Coleur Avec Memoire)制式。

(1)NTSC 制式。它是 1952 年由美国国家电视标准委员会指定的彩色电视广播标准。它采用正交平衡调幅的技术方式，故也称为正交平衡调幅制。美国、加拿大等大部分西半球国家以及中国台湾、日本、韩国、菲律宾等均采用这种制式。

(2)PAL 制式。它是西德在 1962 年指定的彩色电视广播标准。它采用逐行倒相正交平衡调幅的技术方法，克服了 NTSC 制式相位敏感造成色彩失真的缺点。联邦德国、英国等一些西欧国家，新加坡、中国、澳大利亚、新西兰等国家采用这种制式。PAL 制式根据不同的参数细节，又可以进一步划分为 G、I、D 等制式，其中 PAL－D 制式是我国采用的制式。

(3)SECAM 制式。SECAM 是法文的缩写，意为“顺序传送彩色信号与存储恢复彩色信号”，是由法国在 1966 年研制成功的一种新的彩色电视制式。它克服了 NTSC 制式相位失真的缺点，但采用时间分隔法来传送两个色差信号。使用 SECAM 制式的国家主要集中在法国、东欧和中东一带。

为了在 PAL、NTSC 和 SECAM 电视制式之间确定共同的数字化参数，国际无线电咨询委员会(CCIR)制定了广播级质量的数字电视编码标准，称为 CCIR 601 标准。在该标准中，对采样频率、采样结构、色彩空间转换等都作了严格的规定。

五、视频分辨率

视频分辨率指的是视频的画面大小，常用图像的“水平像素×垂直像素”来表示：

(1)VCD 视频光盘的标准分辨率为 352×288(PAL)或 352×240(NTSC)；

(2)SVCD 视频光盘的标准分辨率为 480×576(PAL)或 480×480(NTSC)；

(3)DVD 视频光盘的标准分辨率为 720×576(PAL)或 720×480(NTSC)；

(4)普通电视信号的分辨率为 640×480，标清电视信号分辨率为 720×576；

(5)高清电视(HDTV)分辨率可达 1 920×1 080。

六、编码率/比特率

编码率也叫比特率，表示经过压缩编码后的视音频数据每秒需要用多少个比特来表示，即把每秒显示的图像进行压缩后的数据量，一般采用的单位是 kbps，即千位每秒。编码率是指每秒播放的千字节，以 kB/s 为单位，通常情况下：1 920ppi×1 080ppi 分辨率的视频，编码率应该在 8M 以上；1 080ppi×720ppi 分辨率的视频，应该在 5M 左右；720ppi×576ppi 分辨率的视频，应该在 3M 左右；640ppi×480ppi 分辨率的视频，应该在 1.5M 左右；320ppi×240ppi 分辨率的视频，应该在 600k 左右。

七、帧率

帧率(frame rate)是用于测量显示帧数的量度。所用的测量单位为每秒显示帧数(frames per second，简称 fps)或“赫兹”(Hz)。每秒的帧数(fps)或者说帧率表示图形处理器处理场时每秒能够更新的次数。高的帧率可以得到更流畅、更逼真的动画。一般来说，30fps 就是可以接受的，但是将性能提升至 60fps，则可以明显提升交互感和逼真感。超过 75fps 一般就不容易察觉到有明显的流畅度提升了。

在同样分辨率下，视频文件的编码流越大，压缩比就越小，画面质量就越高。

本章小结

笔者主要介绍了多媒体信息系统所涉及的一些基础知识。首先介绍了与多媒体信息系统相关的一系列概念，然后依次介绍了音频、颜色模型、图像以及视频的相关基础知识。通过本章的学习，能让读者对多媒体信息系统中涉及的主要信息类型有一个初步的认知，为后面各章节的学习奠定基础。

习　题

1. 什么是媒体？什么是多媒体？多媒体中的媒体元素有哪些？
2. 声音的基本特征有哪些？声音的分贝是如何定义的？
3. 音频信号数字化的基本步骤是怎样的？
4. 常见的颜色模型有哪些？它们分别适用于哪种场景？
5. 图像的基本参数有哪些？
6. 常见的电视制式有哪些？

第二章　数字图像处理技术

第一节　图像增强

一、图像增强概述

在图像的形成、存储及传输过程中，有多种因素可导致质量下降。在摄影时由于光照条件不足或过度，会使图像过暗或过亮；光学系统的失真、相对运动、大气流动等都会使图像模糊，传输过程中会引入各种类型的噪声。图像在视觉效果、可识别度等方面存在的诸多问题统称为质量问题。尽管由于目的、观点、爱好等的不同，图像质量很难有统一的定义和标准，但是根据应用要求来改善图像质量却是一个共同的目标。图像增强是指根据一定的要求将图像中感兴趣的部分加以处理或突出有用的图像特征（如边缘、轮廓、对比度等），抑制不需要的信息，以改善图像的主观视觉效果或便于后续的图像分析和识别。从不同的途径获取的图像，通过适当的增强处理，可以将原本模糊不清甚至根本无法分辨的原始图像处理成清晰的富含大量有用信息的可用图像。增强后的图像是否保持原状无关紧要，不必因为考虑到图像的一些理想形式而去有意识地努力重现图像的真实度。图像增强的目的是增强图像的视觉效果，将原图像转换成一种更适合于人眼观察和计算机分析处理的形式。它一般要借助人眼的视觉特性，以取得看起来较好的视觉效果，很少涉及客观和统一的评价标准。增强的效果通常都与具体的图像有关系，靠人的主观感觉加以评价。

目前，图像增强处理的应用已经渗透到医学诊断、航空航天、军事侦察、指纹识别、无损探伤、卫星图片的处理等领域。如对 X 射线图片、CT 影像、内窥镜图像进行增强，使医生更容易从中确定病变区域，从图像细节区域中发现问题；对不同时间拍摄的同一地区的遥感图片进行增强处理，可侦查是否有敌人军事调动或军事装备及建筑出现；在煤矿工业电视系统中采用增强处理来提高工业电视图像的清晰度，可克服因光线不足、灰尘等原因带来的图像模糊、偏差等现象，减少电视系统维护的工作量。不断涌现的新应用促进了图像增强技术的快速发展，可以预见图像增强技术将在未来发挥越来越重要的作用。

图像增强技术根据增强处理过程所在的空间不同，可分为空域算法和频域算法两大类，如图 2－1 所示。空域是指由像素组成的空间，空域算法直接作用于图像的像素，频域算法是在图像的某种变换域内对图像的变换系数作运算，是一种间接增强的算法。此外，图像增强技术按所处理对象的不同还可分为灰度图像增强和彩色图像增强，按增强的目的还可分为光谱信息增强、空间纹理信息增强和时间信息增强。通常情况下，如果没有特别说明，则一般指对灰度图像的增强。

- 图像增强
  - 空域算法
    - 灰度变换
      - 直接灰度变换
        - 线性变换
          - 按比例线性拉伸
          - 分段线性拉伸
        - 非线性变换
          - 对数拉伸
          - 指数拉伸
          - 其他非线性拉伸
      - 直方图灰度变换
    - 形态学图像处理
    - 空域滤波
      - 平滑滤波
        - 领域平均法
        - 中值滤波
      - 锐化滤波
  - 频域算法
    - 低通滤波
    - 高通滤波
    - 带通滤波
    - 带阻滤波

图 2-1　图像增强方法

为便于表达，用离散函数 $f(x,y)$ 来代表原始二维数字图像，若图像大小为 $m\times n$，则：

$$f(x,y)=\begin{bmatrix} x_1,y_1 & \cdots & x_m,y_1 \\ \vdots & & \vdots \\ x_1,y_m & \cdots & x_n,y_m \end{bmatrix} \tag{2-1}$$

式中：$(x_i,y_j)(1\leqslant i\leqslant m,1\leqslant j\leqslant n)$ 为图像二维空间中一个坐标点的位置；$f(x_i,y_j)$ 为图像在点 (x_i,y_j) 的某种性质的数值，其值域范围为整数集合，对应于图像中的一个像素。

设 $g(x,y)$ 代表图像处理后的新图像，新图像与原图像具有相同大小。本书后面章节均采用此约定。

基于这些定义，下面对几种常见的图像增强方法进行详细介绍。

二、灰度变换

灰度变换是按一定的规则修改输入图像每一个像素的灰度，从而改变图像灰度的动态范围。它可以使灰度动态范围扩展，也可以使它压缩，或者对灰度进行分段处理，即根据图像特点和要求在某段区间中进行压缩，在另外区间进行扩展。灰度变换包含的方法很多，如逆反处理、阈值变换、灰度拉伸、灰度切分、灰度级修正、动态范围调整等。虽然它们对图像的处理效果不同，但通常可分为线性变换和非线性变换。

1. 灰度线性变换

假定原图像 $f(x,y)$ 的灰度范围为 $[a,b]$，变换后的图像 $g(x,y)$ 的灰度范围线性地扩展至 $[c,d]$，如图 2-2(a)所示。则对于图像中的任一点的灰度值 $f(x,y)$，变换后为 $g(x,y)$，数学表达式为：

$$g(x,y)=\frac{d-c}{b-a}\times[f(x,y)-a]+c \tag{2-2}$$

若图像中大部分像素的灰度级分布在区间 $[a,b]$ 内，只有很小一部分的灰度级超过了此区间，M_f 为原图的最大灰度级，则为了改善增强效果，可以令：

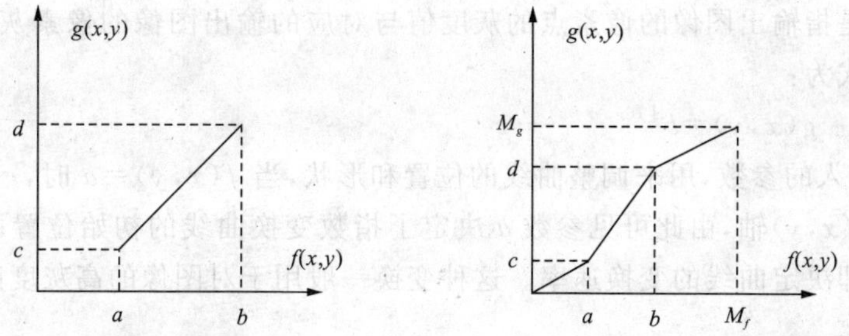

(a)简单线性变换　　(b)分段线性变换

图 2-2　线性变换

$$g(x,y)=\begin{cases} c & 0\leqslant f(x,y)<a \\ \dfrac{d-c}{b-a}\times[f(x,y)-a]+c & a\leqslant f(x,y)<b \\ d & b\leqslant f(x,y)<M_f \end{cases} \tag{2-3}$$

在曝光不足或过度的情况下，图像的灰度可能会局限在一个很小的范围内，这时得到的图像可能是一个模糊不清、似乎没有灰度层次的图像。采用线性变换对图像中每一个像素灰度作线性拉伸，将有效改善图像视觉效果。

为了突出感兴趣的目标或灰度区间，相对抑制那些不感兴趣的灰度区域，可采用分段线性变换，如常用的三段线性变换，关系如图 2-2(b)所示，数学表达式为：

$$g(x,y)=\begin{cases} \dfrac{c}{a}f(x,y) & 0\leqslant f(x,y)<a \\ \dfrac{d-c}{b-a}[f(x,y)-a]+c & a\leqslant f(x,y)<b \\ \dfrac{M_g-d}{M_f-b}[f(x,y)-b]+d & b\leqslant f(x,y)<M_f \end{cases} \tag{2-4}$$

2. 灰度非线性变换

非线性变换不对图像的整个灰度范围进行扩展，而是有选择地对某一灰度范围进行扩展，其他灰度值则有可能被压缩。非线性拉伸在整个灰度值范围内采用统一的变换函数，利用变换函数的数学性质实现对不同灰度值区间的扩展与压缩。下面介绍常用的两种非线性扩展法。

1)对数变换

对数变换，是指输出图像的像素点的灰度值与对应的输出图像的像素灰度值之间为对数关系，数学表达式为：

$$g(x,y)=a+\frac{\ln[f(x,y)+1]}{b\ln c} \tag{2-5}$$

式中：a、b、c 都是可以选择的参数；$f(x,y)+1$ 是为了避免对 0 求对数，确保 $\ln[f(x,y)+1]\geqslant 0$。当 $f(x,y)=0$ 时，$\ln[f(x,y)+1]=0$，$g(x,y)=a$，则 a 为 $g(x,y)$ 轴上的截距，确定了变换曲线的初始位置的变换关系，b、c 两个参数确定了变换曲线的变换速率。

对数变换扩展了低灰度区，压缩了高灰度区，能使低灰度区的图像较清晰地显示出来。

2)指数变换

指数变换，是指输出图像的像素点的灰度值与对应的输出图像的像素灰度值之间满足指数关系，一般公式为：

$$g(x,y)=b^{c[f(x,y)-a]}-1 \tag{2-6}$$

式中：a、b、c 是引入的参数，用来调整曲线的位置和形状，当 $f(x,y)=a$ 时，$g(x,y)=0$，此时，指数曲线交于 $f(x,y)$ 轴，由此可见参数 a 决定了指数变换曲线的初始位置；参数 c 决定了变换曲线的陡度，即决定曲线的变换速率。这种变换一般用于对图像的高灰度区给予较大扩展，适于过亮的图像。

3. 直方图变换

1)直方图修正基础

图像的灰度直方图是反映一幅图像的灰度级与出现这种灰度级的概率之间的统计关系图形。设数字图像的灰度级范围为$[0,L-1]$，r_k 是第 k 级灰度，n_k 是灰度级为 r_k 的像素个数。以图像像素的总数 n 去除每个灰度级的像素数目 n_k，即得到归一化的直方图，数学表达式为：

$$P(r_k)=n_k/n \quad k=0,1,2,\cdots,L-1 \tag{2-7}$$

并且：

$$\sum_{k=0}^{L-1}P(r_k)=1 \tag{2-8}$$

数字图像的直方图主要有以下几点性质：

(1)直方图中不包含位置信息。直方图只是反映了图像灰度分布的特性，和灰度所在的位置没有关系，不同的图像可能具有相近或者完全相同的直方图分布。

(2)图像与直方图多对一映射关系。任意一幅图像，都能唯一地确定出一幅与它对应的直方图，但不同的图像，可能有相同的直方图。

(3)直方图的可叠加性。一幅图像的直方图等于它各个部分直方图的和。

直方图反映了图像的整体灰度。对于暗色图像，直方图的组成集中在灰度级低(暗)的一侧，相反，明亮图像的直方图则倾向于灰度级高的一侧。直观上讲，可以得出这样的结论，若一幅图像的像素占有全部可能的灰度级并且分布均匀，这样的图像便有高对比度和多变的灰度色调。

2)直方图均衡化

直方图均衡化的基本思想是把原始图像的灰度直方图从比较集中的某个灰度区间变成在全部灰度范围内的均匀分布，即对图像进行非线性拉伸，重新分配图像像素值，使一定灰度范围内的像素数量大致相同。这样就增加了像素灰度值的动态范围，从而可达到增强图像整体对比度的效果。

设原始图像在(x,y)处的归一化灰度为 r，均衡化后图像在此处的归一化灰度为 s，则可认为均衡化是灰度 r 到 s 的映射。设映射函数为 T，则有：

$$s=T(r) \tag{2-9}$$

函数 T 必须满足两个条件：

(1)$T(r)$在 $0\leqslant r\leqslant 1$ 范围内是一个单调递增函数，这是为了保证增强处理没有打乱原始图像的灰度排列次序，原图各灰度级在变换后仍保持从黑到白（或从白到黑）的排列；

(2)对于 $0\leqslant r\leqslant 1$，有 $0\leqslant s\leqslant 1$，这个条件保证了变换前后灰度值动态范围的一致性。

综合以上两个条件，累积分布函数(Cumulative Distribution Function，简称 CDF)是个好的选择，因为累积分布函数是单调递增函数，并且值域是 0 到 1，所以直方图均衡化中的映射函数 T 为：

$$s_k = T(r_k) = \sum_{j=0}^{k} P(r_k) = \sum_{j=0}^{k} \frac{n_j}{n} \quad k = 0,1,2,\cdots,L-1 \tag{2-10}$$

因此，直方图均衡化算法分为 3 个步骤：第一步是统计直方图每个灰度级出现的次数，第二步是累计归一化的直方图，第三步是计算新的像素值。下面举例进行说明。

［例 2-1］　一幅灰度范围为[0,255]的图像，像素的取值情况如表 2-1 所示，计算直方图均衡化后的像素值情况。

表 2-1　一幅图像的像素值情况

255	128	200	50
50	0	255	50
255	200	128	128
200	0	255	50

解：根据直方图均衡化计算步骤，得出如表 2-2 所示信息。

表 2-2　直方图均衡化计算过程

灰度值	像素个数	$T(r_k)$	s_k	灰度值映射	新灰度值(取整)
0	2	0.125	0.125		31
50	4	0.25	0.375		95
128	3	0.187 5	0.562 5	$s_k \times (255-0)$	143
200	3	0.187 5	0.75		191
255	4	0.25	1		255

均衡化后图像的像素值情况如表 2-3 所示。

表 2-3　一幅图像的像素值情况

255	143	191	95
95	31	255	95
255	191	143	143
191	31	255	95

3)直方图规定化

在实际应用中,希望能够有目的地增强某个灰度区间的图像,即能够人为地修正直方图的形状,使之与期望的形状相匹配,这就是直方图规定化的基本思想。换句话说,希望可以人为地改变直方图形状,使之成为某个特定的形状。直方图规定化就是针对上述要求提出来的一种增强技术,它可以按照预先设定的某个形状来调整图像的直方图。直方图规定化是指在运用均衡化原理的基础上,通过建立原始图像和期望图像之间的关系,有选择地控制直方图,使原始图像的直方图变成规定的形状,从而弥补了直方图均衡不具备交互作用的特性。

假设 $P(r)$ 是原始图像分布的概率密度函数,$P(z)$ 是希望得到的图像的概率密度函数,如图 2-3 所示。

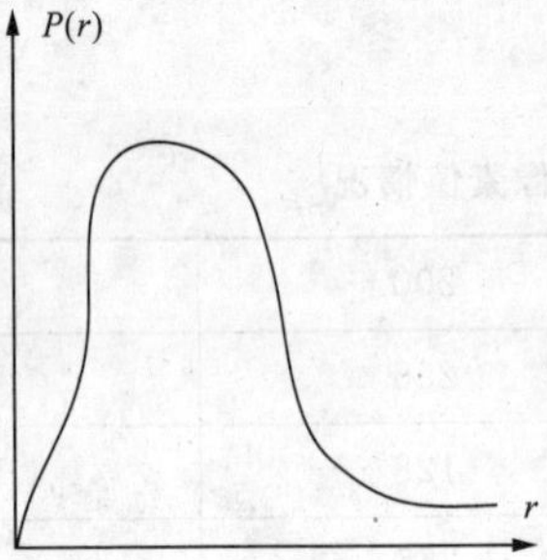

(a)原始图像直方图

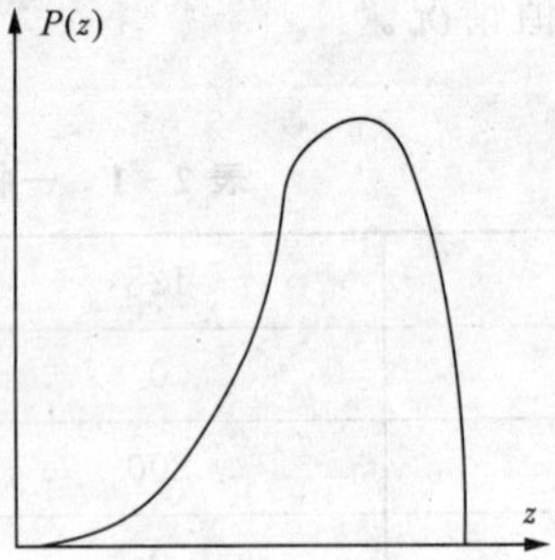

(b)规定直方图

图 2-3　直方图规定化

直方图规定化处理的步骤如下:

(1)先对原始图像进行直方图均衡化,即 $s=T(r)$;

(2)对规定的直方图均衡化,即 $v=G(z)$;

(3)对于这两幅图像同样作了均衡化处理,由于它们具有同样的均匀密度,即 $s=v$,则 $z=G^{-1}(v)=G^{-1}(s)=G^{-1}[T(r)]$。

上述 3 步得到了连续图像的一种处理方法,只要求 $G(s)$ 是可逆的即可进行。但是,对于离散图像,由于 $G(s)$ 是一个离散的阶梯函数,不可能有逆函数存在,对此,只能进行近似处理,这必将导致变换后图像的直方图不能与目标直方图严格匹配。

三、空域滤波

1. 平滑滤波

获得的图像可能会因为各种原因而被污染,产生噪声。常见的图像噪声主要有加性噪声、乘性噪声和量化噪声等。噪声并不仅限于人眼所见的失真,有些噪声只针对某些具体的图像处理过程产生影响。图像中的噪声往往和正常信号交织在一起,尤其是乘性噪声,如果处理不当,就会破坏图像本身的细节,如会使线条、边界等变得模糊不清。有些图像是通过扫描仪扫描输入或传输通道传输过来的。图像中往往包含有多种噪声。这些噪声一般是随机产生的,因此具有分布和大小不规则的特点。图像平滑的主要作用是消除噪声。如何既平滑掉噪声又尽量保持图像细节，是图像平滑的主要研究任务。常见的空域平滑滤波有均值滤波、中值滤波等。

1)均值滤波

均值滤波也称为线性滤波，基本原理是用均值代替原图像中的各个像素值，即对待处理的当前像素点(x,y)，选择以它为中心的一个邻域集合S，但S不包含(x,y)。求出S中所有像素的均值，再把该均值赋予当前像素点(x,y)，作为处理后图像在该点上的灰度，即：

$$g(x,y)=\frac{1}{M}\sum_{(m,n)\in S}f(m,n) \tag{2-11}$$

式中：M是集合S内坐标点的总数。邻域的大小一般为3×3、5×5、7×7…均值滤波具有方法简单、计算速度快等优点，但它的主要缺点是在降低噪声的同时使图像模糊，特别在边沿和细节处，邻域越大，越模糊。为了减少这种效应，可以采用阈值法，数学表达式为：

$$g(x,y)=\begin{cases}\frac{1}{M}\sum\limits_{(m,n)\in S}f(m,n) & 若\left|f(x,y)-\frac{1}{M}\sum\limits_{(m,n)\in S}f(m,n)\right|>T\\ f(x,y) & 其他\end{cases} \tag{2-12}$$

式中：T是一个非负阈值，当点和它的邻域均值的差小于T时，则保留该点的像素灰度值。

2)中值滤波

中值滤波则在消除噪声的同时还能保持图像中的细节部分，防止边缘模糊。中值滤波的依据：噪声以孤立点的形式出现，这些点对应的像素数很少，而图像则是由像素数较多、面积较大的块构成。中值滤波的目的就是要把这些孤立的点去除掉。

中值滤波是一种非线性滤波。选一个含有奇数点的窗口W，将这个窗口在图像上移动，把该窗口中所含的像素点按灰度值进行升(或降)序排列，取位于中间的灰度值来代替该点的灰度值。将原图像中所有的像素点都执行上述操作后就得到中值滤波的结果图像。

设原始图像在点(x,y)的灰度值为$f(x,y)$，增强图像在对应位置(x,y)的灰度值为$g(x,y)$，则中值滤波的数学表达式为：

$$g(x,y)=\text{median}\{f(x-k,y-l),k,l\in W\} \tag{2-13}$$

[例2-2]　设有原图像为2　2　6　2　1　2　4　4　4　2　4，采用1×3窗口进行中值滤波。

解：处理后为2　2　2　2　2　2　4　4　4　4　4。

对中值滤波法来说，正确选择窗口尺寸的大小是很重要的环节。一般很难事先确定最佳的窗口尺寸，需通过从小窗口到大窗口的中值滤波试验，再从中选取最佳的。中值滤波容易去除孤立点、线的噪声，同时保持图像的边缘。它能很好地去除二值噪声，但对高斯噪声无能为力。要注意的是，当窗口内噪声点的个数大于窗口宽度一半时，中值滤波的效果不是很好。

2. 锐化滤波

图像平滑往往使图像中的边界、轮廓变得模糊，为了减少这类不利效果的影响，就需要利用图像锐化技术，使图像边缘变得清晰。图像锐化处理的目的是为了使图像的边缘、轮廓线以及图像的细节变得清晰。从空间域来看，经过平滑的图像变得模糊的根本原因是图像受到了平均或积分运算，因此对其进行逆运算(如微分运算)就可以使图像变得清晰。

1)梯度运算

对于数字图像 $f(x,y)$,它在点(x,y)处的梯度定义为一个矢量:

$$G[f(x,y)]=\begin{bmatrix}f'_x\\f'_y\end{bmatrix}=\begin{bmatrix}\dfrac{\partial f(x,y)}{\partial x}\\\dfrac{\partial f(x,y)}{\partial y}\end{bmatrix} \tag{2-14}$$

梯度有两个重要性质:

(1)梯度的方向在函数 $f(x,y)$最大变化率的方向上;

(2)梯度的幅度用$|G[f(x,y)]|$表示。

$$|G[f(x,y)]|=\sqrt{f_x^2+f_y^2}=\sqrt{\left(\frac{\partial f(x,y)}{\partial x}\right)^2+\left(\frac{\partial f(x,y)}{\partial y}\right)^2} \tag{2-15}$$

对于数字图像而言,有两种二维离散梯度的计算方法。

(1)水平垂直差分法,数学表达式为:

$$|G[f(i,j)]|=|f(i,j)-f(i+1,j)|+|f(i,j)-f(i,j+1)| \tag{2-16}$$

(2)罗伯茨梯度法(Roberts Gradient),数学表达式为:

$$|G[f(i,j)]|=|f(i,j)-f(i+1,j+1)|+|f(i+1,j)-f(i,j+1)| \tag{2-17}$$

但这两种梯度近似算法在图像的最后一行和最后一列的各像素的梯度无法求得,一般用前一行和前一列的梯度值近似代替。

由梯度的计算可知:在灰度变化平缓的区域梯度值较小,图像中灰度变化较大的边缘区域梯度值大,而在灰度均匀区域梯度值为零。因此,图像经过梯度运算后,留下的就是灰度值急剧变化的边缘处的点。

当梯度计算完成之后,就可以根据需要生成不同的梯度增强图像,方法较多,这里举两例加以说明。

(1)输出图像各像素的灰度值等于改点的梯度,即:

$$g(x,y)=|G[f(x,y)]| \tag{2-18}$$

该法处理后的图像仅显示出灰度变化比较陡的边缘轮廓,灰度平缓变化的部分由于梯度值较小而显得很黑。

(2)采用一定的阈值,即:

$$g(x,y)=\begin{cases}|G[f(x,y)]| & G[f(x,y)]\geqslant T\\f(x,y) & \text{其他}\end{cases} \tag{2-19}$$

式中:T 为一个非负阈值。恰当的 T 值能有效增强边缘或轮廓,并不影响原灰度变化比较平缓的背景。

2)索贝尔(Sobel)算子

采用梯度运算对图像进行锐化处理,同时会使噪声、条纹等得到增强,Sobel 算子则在一定程度上克服了这个问题。Sobel 算子分为两个:一个用于检测水平边缘,另一个用于检测垂直边缘。用卷积模板表示为:

$$G_x=\begin{bmatrix}-1&0&1\\-2&0&2\\-1&0&1\end{bmatrix}\quad G_y=\begin{bmatrix}1&2&1\\0&0&0\\-1&-2&-1\end{bmatrix} \tag{2-20}$$

锐化后的图像在(x,y)处的灰度值为：

$$g(x,y)=\sqrt{G_x^2+G_y^2}\approx|G_x|+|G_y| \tag{2-21}$$

3)拉普拉斯(Laplacian)算子

拉普拉斯算子是一种各向同性(旋转不变性)的线性运算，是常用的二阶偏导数算子。对一个连续函数$f(x,y)$，它在位置(x,y)的拉普拉斯算子表示为：

$$\nabla^2 f=\frac{\partial^2 f}{\partial x^2}+\frac{\partial^2 f}{\partial y^2} \tag{2-22}$$

对数字图像来讲，$f(x,y)$的二阶偏导数可近似表示为：

$$\begin{aligned}\frac{\partial^2 f}{\partial x^2}&=\nabla_x f(i+1,j)-\nabla_x f(i,j)\\&=[f(i+1,j)-f(i,j)]-[f(i,j)-f(i-1,j)]\\&=f(i+1,j)+f(i-1,j)-2f(i,j)\end{aligned} \tag{2-23}$$

$$\begin{aligned}\frac{\partial^2 f}{\partial y^2}&=\nabla_y f(i,j+1)-\nabla_y f(i,j)\\&=[f(i,j+1)-f(i,j)]-[f(i,j)-f(i,j-1)\\&=f(i,j+1)+f(i,j-1)-2f(i,j)\end{aligned} \tag{2-24}$$

因此，拉普拉斯算子为：

$$\begin{aligned}\nabla^2 f&=\frac{\partial^2 f}{\partial x^2}+\frac{\partial^2 f}{\partial y^2}\\&=f(i+1,j)+f(i-1,j)+f(i,j+1)+f(i,j-1)-4f(i,j)\end{aligned} \tag{2-25}$$

式(2-25)使用拉普拉斯模板表示为：

$$H=\begin{bmatrix}0&1&0\\1&-4&1\\0&1&0\end{bmatrix} \tag{2-26}$$

在实际应用中常见的拉普拉斯模板还有：

$$H=\begin{bmatrix}1&1&1\\1&-8&1\\1&1&1\end{bmatrix}\quad H=\begin{bmatrix}1&-2&1\\-2&4&-2\\1&-2&1\end{bmatrix}$$

$$H=\begin{bmatrix}0&-1&0\\-1&4&-1\\0&-1&0\end{bmatrix}\quad H=\begin{bmatrix}-1&-1&-1\\-1&8&-1\\-1&-1&-1\end{bmatrix}$$

拉普拉斯算子可以增强图像的边缘，但同时也会让图像的背景信息消失。为了既得到锐化效果又保留背景信息，通常将原始图像与用拉普拉斯算子锐化后的结果叠加在一起作为锐化增强的图像。

四、频域滤波

设函数$f(x,y)$与算子$h(x,y)$的卷积结果是$g(x,y)$，即$g(x,y)=h(x,y) * f(x,y)$，那么根据卷积定理，在频率域有：

$$G(u,v)=H(u,v)F(u,v) \tag{2-27}$$

式中：$G(u,v)$、$H(u,v)$、$F(u,v)$分别是 $g(x,y)$、$h(x,y)$、$f(x,y)$的傅立叶(或其他)变换；$H(u,v)$称为传递函数。频域滤波的一般过程如图 2-4 所示。

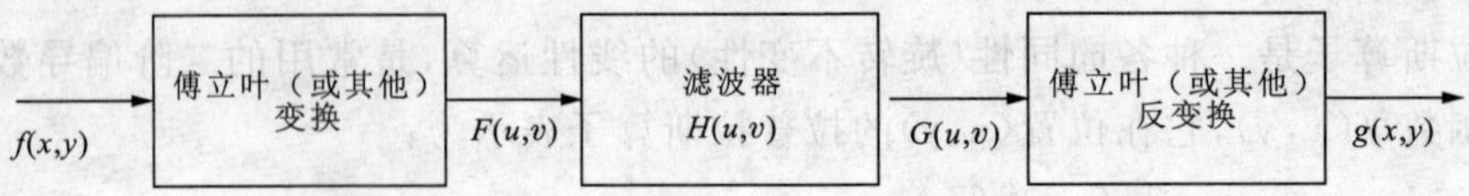

图 2-4　频域滤波的一般过程

滤波器通带(filter transmission band)是指信号通过滤波器时，衰减最小的频带，即滤波器允许通过信号的频率范围。

截止频率是指一个系统的输出信号能量开始大幅下降(在带阻滤波器中为大幅上升)的边界频率。

在本节中，D_0 表示截止频率，它是一个非负整数；$D(u,v)$是从点(u,v)到频率平面原点$(0,0)$的距离，即：

$$D(u,v)=\sqrt{u^2+v^2} \tag{2-28}$$

1. 低通滤波器

由于噪声主要集中在高频部分，为去除噪声改善图像质量，可采用低通滤波器 $H(u,v)$，来抑制 $F(u,v)$高频分量，滤波得到 $G(u,v)$，然后再进行傅立叶(或其他)反变换获得滤波图像，就可达到平滑图像的目的。常用的频率域低通滤波器有 4 种。

1)理想低通滤波器

设频率平面上理想低通滤波器离开原点的截止频率为 D_0，则理想低通滤波器的传递函数为：

$$H(u,v)=\begin{cases}1 & D(u,v)\leqslant D_0\\0 & D(u,v)>D_0\end{cases} \tag{2-29}$$

理想低通滤波器的含义是指小于 D_0 的频率，即以 D_0 为半径的圆内的所有频率分量可以完全无损地通过，而圆外的频率，即大于 D_0 的频率分量则完全被除掉。理想低通滤波器的平滑作用非常明显，但由于变换是一个陡峭的突变，它的反变换将有强烈的振铃特性，使滤波后图像产生模糊效果。因此，理想低通滤波在实践中不能采用。

2)巴特沃兹(Butterworth)低通滤波器

巴特沃兹低通滤波器又称最大平坦滤波器，它的通带与阻带间是一个平滑的过渡带。一个 n 阶巴特沃兹低通滤波器的传递函数为：

$$H(u,v)=\frac{1}{1+\left[\frac{D(u,v)}{D_0}\right]^{2n}} \tag{2-30}$$

通常把 $H(u,v)$下降到某一值的那个频率定义为截止频率 D_0。式(2-30)中 D_0 值为 $H(u,v)$下降到原来值$\frac{1}{2}$时的 $D(u,v)$。一般情况下，D_0 值为 $H(u,v)$下降到最大值$\frac{\sqrt{2}}{2}$时的 $D(u,v)$。相应地，式(2-30)将变成以下形式：

$$H(u,v)=\frac{1}{1+(\sqrt{2}-1)\left[\frac{D(u,v)}{D_0}\right]^{2n}} \tag{2-31}$$

截止频率的不同使得 $H(u,v)$ 具有不同的衰减特性，可视需要加以确定。巴特沃兹低通滤波器的特性是连续性衰减，而不是像理想低通滤波器那样陡峭变化。因此采用该滤波器在抑制噪声的同时，图像边缘的模糊程度大大减小，没有振铃效应产生，但计算量大于理想低通滤波器。

3)高斯低通滤波器

由于高斯函数常用于帮助寻找空间域与频率域间的联系，因此基于高斯函数的滤波具有特别重要的意义。

一个二维高斯低通滤波器的传递函数为：

$$H(u,v)=\mathrm{e}^{-\frac{D^2(u,v)}{2\sigma^2}} \tag{2-32}$$

σ 表示高斯曲线扩展的程序，当 $\sigma=D_0$ 时，可得到高斯低通滤波器的更为标准形式：

$$H(u,v)=\mathrm{e}^{-\frac{D^2(u,v)}{2D_0^2}} \tag{2-33}$$

当 $D(u,v)=D_0$ 时，$H(u,v)$ 下降到最大值 0.607 处。高斯低通滤波器也无明显的振铃效应。

4)梯形低通滤波器

梯形低通滤波器的传递函数为：

$$H(u,v)=\begin{cases}1 & D(u,v)<D_0\\ \dfrac{D(u,v)-D_1}{D_0-D_1} & D_0\leqslant D(u,v)\leqslant D_1\\ 0 & D(u,v)>D_1\end{cases} \tag{2-34}$$

式中：D_0 仍为截止频率；D_1 可为大于 D_0 的任意值。梯形低通滤波器处理的结果图像的清晰度较理想低通滤波器有所改善，振铃效应也有所减弱。应用时可调整 D_1 值，使它既能达到平滑图像的目的，又可以使图像保持足够的清晰度。

2. 高通滤波器

图像的边缘、细节主要位于高频部分，而图像的模糊是由于高频成分比较弱产生的。因此可采用高通滤波器让高频成分通过，使低频成分削弱，再经傅立叶(或其他)反变换得到边缘锐化的图像。常用的高通滤波器有以下几种。

1)理想高通滤波器

一个二维理想高通滤波器的传递函数为：

$$H(u,v)=\begin{cases}0 & D(u,v)\leqslant D_0\\ 1 & D(u,v)>D_0\end{cases} \tag{2-35}$$

它与理想低通滤波器的特性刚好相反，只有大于截止频率的频带才会被保留。同理想低通滤波器一样，理想高通滤波器也存在陡峭突变，因此由它处理后得到的高频图像也存在振铃现象。

2)巴特沃兹高通滤波器

一个 n 阶巴特沃兹高通滤波器的传递函数为：

$$H(u,v)=\frac{1}{1+\left[\frac{D_0}{D(u,v)}\right]^{2n}} \tag{2-36}$$

式中：D_0 值为 $H(u,v)$ 下降到原来值 $\frac{1}{2}$ 时的 $D(u,v)$。一般情况下，D_0 值为 $H(u,v)$ 下降到最大值 $\frac{\sqrt{2}}{2}$ 时的 $D(u,v)$。相应地，式(2-36)将变成以下形式：

$$H(u,v)=\frac{1}{1+(\sqrt{2}-1)\left[\frac{D_0}{D(u,v)}\right]^{2n}} \tag{2-37}$$

截止频率的不同使得 $H(u,v)$ 具有不同的衰减特性，可视需要加以确定。巴特沃兹高通滤波器在高低频的过渡较为平滑。

3)高斯高通滤波器

一个高斯高通滤波器的传递函数为：

$$H(u,v)=1-\mathrm{e}^{-\frac{D^2(u,v)}{2D_0^2}} \tag{2-38}$$

随着 D_0 值的增大，增强效果越发明显，对于微小的物体或线条也能得到较好的效果。

4)梯形高通滤波器

梯形高通滤波器的传递函数定义为：

$$H(u,v)=\begin{cases}0 & D(u,v)<D_1 \\ \frac{D(u,v)-D_1}{D_0-D_1} & D_1\leqslant D(u,v)\leqslant D_0 \\ 1 & D(u,v)>D_0\end{cases} \tag{2-39}$$

式中：D_0 仍为截止频率；D_1 可为小于 D_0 的任意值。

3. 带通滤波器和带阻滤波器

带通滤波器容许一定频率范围信号通过，但减弱(或减少)频率低于下限截止频率和高于上限截止频率的信号通过。带阻滤波器减弱(或减少)一定频率范围信号，但容许频率低于下限截止频率和高于上限截止频率的信号通过。其传递函数为：

$$H(u,v)=\begin{cases}1 & D_1\leqslant D(u,v)\leqslant D_2 \\ 0 & D(u,v)<D_1 \text{ 或 } D(u,v)>D_2\end{cases} \tag{2-40}$$

4. 同态滤波

同态滤波是把频率过滤和灰度变换结合起来的一种图像处理方法，它以图像的照度/反射模型作为频域处理的基础，利用压缩亮度范围和增强对比度来改善图像的质量。使用这种方法可以使图像处理符合人眼对于亮度响应的非线性特性，避免了直接对图像进行傅立叶变换处理的失真。

同态滤波的基本原理是：将像元灰度值看作是照度和反射率两个组分的产物。由于照度相对变化很小，可以看作是图像的低频成分，而反射率则是高频成分。通过分别处理照度和反射率对像元灰度值的影响，能达到揭示阴影区细节特征的目的。

拍摄到的图像是光源照射到物体上后的反射特性的记录。因此，图像可被表示为照度分量 $i(x,y)$ 和反射分量 $r(x,y)$ 的乘积，即：

$$f(x,y)=i(x,y)\cdot r(x,y) \tag{2-41}$$

对式(2-41)两边取对数：

$$\ln f(x,y)=\ln i(x,y)+\ln r(x,y) \tag{2-42}$$

对式(2-42)作频域变换：

$$F(u,v)=I(u,v)+R(u,v) \tag{2-43}$$

用一频域函数 $H(u,v)$ 处理 $F(u,v)$：

$$H(u,v)F(u,v)=H(u,v)I(u,v)+H(u,v)R(u,v) \tag{2-44}$$

反变换到空域：

$$h_f(x,y)=h_i(x,y)+h_r(x,y) \tag{2-45}$$

两边取指数：

$$g(x,y)=\mathrm{e}^{|h_f(x,y)|}=\mathrm{e}^{|h_i(x,y)|}\cdot \mathrm{e}^{|h_r(x,y)|} \tag{2-46}$$

同态滤波器是一种非线性滤波器，它的处理是一种基于特征的对比度增强方法，主要用于减少由于光照不均匀引起的图像降质，并对感兴趣的景物进行有效的增强。

5. 小波滤波

小波滤波方法的成功主要得益于小波变换所具有如下特点：

(1)低熵性。小波系数的稀疏分布，使得图像变换后的熵降低。

(2)多分辨率。由于采用了多分辨率的方法，所以能很好地刻画信号的非平稳特征，如边缘、尖峰、断点等。

(3)去相关性。因为小波变换可以对信号进行去相关性，且噪声在变换后有白化趋势，所以小波域比时域更利于去噪。

(4)选基灵活性。由于小波变换可以灵活选择变换基，从而对不同应用场合及不同的研究对象，可以选用不同的小波母函数，以获得最佳的效果。

小波变换去噪主要利用信号与噪声的李普西兹指数(李氏指数)在局部奇异处呈现不同的表现形式来实现。一般地，白噪声的李氏指数小于 0 且对应模极大值随尺度的增大而减小；而信号的突变点的李氏指数大于或等于 0，对应的小波变换模极大值随尺度的增加逐渐增大。可见，通过逐渐增大尺度因子，噪声的幅值显著减小，剩余的极大值主要属于信号。即使在信号有奇异处，即李氏指数大于或等于 0 处有噪声，若在此位置上信号的奇异幅值比噪声大，那么随着尺度的增加也能将二者很好地区别开来。依此规律，可采用多分辨率理论，由粗即精地跟踪各尺度下的小波变换极大值滤去噪声。

小波图像去噪的基本步骤为：

(1)对含噪二维图像信号进行小波变换；

(2)提取小波分解中第一层的低频图像，跟踪该尺度下的小波变换极值点；

(3)对第一层低频图像进行小波变换，提取第二层低频图像信号，同时，以步骤(2)中的小波变换极值点为参考，找出幅值减小的极值点，并除去，保留幅值增加的极值点；

(4)重复步骤(3)；

(5)重建去噪后的二维图像信息。

由于小波变换对突变信号和非平稳信号处理具有优异性能，能较好地模拟视觉模型，使得它在数字图像处理、计算机视觉等方面引起了广泛的关注。

但是，由于小波变换缺乏方向性，仅具有水平、垂直、对角方向的信息，不能很好地捕获二维图像中的线和面奇异，不能最优地表示含线或面奇异的二维图像。

五、彩色增强

彩色图像含有较大的信息量，而且人眼对色彩的识别和区分能力可以达到灰度辨别能力的百倍以上，所以彩色增强对从图像中获得更多的信息有着非常重要的作用。彩色图像的增强一般根据处理对象的不同可以分为伪彩色增强、真彩色增强和假彩色增强 3 种。

1. 伪彩色增强

伪彩色(pseudo color)，即指非彩色图像(灰度、二值)人为映射成彩色图像。伪彩色增强是将一个波段或单一的黑白图像变换为彩色图像，从而把人眼不能区分的微小的灰度差别显示为明显的色彩差异，更便于解译和提取有用信息。伪彩色增强的方法主要有以下 3 种。

1)密度分割法

密度分割法是伪彩色图像增强中最简单、最基本的方法。该算法基本思想是将灰度图像中的任意一点的灰度值看作该点的密度函数，把密度函数分割成几个相互独立的区间，给每个区间分配一种颜色。接下来具体阐述密度分割法的实现原理。

设原图像的灰度范围为 $0 \leqslant f(x,y) \leqslant L$，用 $k+1$ 灰度级把该灰度范围分为 k 段：

$$l_0, l_1, \cdots, l_k$$

给每一段灰度映射一种颜色，映射关系为：

$$g(x,y)=C_i \tag{2-47}$$

式中：$g(x,y)$ 为输出的伪彩色像；C_i 为灰度在 l_i 范围内映射的色彩。这里的 k 个分段可以是均匀的，也可以是不均匀的，可以根据图像的灰度范围以及实际需求，设定每段的长度，以达到细节显示。

2)灰度级彩色变换法

灰度级彩色变换法的基本思想是对图像中每个像素点的灰度值 $f(x,y)$ 采用不同的变换函数，并将结果映射为彩色图像的 R、G、B 分量值，这样就可以得到一幅 RGB 空间上的彩色图像，过程如图 2-5 所示。

典型的变换函数如图 2-6 所示。

由图 2-6 可计算出红、绿、蓝的变换函数为：

$$0 \leqslant f(x,y) < \frac{L}{4} \quad R(x,y)=0; G(x,y)=4\times f(x,y); B(x,y)=L$$

$$\frac{L}{4} \leqslant f(x,y) < \frac{L}{2} \quad R(x,y)=0; G(x,y)=L; B(x,y)=-4\times f(x,y)+2\times L$$

$$\frac{L}{2} \leqslant f(x,y) < \frac{3L}{4} \quad R(x,y)=4\times f(x,y)-2\times L; G(x,y)=L; B(x,y)=0$$

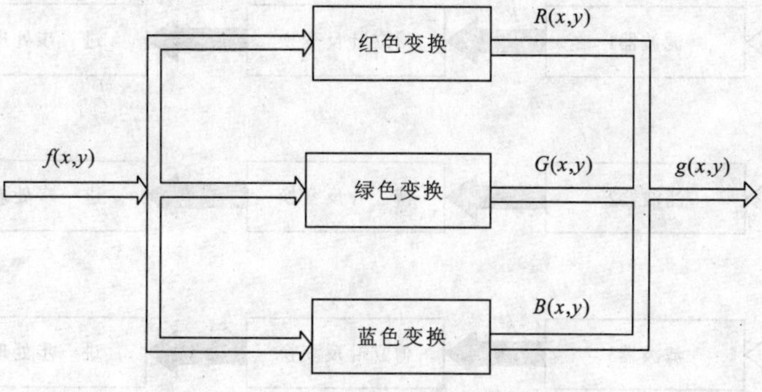

图 2-5　灰度级彩色变换法示意图

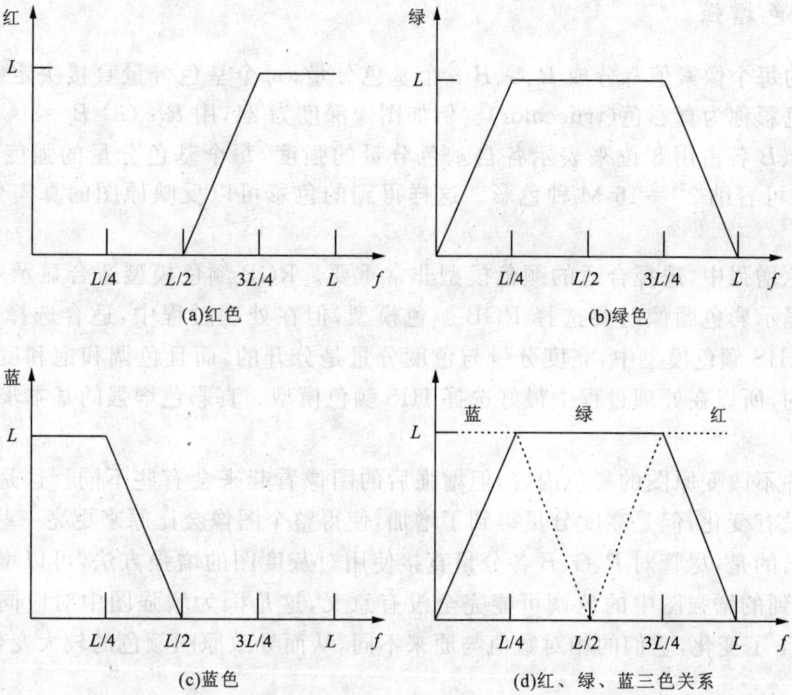

图 2-6　典型变换函数示意图

$$\frac{3L}{4} \leqslant f(x,y) \leqslant L \quad R(x,y)=L; G(x,y)=-4\times f(x,y)+4\times L; B(x,y)=0$$

3)频率域伪彩色增强

频率域伪彩色增强是先把灰度图像经傅立叶变换到频率域，将频率域内 3 个不同传递特性的滤波器分离成 3 个独立分量，然后对它们进行逆傅立叶变换，便得到 3 幅代表不同频率分量的单色图像，接着对这 3 幅图像作进一步的处理(直方图均衡化)，最后将它们作为三基色分量分别加到彩色显示器的红、绿、蓝显示通道，从而实现频率域分段的伪彩色增强。过程如图 2-7 所示。

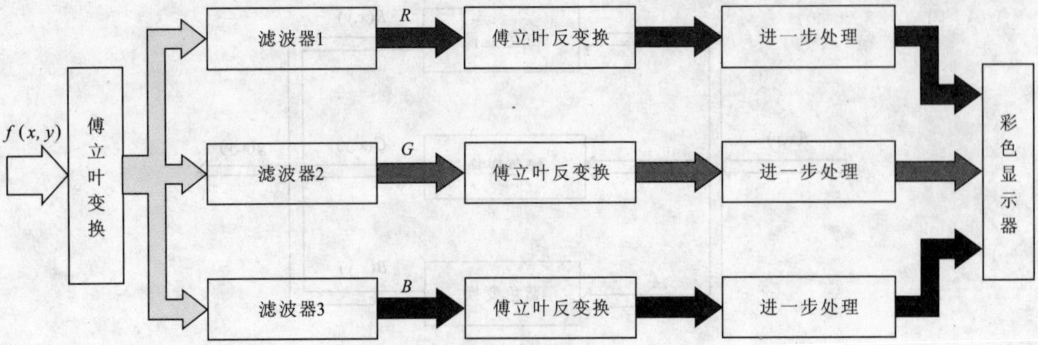

图 2-7　频率域伪彩色增强处理

2. 真彩色增强

图像中的每个像素值都分成 R、G、B 3 个基色分量，每个基色分量直接决定基色的强度，这样产生的色彩称为真彩色(truecolor)。例如图像深度为 24，用 $R:G:B=8:8:8$ 来表示色彩，则 R、G、B 各占用 8 位来表示各自基色分量的强度，每个基色分量的强度等级为 $2^8=256$ 种。图像可容纳 $2^{24}=16$ M 种色彩。这样得到的色彩可以反映原图的真实色彩，故称真彩色。

在真彩色增强中，选择合适的颜色模型非常重要。RGB 颜色模型适合显示彩色图像，所以在屏幕上显示彩色图像时要选择 RGB 颜色模型，但在处理过程中，适合选择 HIS 颜色模型。因为在 HIS 颜色模型中，亮度分量与色度分量是分开的，而且色调和饱和度与人的感知是密切相关的，所以在处理过程中最好选择 HIS 颜色模型。真彩色增强的基本步骤如图 2-8 所示。

该方法并不改变原图的彩色内容，但增强后的图像看起来会有些不同。这是因为尽管色调和饱和度没有变化，但是亮度分量得到了增加，使得整个图像会比原来更亮一些。

需要指出的是，尽管对 R、G、B 各分量直接使用对灰度图的增强方法，可以增强图中的细节亮度，但得到的增强图中的色调可能完全没有意义，这是因为增强图中对应同一个像素的 R、G、B 都发生了变化，它们的相对数值与原来不同，从而导致原图颜色的较大变化。

3. 假彩色增强

假彩色(false color)增强是从彩色到彩色的映射，是将一幅真实的自然彩色图像或遥感多光谱图像，逐点映射到三基色所确定的颜色模型。在增强后的图像中，各类对象的色彩发生了改变，不同于原有的色彩，故称为假彩色。

假彩色增强的目的：一是使感兴趣目标呈现奇异的彩色或置于奇特的彩色环境中，从而更引人注目；二是使景物呈现出与人眼色觉相匹配的颜色，以提高对目标的分辨力。

对于自然景色图像，通用的线性假彩色映射可表示为：

$$\begin{bmatrix} R_F \\ G_F \\ B_F \end{bmatrix} = \begin{bmatrix} a_1 & b_1 & c_1 \\ a_2 & b_2 & c_2 \\ a_3 & b_3 & c_3 \end{bmatrix} \cdot \begin{bmatrix} R_f \\ G_f \\ B_f \end{bmatrix} \tag{2-48}$$

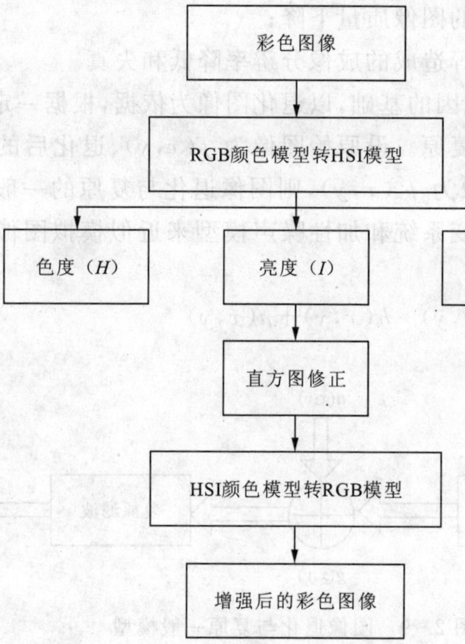

图 2-8 真彩色图像增强过程

例如，采用以下的映射关系：

$$\begin{bmatrix} R_F \\ G_F \\ B_F \end{bmatrix} = \begin{bmatrix} 0 & 1 & 0 \\ 0 & 0 & 1 \\ 1 & 0 & 0 \end{bmatrix} \cdot \begin{bmatrix} R_f \\ G_f \\ B_f \end{bmatrix}$$

则原图像中绿色物体会呈红色，蓝色物体会呈绿色，红色物体则呈蓝色。

多光谱图像的假彩色增强可表示为：

$$\begin{aligned} g_R &= T_R\{f_1, f_2, \cdots, f_n\} \\ g_G &= T_G\{f_1, f_2, \cdots, f_n.\} \\ g_B &= T_B\{f_1, f_2, \cdots, f_n\} \end{aligned} \tag{2-49}$$

式中：$f_1, f_2, \cdots, f_n$ 分别表示在光谱的 n 个不同波段获得的 n 幅图像；g_R、g_G、g_B 分别表示假彩色图像的三基色亮度；T_R、T_G、T_B 为变换函数。

第二节 图像复原

一、图像退化模型

导致图像退化的原因有很多，最常见的有如下几个方面：

(1)成像时由于大气湍流的扰动造成的图像模糊，例如天文成像和遥感成像；

(2)由成像设备与被摄物体之间存在的相对运动而产生的运动模糊；

(3)成像时由于成像设备聚焦不准确引起的散焦模糊；

(4)环境条件的变化和传感器元件自身的质量引起的噪声干扰；

(5)光源和射线的散射引起的图像质量下降；

(6)光学系统的像差和畸变等造成的成像分辨率降低和失真。

图像复原是研究图像退化原因的基础，以退化图像为依据，根据一定的先验知识设计一种算子，把已经退化了的图像加以复原。设原始图像为 $f(x,y)$、退化后的图像为 $g(x,y)$、加性噪声为 $n(x,y)$、复原得到的图像为 $f'(x,y)$，则图像退化与复原的一般过程如图 2-9 所示。在实际问题中，可用线性空间不变系统和加性噪声模型来近似模拟图像的退化过程，因此，图像的退化模型可以表示为：

$$g(x,y)=f(x,y)*h(x,y)+n(x,y) \tag{2-50}$$

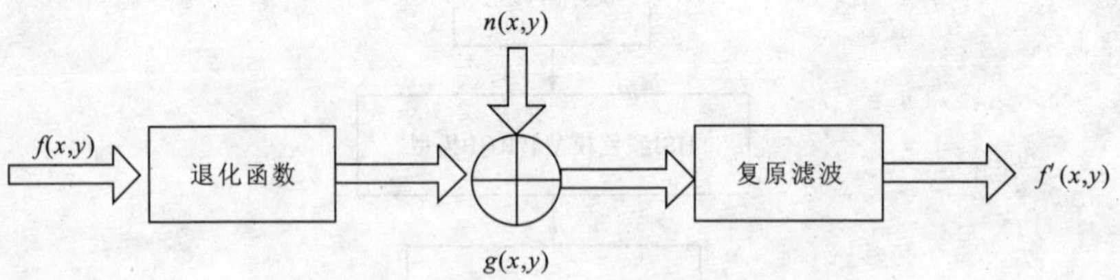

图 2-9　图像退化与复原一般模型

式中：$h(x,y)$是引起图像退化的点扩散函数(point spread function，简称 PSF)，也称为降晰函数或卷积核函数，也是降质函数的空间域；"$*$"表示空间卷积算子。则有：

$$g(x,y)=\int_{-\infty}^{+\infty}\int_{-\infty}^{+\infty}f(\alpha,\beta)h(x-\alpha,y-\beta)\mathrm{d}\alpha\mathrm{d}\beta+n(x,y) \tag{2-51}$$

若图像的尺寸为 $M\times N$(即图像的长和宽分别为 M 和 N)，图像退化的离散模型可表示为：

$$g(k,l)=\sum_{i=0}^{M-1}\sum_{j=0}^{N-1}f(i,j)h(k-i,l-j)+n(k,l) \tag{2-52}$$

式(2-52)用矩阵向量形式可表示为：

$$\boldsymbol{g}=\boldsymbol{H}\boldsymbol{f}+\boldsymbol{n} \tag{2-53}$$

式中：$\boldsymbol{g}$、$\boldsymbol{f}$、$\boldsymbol{n}$ 分别为原始图像、退化图像和加性噪声的向量表示，它们都是由 $M\times N$ 的矩阵按行叠加排列组成的向量；$\boldsymbol{H}$ 表示由点扩散函数构成的 $MN\times MN$ 的分块循环矩阵。

图像复原是一个反卷积的过程，它要解决的问题是在已知退化图像 $\boldsymbol{g}$、点扩散函数 $\boldsymbol{h}$ 和噪声 $\boldsymbol{n}$ 的相关知识信息的情况下，根据式(2-53) 所示的假定模型估计出原始图像 $\boldsymbol{f}$。由于噪声对观测图像的影响，可能会导致最后的复原结果偏离原始图像，这就需要利用图像的先验知识进行约束，使得问题易解。

二、点扩散函数模型

图像复原问题的关键是点扩散函数 h。点扩散函数不同，产生的模糊图像也不同。在图像复原问题中，需要对 PSF 进行估计，PSF 的精确程度直接影响复原图像的质量。常见的点扩散函数 PSF 有以下几类。

1. 线性移动降质

当成像设备获取图像时，由于曝光时间内成像设备与被摄物体或场景间发生的相对运动，使像素点发生相对位移所导致的图像模糊，称为图像运动模糊。假设目标图像作匀速直线运动，运动方向与水平方向之间的夹角为 θ，且目标图像在曝光时间内移动的像素数为整数 d，则点扩散函数 h 可表示为：

$$h(m,n)=\begin{cases}\dfrac{1}{d} & \sqrt{m^2+n^2}\leqslant\dfrac{d}{2},\dfrac{m}{n}=-\tan\theta \\ 0 & \text{其他}\end{cases} \tag{2-54}$$

当成像目标沿着水平方向匀速运动时，即 $\theta=0$，点扩散函数 h 可简化为：

$$h(m)=\begin{cases}\dfrac{1}{d} & -\dfrac{d}{2}\leqslant m\leqslant\dfrac{d}{2} \\ 0 & \text{其他}\end{cases} \tag{2-55}$$

在实际应用中，如果成像设备与所拍摄物体之间的相对运动不是匀速的，则模糊的方向和距离就不是位移不变的，相应的点扩散函数也就无法用模型来描述。

2. 均匀散焦降质

成像设备在获取图像时，普遍存在着聚焦不准确的问题，这导致了光线偏离，不能与原成像点聚合，从而产生了散焦模糊降质图像，散焦模糊又称为离焦模糊。散焦模糊成像将原始图像中各像素点通过透镜投影为圆形平面，设 R 表示散焦半径，则点扩散函数是一个均匀分布的以 R 为半径的图形光斑，具体可表示为：

$$h(m,n)=\begin{cases}\dfrac{1}{\pi R^2} & \text{若 } m^2+n^2=R^2 \\ 0 & \text{其他}\end{cases} \tag{2-56}$$

3. 均匀模糊

均匀模糊可看作是散焦模糊的逼近，一般适用于图像超分辨率重建，它的点扩散函数可表示为：

$$h(m,n)=\begin{cases}\dfrac{1}{d^2} & -\dfrac{d}{2}\leqslant m,n\leqslant\dfrac{d}{2} \\ 0 & \text{其他}\end{cases} \tag{2-57}$$

4. 高斯(Gauss)降质

Gauss 降质函数是许多光学测量系统和成像系统最常见的降质函数。对于这些系统，决定系统点扩展函数的因素比较多。众多因素综合的结果总是使点扩展函数趋于 Gauss 型。典型的系统有光学相机和 CCD 摄像机、γ 相机、CT 相机、成像雷达、显微光学系统等。Gauss 降质函数可以表达为：

$$h(m,n)=\begin{cases}K\mathrm{e}^{\left[\frac{-\alpha(m^2+n^2)}{2\sigma^2}\right]} & \text{若}(m,n)\in C \\ 0 & \text{其他}\end{cases} \tag{2-58}$$

式中：K 为归一化常数，用来确保模糊的均一化；α 为一个正常数；σ^2 表示决定模糊程度的高斯方差；C 为 $h(m,n)$ 的圆形支持域。

三、常见图像非盲复原算法

1. 逆滤波算法

逆滤波又称为方向滤波，逆滤波算法是一种非约束复原的算法。在无噪声的情况下，图像退化模型的频域形式可表示为：

$$G(u,v)=H(u,v)F(u,v) \tag{2-59}$$

式中：G、H、F 分别为观测图像 $g(x,y)$、点扩散函数 $h(x,y)$ 和原始图像 $f(x,y)$ 的傅立叶变换。于是有：

$$F(u,v)=G(u,v)/H(u,v) \tag{2-60}$$

对式(2-60)进行傅立叶逆变换可得到原始图像：

$$f(x,y)=FFT^{-1}[G(u,v)/H(u,v)] \tag{2-61}$$

这便是逆滤波算法的基本原理。在有噪声的情况下，则有：

$$G(u,v)=H(u,v)F(u,v)+N(u,v) \tag{2-62}$$

$$F(u,v)=[G(u,v)-N(u,v)]/H(u,v) \tag{2-63}$$

逆滤波算法的优点是计算比较简单，缺点是当 u、v 平面上存在一些使得 $H(u,v)$ 为 0 或接近于 0 的区域时，$F(u,v)$ 在这些区域附近会发生剧烈变化，且噪声项会被放大。

2. 维纳滤波法

维纳滤波法是由数学家维纳(Norbert Wiener)于第二次世界大战期间首先提出的，最初应用于一维信号处理，取得了很好的效果。之后，维纳滤波法被用于二维信号处理，也取得了不错的效果，尤其在图像复原领域，由于维纳滤波计算量小、复原效果好，从而得到了广泛的应用和发展。

基本原理是寻求原始图像 $f(x,y)$ 的一个估计值 $\hat{f}(x,y)$，使得 $e^2=E\{(f-\hat{f})^2\}$ 的值最小。原始图像的估计值 $\hat{f}(x,y)$ 的傅立叶变换可估计为：

$$F(\hat{u},v)=\left[\frac{1}{H(u,v)}\frac{|H(u,v)|^2}{|H(u,v)|^2+\beta S_n(u,v)/S_f(u,v)}\right]G(u,v) \tag{2-64}$$

式中：$\beta>0$ 是常数，当 $\beta=1$ 时为标准维纳滤波器，当 $\beta\neq1$ 时为含参量维纳滤波器；$H(u,v)$ 表示退化函数，$H(u,v)^2=H*(u,v)H(u,v)$，$H*(u,v)$ 表示 $H(u,v)$ 的复共轭；$S_n(u,v)=|N(u,v)|^2$ 表示噪声的功率谱，$S_f(u,v)=|F(u,v)|^2$ 表示未退化图像的功率谱，比率 $S_f(u,v)/S_n(u,v)$ 称为信噪功率比。

由于两个功率谱很难估计，通常认为噪声是高斯白噪声，即噪声的功率谱 $S_n(u,v)$ 为常数，因此可以用式(2-65)来近似表示维纳滤波：

$$F(\hat{u},v)=\left[\frac{1}{H(u,v)}\frac{|H(u,v)|^2}{|H(u,v)|^2+\gamma}\right]G(u,v) \tag{2-65}$$

式中：γ 是正常数，通常小于 1，可以根据经验来确定 γ 的值。

3. 约束最小二乘复原算法

约束最小二乘复原算法最早是由 Hunt 提出来的。1992 年，Charalambous 等在此基础上提出了改进的方法。在最小二乘复原算法中，附加一些约束条件，使得复原过程能够在一定程度上克服病态特征。通常需要在恢复过程中对运算施加某种约束。

设对图像施加某一线性运算 Q，求约束条件为：

$$\| f-H\hat{f} \|^2=\| n \|^2 \tag{2-66}$$

时使 $|Q\hat{f}|^2$ 为最小的 $\hat{f}$ 作为原图 f 的最佳估计。

利用拉格朗日乘数法，先构造一辅助函数：

$$j(\hat{f},\lambda)=\| Q\hat{f} \|^2-\lambda(\| f-H\hat{f} \|^2-\| n \|^2) \tag{2-67}$$

令 $\frac{\partial j(\hat{f},\lambda)}{\partial \hat{f}}=0$，可得：

$$2Q^T(Q\hat{f})-2\lambda H^T(f-H\hat{f})=0 \tag{2-68}$$

解之得：

$$\hat{f}=(H^TH+\gamma Q^TQ)^{-1}H^Tf \tag{2-69}$$

式中：$\gamma=1/\lambda$。把式(2-69)代入式(2-66)中可以证明，$\| n \|^2$ 是 γ 的单调递增函数。因此可以用迭代法求出满足约束条件式(2-66)的待定系数 γ。首先任取一个 γ，代入式(2-69)，把求得的 $\hat{f}$ 再代入式(2-66)，若结果大于 $\| n \|^2$ 时，便减少 γ；反之增大 γ，再重复上述过程，直到约束条件式(2-70)被满足为止(实际求解时，只要能使 $\| f-H\hat{f} \|^2-\| n \|^2$ 之差小于某一给定值就可以了)。把求得的 γ 代入，便可求得最佳估计 $\hat{f}$。

可以直接从空间域的有约束最小二乘方恢复式(2-69)得到它的频域解：

$$\hat{F}(u,v)=\frac{1}{H(u,v)}\frac{|H(u,v)|^2}{|H(u,v)|^2+\gamma|C(u,v)|^2}F(u,v) \tag{2-70}$$

在应用有约束最小二乘方恢复方法时，只需有关噪声均值和方差的知识就可对每幅给定的图像给出最佳恢复结果。

四、常见图像盲复原算法

1. 参数估计法

参数估计法一般适用于退化图像的模糊参数模型已知的情况，例如由相机与所拍摄物体之间的相对运动或聚焦不准确等所引起的模糊。该方法首先建立 PSF 模型，然后通过图像自身或成像系统的先验信息估计出模型中的参数，从而得到 PSF，最后通过估计出的 PSF，利用非盲复原算法得到复原图像。这是图像盲复原算法中最为简单的一种，其优点是计算量较小，但是缺点是算法要求模糊类型已知，因此适用范围有限。

2. 迭代盲反卷积算法

迭代盲反卷积算法(Iteration Blind Deconvolution，简称 IBD)是图像盲复原问题中最为常见的一种方法。首先估计图像的初始值，然后交替使用傅立叶变换和傅立叶逆变换。在频域上，采用维纳滤波来估计，计算公式为：

$$\hat{F}(u,v)=\left[\frac{1}{H(u,v)}\frac{|H(u,v)|^2}{|H(u,v)|^2+\beta S_n(u,v)/S_f(u,v)}\right]G(u,v) \tag{2-71}$$

$$\hat{H}(u,v)=\left[\frac{1}{\hat{F}(u,v)}\frac{|\hat{F}(u,v)|^2}{|\hat{F}(u,v)|^2+\beta S_n(u,v)/S_h(u,v)}\right]G(u,v) \tag{2-72}$$

式中：$S_f(u,v)$、$S_h(u,v)$和 $S_n(u,v)$分别是原始图像、PSF 和噪声的功率谱。在实际问题中，这些谱一般都是未知的，并且较难计算，通常并不计算这些功率谱的比值，而是用一个较小的常数(一般为经验值)来代替。

迭代盲反卷积算法的优点是算法简单直观，能够将逆滤波、维纳滤波等非盲复原算法应用到迭代过程中。它的缺点是容易受到噪声的大小及类型的影响。

3. 全变差正则化算法

全变差正则化算法是一种经典的图像盲复原方法。对于退化图像 g 及点扩散函数 h，利用最大似然原理，求解变分问题：

$$\inf_f\left\{\int_\Omega |g(x)-h*f|^2\mathrm{d}x\right\} \tag{2-73}$$

从而得到真实图像的一个最小二乘逼近。但由于噪声的影响，式(2-73)在数学上是一个病态反问题，这就需要引入正则化项，使问题良态化。

建立 TV 正则化模型：

$$\min\left\{\|g-h*f\|_2^2+\alpha\int_R|\nabla h|^2\mathrm{d}x\mathrm{d}y+\beta\int_R|\nabla f|^2\mathrm{d}x\mathrm{d}y\right\} \tag{2-74}$$

式中：R 表示图像支持域。

由于上述问题中使用梯度的 L_2 范数，使得二次正则项过于光滑，对边缘造成模糊，因此可将模型改为：

$$\min\left\{\frac{1}{2}\|g-h*f\|_2^2+\alpha\int_R|\nabla h|^2\mathrm{d}x\mathrm{d}y+\beta\int_R|\nabla f|^2\mathrm{d}x\mathrm{d}y\right\} \tag{2-75}$$

式中：全变差$|\nabla f|=\sqrt{(D_xf)^2+(D_yf)^2}$。第一项为保真项，主要作用是使复原后的图像 f 在一定程度上近似于观测图像 g。第二项和第三项分别为 f 和 h 的 TV 正则项。利用变分法，将式(2-74)转化成欧拉-拉格朗日方程，方程如下：

$$h(-s,-t)*(h*f-g)-\alpha\nabla\cdot\frac{\nabla h}{|\nabla h|}=0 \tag{2-76}$$

$$f(-s,-t)*(h*f-g)-\beta\nabla\cdot\frac{\nabla f}{|\nabla f|}=0 \tag{2-77}$$

上述两式交替迭代可以计算得到复原图像 f 和点扩散函数 h。

全变差正则化方法的优点是能够保持图像的边缘，且抗噪性能较好，但是在实际应用中，计算量较大，一般求解出的都是近似解进行下一步计算的，并且复原后的图像容易出现阶梯效应，产生虚假边缘，不能很好地恢复纹理细节。

第三节　形态学图像处理

一、二值形态学的理论基础

1. 基本集合定义

(1)集合是具有某种性质的、确定的、有区别的事物的全体，它本身也是一个事物。常用大写字母用 $A,B\cdots$ 表示，如果某种事物不存在，就称这种事物的全体是空集，记为 $\varnothing$。

(2)元素：构成集合的每个事物。常用小写字母用 $a,b\cdots$ 表示。

(3)子集：当且仅当集合 A 的元素都属于集合 B 时，称 A 为 B 的子集。

(4)并集：由 A 和 B 的所有元素组成的集合称为 A 和 B 的并集。

(5)交集：由 A 和 B 的公共元素组成的集合称为 A 和 B 的交集。

(6)补集：A 的补集，记为 $\bar{A}$ 或 A^c。定义为：

$$A^c=\{x \mid x \notin A\}$$

(7)位移：A 到 x 的位移，记为 $(A)_x$。定义为：

$$(A)_x=\{y \mid y=a+x, a\in A\}$$

(8)反射：A 的反射，记为 $\hat{A}$。定义为：

$$\hat{A}=\{x \mid x=-b, b\in A\}。$$

(9)差集：两个集合 A 和 B 的差，记为 $A-B$。定义为：

$$A-B=\{x \mid x\in A, x\notin B\}=A\cap B^c$$

(10)幂集：集合 A 的所有子集构成的集簇称为集合 A 的幂集。

2. 数字空间

令 Z 表示所有整数集合，由 Z 中的 n 个有序数 $(x_1,x_2,\cdots,x_n)$ 构成元素 x，它的全体称为 n 维数字空间，用 Z^n 表示。Z^n 可视为 n 维欧式空间 E^n 的一个离散点集。E^n 空间的许多性质，对于 Z^n 空间也有类似的结论。

Z^n 空间的加法及在整数域上的数乘分别表示为：

$$x+y=(x_1+y_1, x_2+y_2, \cdots, x_n+y_n), \forall x,y\in Z^n \tag{2-78}$$

$$\lambda x=(\lambda x_1, \lambda x_2, \cdots, \lambda x_n), \forall x\in Z^n, \lambda\in Z \tag{2-79}$$

Z^n 空间有如下性质：

$$(\lambda+\mu)x=\lambda x+\mu x, \lambda(x+y)=\lambda x+\lambda y \tag{2-80}$$

$$(\lambda\mu)x=\lambda(\mu)x \tag{2-81}$$

$$1\cdot x=x \tag{2-82}$$

式中：$x,y\in Z^n$；$\lambda,\mu\in Z$。

显然，Z^n 构成了一个整数域 Z 上的向量空间，它的元素也可用向量形式 $\vec{x}$ 表示。

3. 离散点集和数字图像

一般来说，离散点集 X 定义为数字空间 Z^n 中满足某种性质元素的集合，表示为 $X\subset Z^n$，

常用大写字母 $A,B,C\cdots$ 表示，空集用$\varnothing$表示。数字图像是由连续图像经过数字化的方法得到的，其原理为：将一张网格覆盖在图像上，每个网格的中心称为图像的像素，用像素点代替整个格子，便可把一幅连续图像看成由一批像素构成的离散图像；再将每个像素点的取值进行量化，便得到了一幅数字图像，它可以描述成一个有界矩阵。所谓的二值图像就是指灰度只取“0”和“1”两个值的图像。

在二值形态学变换中，可以把一幅图像称为一个由一批值为“0”或“1”的像素构成的集合，组成图像的点称为集合的元素。对于二值图像而言，习惯上认为取值为“1”的点集 A 对应于景物中的物体，而取值为“0”的点集 A^c 构成背景。对于一幅图像，如果点 a 在 A 的区域以内，那么就说 a 是 A 的元素，记为 $a\in A$，否则记为 $a\notin A$。

4. 结构元素

结构元素 B，是 Z^n 空间或其子空间上的一个集合，一般有一定的几何形状，如圆、正方形、有向线段等。结构元素常常包含原点，尺寸也远远小于被考察的图像。在数学形态学的各种运算中，结构元素的选择对于我们能否有效地提取图像有关信息至关重要。这里需要注意的是在选择结构元素时，一般要注意两个原则：结构元素有凸性；结构元素在几何结构上比原图像简单，且有界。

结构元素在形态滤波中的作用类似于数字图像处理中的“滤波窗口”或邻域处理中的“模板”，但功能要比“滤波窗口”和“模板”强得多。常见的基本结构元素如图 2-10 所示，其中的黑色方块表示原点。

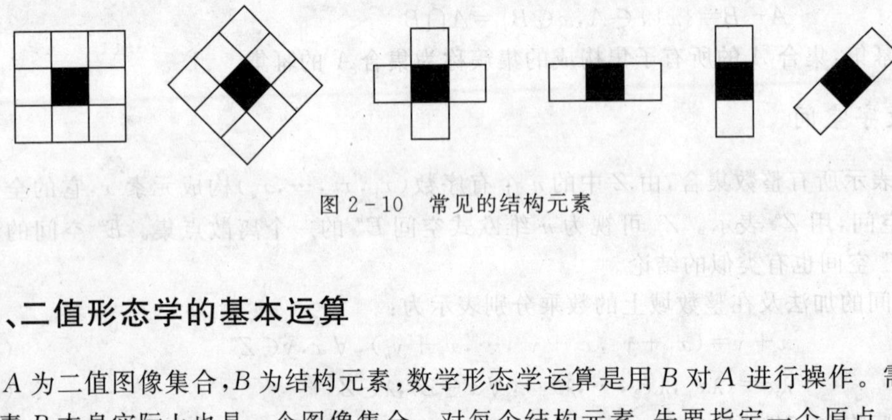

图 2-10　常见的结构元素

二、二值形态学的基本运算

设 A 为二值图像集合，B 为结构元素，数学形态学运算是用 B 对 A 进行操作。需要指出，结构元素 B 本身实际上也是一个图像集合。对每个结构元素，先要指定一个原点，它是结构元素参与形态学运算的参考点。值得注意的是原点可以包含在结构元素中，也可以不包含在结构元素中，即原点并不一定要属于结构元素。以下的讨论中阴影代表值为“1”的区域，白色代表值为“0”的区域，运算是对图像中值为“1”的区域进行的。

1. 膨胀(dilation)和腐蚀(erosion)运算

膨胀和腐蚀变换是建立在集合的和与差基础上的，是所有复合形态变换或形态分析的基础。A 关于 B 的膨胀 $A\oplus B$ 和腐蚀 $A\Theta B$ 分别定义为：

$$A\oplus B=\{x\mid \exists a\in A,b\in B: x=a+b\}=\bigcup_{b\in B}(A)_b=\{x\mid[(\hat{B})_x\cap A]\neq\varnothing\} \tag{2-83}$$

$$A\ominus B=\{x\mid \forall b\in B,\forall a\in A: x=a-b\}=\bigcap_{b\in B}(A)_{-b}=\{x\mid(B)_x\subset A\} \tag{2-84}$$

式中：$(A)_b$ 是集合 A 关于集合 B 的平移集合；$(A)_{-b}$ 是集合 A 关于集合 B 的反射平移集合。

从式(2-83)和式(2-84)中可以看出两者的直观定义：膨胀是将结构元素 B 作反射后，在图像的 A 移动，当 A 与 B 的反射有交集的时候，B 的反射的原点所经过的所有的点构成的集合就是 B 膨胀 A 的结果；而腐蚀是当集合 B 完全包含在集合 A 中时，B 的原点位置的集合就是用 B 腐蚀 A 的结果。

如图 2-11 所示，(a)为二值图像，(b)为结构元素，(c)为结构元素的反射，(d)为膨胀后的结果，深色的部分就是相对原图扩大的部分。可以看出此时膨胀的结果是包含原图 A 的，即 $A\subset A\oplus B$。

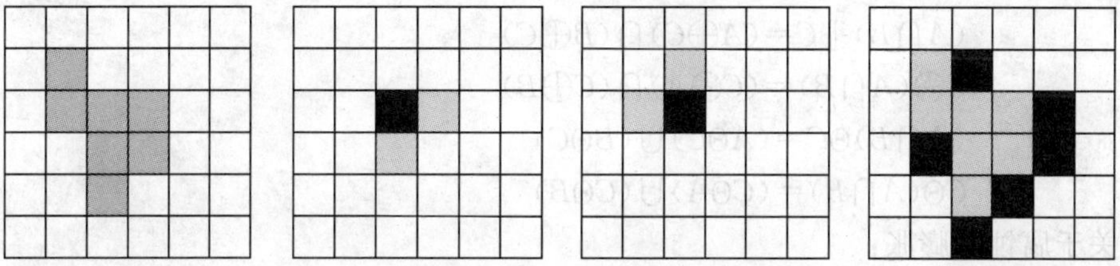

(a)二值图像　(b)结构元素　(c)结构元素的反射　(d)膨胀结果

图 2-11　二值膨胀的结果

如图 2-12 所示，(a)为二值图像，(b)为结构元素，(c)为腐蚀后的结果，深色的部分就是相对原图剩下的部分。可见，腐蚀运算使得图像区域收缩变小了。并且用这样的结构元素腐蚀后的结果是包含于原图 A 的，即 $A\ominus B\subset A$。

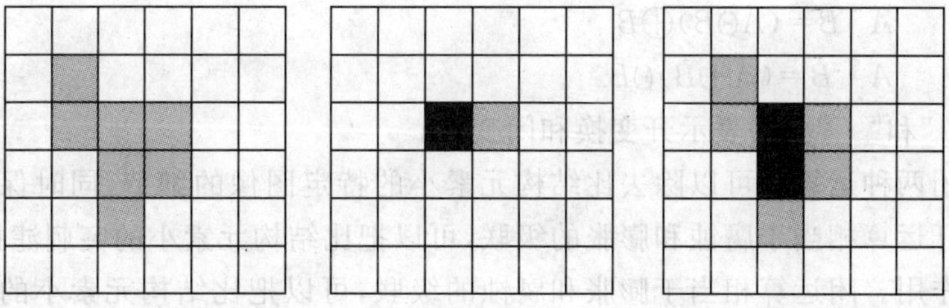

(a)二值图像　(b)结构元素　(c)腐蚀后的结果

图 2-12　二值腐蚀的结果

2. 腐蚀和膨胀的代数性质

膨胀满足两个最基本的运算关系，一个是交换律，另一个是结合律。即：

$$A\oplus B=B\oplus A \tag{2-85}$$

$$A\oplus(B\oplus C)=(A\oplus B)\oplus C \tag{2-86}$$

腐蚀运算是不可交换的，但腐蚀运算具有结合律：

$$A\Theta(B\Theta C)=(A\Theta B)\Theta C=(A\Theta C)\Theta B \tag{2-87}$$

式(2-85)与式(2-86)表明，腐蚀与膨胀的结果与结构元素的顺序无关。根据这一性质，可以只存储一些简单而基本的结构元素，一旦需要时便可由它们对图像作连续膨胀或腐蚀，以取代各种复杂的结构元素。

腐蚀和膨胀运算具有以下的性质。

(1)腐蚀、膨胀和图像之并：

$$(A\cup B)\oplus C=(A\oplus C)\cup(B\oplus C) \tag{2-88}$$

$$C\oplus(A\cup B)=(C\oplus A)\cup(B\oplus C) \tag{2-89}$$

$$(A\cup B)\Theta C\supseteq(A\Theta C)\cup(B\Theta C) \tag{2-90}$$

$$C\Theta(A\cup B)=(C\Theta A)\cap(C\Theta B) \tag{2-91}$$

即$\oplus$对$\cup$是可分配的，Θ 对$\cup$是不可分配的。

(2)腐蚀、膨胀和图像之交：

$$(A\cap B)\oplus C=(A\oplus C)\cap(B\oplus C) \tag{2-92}$$

$$C\oplus(A\cap B)=(C\oplus A)\cap(C\oplus B) \tag{2-93}$$

$$(A\cap B)\Theta C=(A\Theta C)\cup(B\Theta C) \tag{2-94}$$

$$C\Theta(A\cap B)=(C\Theta A)\cup(C\Theta B) \tag{2-95}$$

(3)关于腐蚀和膨胀：

$$A\oplus(B\Theta C)\subseteq(B\oplus A)\Theta C \tag{2-96}$$

3. 开运算与闭运算

膨胀和腐蚀并不是互为逆运算，所以它们可以级联结合使用。形态开(opening)、闭(closing)变换是膨胀和腐蚀的串行复合变换，它们本身又是最基本的形态学算法，通常用来构造其他复杂的形态变换。

设 A 表示一幅二值图像，B 为结构元素，则 A 关于 B 的形态开和闭变换分别定义为：

$$A\circ B=(A\Theta\hat{B})\oplus B \tag{2-97}$$

$$A\cdot B=(A\oplus\hat{B})\Theta B \tag{2-98}$$

这里符号“∘”和“·”分别表示开变换和闭变换。

形态开和闭两种运算都可以除去比结构元素小的特定图像的细节，同时保证不产生全局的几何失真。开运算相当于腐蚀和膨胀的级联，可以把比结构元素小的突刺滤掉，切断细长搭接而起到分离作用。闭运算相当于膨胀和腐蚀的级联，可以把比结构元素小的缺口或孔填充上，搭接短的间断而起到连通的作用。在实际图像增强中，常用到开运算来抑制正脉冲噪声，消除图像毛刺及孤立斑点；闭合运算则用来抑制负脉冲噪声，填补图像漏洞和裂缝。

如图 2-13 所示，(a)为二值图像，(b)为结构元素，(c)为 A 关于 B 的形态开运算结果，(d)为 A 关于 B 的形态闭运算结果。

4. 击中(hit)-击不中(miss)变换(HMT)

在图像分析中，同时探测图像的内部和外部，而不是仅仅局限于探测图像的内部或外部，

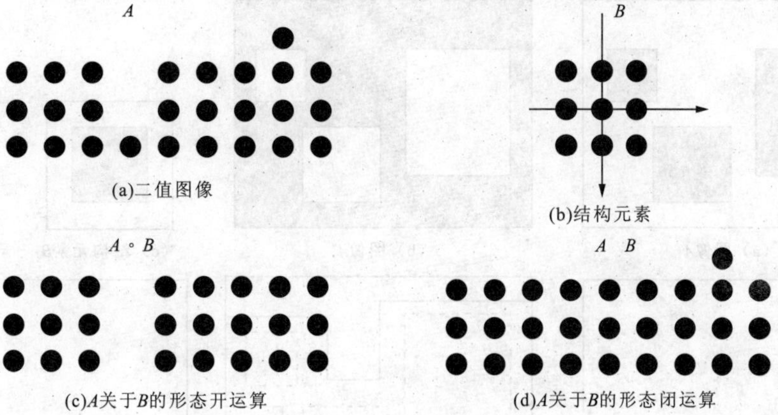

图 2-13　二值开闭运算的结果

对于研究图像中物体与背景之间的关系，往往会起到很好的效果。一个物体的结果一般可以通过物体内部各种成分之间的关系来确定。为了研究图像的结构，可以逐步利用各种成分（各种结构元素）对它进行检验，制定哪些成分包含在图像内，哪些包含在图像外，从而最终确定图像的结构。为此，Serra 提出现在称为击中-击不中变换的 Serra 变换。击中-击不中变换在一次运算中同时可以捕获到图像内外标记。击中-击不中变换需要一对基本结构元素。

设 A 为原始图像，S_1 和 S_2 为一对不重合的集合（它们定义了一对结构元素 B，且有 $S_1 \cap S_2=\varnothing$），击中-击不中变换（hit-or-miss transform）或击中-击不中算子（hit-or-miss operator）表示为：

$$A * B=(A \Theta S_1) \cap (A^c \Theta S_2) \tag{2-99}$$

如图 2-14 所示，(a)为原始图像 A，前景包括 3 个部分，背景为白色；(b)为 A 的补集；(c)为结构元素 B，它包括 S_1 和 S_2；(d)为 S_1 腐蚀 A 的结果；(e)为 S_2 的腐蚀 A^c 的结果；(f)为(d)与(e)中结果的交集，即为 B 击中 A 的结果。

三、二值形态学的组合运算

通过基本运算算子的各种组合，可以实现其他的形态学变换，如边缘提取、区域填充、连通分量提取、细化，骨架化等。

1. 边缘提取

物体的边缘是表征物体形状的重要信息，因此，边缘提取是图像处理的重要工作。基于形态学处理，可以提取二值图像的 3 类边缘：内边缘、外边缘和形态学梯度。

设目标图像为 A，B 为某一结构元素，A 的外边缘、内边缘和形态学梯度分别为 $\beta_{内}$、$\beta_{外}$ 和 $\beta_{梯度}$，则有：

$$\beta_{内}=A-(A \Theta B) \tag{2-100}$$

$$\beta_{外}=(A \oplus B)-A \tag{2-101}$$

$$\beta_{梯度}=(A \oplus B)-(A \Theta B) \tag{2-102}$$

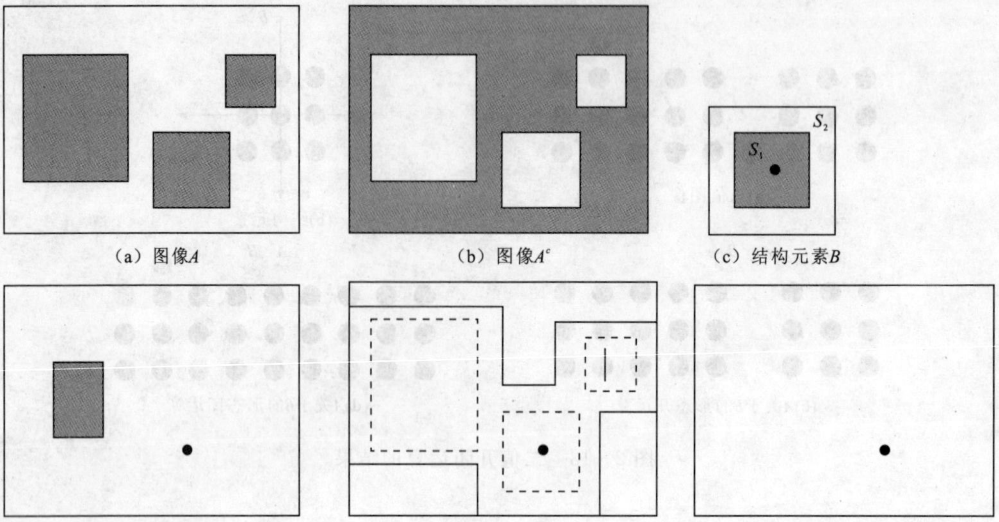

(a) 图像A　(b) 图像A^c　(c) 结构元素B

(d) $A\Theta S_1$　(e) $A^c\Theta S_2$　(f) $A*B$

图 2-14　击中-击不中变换过程示例

2. 区域填充

区域填充可以通过使用膨胀运算、补集和交集运算的组合并多次迭代来实现。设有一幅图像 A,A 的一个子集是一个区域的八连通边界,以边界内一点 p 开始,任务是用 1 填充整个区域。所有非边界点都标为 0,首先将 p 点赋值为 1,然后构造:

$$X_k=(X_{k-1}\oplus B)\cap A^c, k=1,2,\cdots \tag{2-103}$$

式中:$X_0=p$;B 是结构元素。当 $X_k=X_{k-1}$ 时迭代结束。X_k 和 A^c 的交集包含填充结果和边界。每步运算结果与 A^c 求交集的目的在于将结果限制在感兴趣区域内,否则将填充整个区域。

3. 连通分量的提取

令 Y 表示一个包含于集合 A 中的连通分量,并假设 Y 中的一个点 p 是已知的,可以用下列迭代式生成 Y 的所有元素:

$$X_k=(X_{k-1}\oplus B)\cap A, k=1,2,\cdots \tag{2-104}$$

式中:$X_0=p$;B 是结构元素。当 $X_k=X_{k-1}$ 时迭代结束。

4. 细化

细化就是将原图像中线条宽度大于 1 个像素的线条细化成只有 1 个像素宽,形成“骨架”,从而比较容易分析图像,如提取图像的特征。细化基本思想是“层层剥夺”,即从线条边缘开始一层一层向里剥夺,直到线条剩下 1 个像素为止。图像细化大大地压缩了原始图像的数据量,并保持形状的基本拓扑结构不变,从而为文字识别中的特征抽取等应用奠定了基础。

设数字图像 A 被结构元素 B 细化,记作 $A\otimes B$。细化过程可以根据击中-击不中变换定义为:

$$A \otimes B = A - (A * B) = A \cap (A * B)^c \qquad (2-105)$$

对于 A 的细化更为有用的一种表达方式是以结构元素序列为基础的，即：

$$\{B\} = \{B_1, B_2, B_3, \cdots, B_n\} \qquad (2-106)$$

这里 B_i 是 B_{i-1} 旋转后的形式。使用这个概念，现在用结构元素序列化定义细化为：

$$A \otimes \{B\} = (\cdots(((A \otimes B_1) \otimes B_2) \otimes B_3) \cdots) \otimes B_n \qquad (2-107)$$

首先用 B_1 对 A 进行细化，然后用 B_2 对上一步细化的结果进行细化，如此重复直到结果不再发生改变为止。在细化过程中，图像 A 的连通性保持不变。

5. 形态学滤波

滤波器 $A \circ B \cdot B$ 可以去除椒盐噪声。椒盐噪声是一种常见的图像噪声，是一些呈随机正态分布的孤立噪声点。表现为白色背景区域上黑点和小黑斑，以及黑色物体区域上的白点和小白斑。如果所有的噪声点的尺寸都小于结构元素，则背景区的噪声点在腐蚀过程中被去除。腐蚀会增大物体内部的空洞，但是这些空洞会在闭运算过程中被去除。

这里特别要指出的是，形态学变换能够保持物体的主要几何结构，它只对物体中"小于"结构元素的部位起作用，在大尺度上物体的其他特征能很好地被保留。这一点不同于线性空间滤波器。

6. 骨架提取

在图像识别或数据压缩时，经常要用到求区域的骨架。集合的骨架可以通过腐蚀和膨胀运算来表达，设有数字图像集合 A，骨架为 $S(A)$，则有：

$$S(A) = \bigcup_{k=0} S_k(A) \qquad (2-108)$$

其中：

$$S_k(A) = \bigcup_{k=0}^{K} \{A \Theta kB) - [(A \Theta kB) \circ B]\} \qquad (2-109)$$

式中：B 是结构元素；$A\Theta kB$ 表示用 B 连续对 A 作 k 次腐蚀；k 是 A 被腐蚀尽之前迭代的次数。

因此，A 可以通过它的骨架 $S(A)$ 连续作 k 次膨胀来重建，公式为：

$$A = \bigcup_{k=0}^{K} (S(A) \oplus kB) \qquad (2-110)$$

四、灰度形态学的基本运算

灰度形态学是二值形态学向灰度空间的自然扩展，也包括膨胀、腐蚀、开运算和闭运算等基本操作。灰度形态学中分别用图像函数 $f(x,y)$ 和 $b(x,y)$ 表示输入图像和结构元素。二值形态学中用到的求交和求并运算在灰度形态学中分别用求最大极值及求最小极值的运算来代替。

1. 灰度腐蚀和膨胀变换

在灰度图像中，用结构元素 $b(x,y)$ 膨胀图像 $f(x,y)$ 记为 $f \oplus b$，定义为：

$$(f \oplus b)(s,t) = \max\{f(s-x, t-y) + b(x,y) \mid (s-x),(t-y) \in D_f;$$

$$(x,y)\in D_b\} \tag{2-111}$$

式中：D_f 和 D_b 分别是 f 和 b 的定义域。这里限制 $(s-x)$ 和 $(t-y)$ 在 f 的定义域之内，类似于二值膨胀定义中要求两个运算集合至少有一个（非零）元素相交。式(2-111)与 2-D 卷积的形式很类似，区别是这里用 max（极大）替换了卷积中的求和（或积分），用加法替换了卷积中的相乘。

在 1-D 中膨胀的定义表达式将简化为：

$$(f\oplus b)(s)=\max\{f(s-x)+b(x)\mid(s-x)\in D_f;x\in D_b\} \tag{2-112}$$

式中：$f(s-x)$ 是 $f(x)$ 关于 x 轴原点的映射，且当 s 为正时，函数 $f(s-x)$ 将向右平移；当 s 为负时，函数 $f(s-x)$ 将向左平移。同时，为了把 $b(x)$ 完全包含在 $f(x)$ 的平移范围内，要求 $(s-x)$ 必须在 $f(x)$ 的定义域 D_f 内，x 的值必须在 $b(x)$ 的定义域 D_b 内。在膨胀运算中，$b(x,y)$、$f(x,y)$ 是可以互换的，即 $f\oplus b$ 等价于 $b\oplus f$。

图 2-15 展示了一维膨胀运算过程：(a)为输入图像 f，(b)为一维半圆形结构元素 b，(c)为 b 膨胀 f 的过程，(d)为膨胀的最终结果。

可将灰度膨胀理解成把 b 的原点放在 f 上，然后 b 沿着 f 滑行，在每一点上两者和的最大值就是膨胀结果。通常对灰度图像进行膨胀处理的结果为以下两个方面：

(1)如果所有结构元素的值为正，则输出图像会趋向于比输入图像更亮；

(2)暗的细节部分是被减少了还是被消除掉了，取决于膨胀所用的结构元素的值和形状。

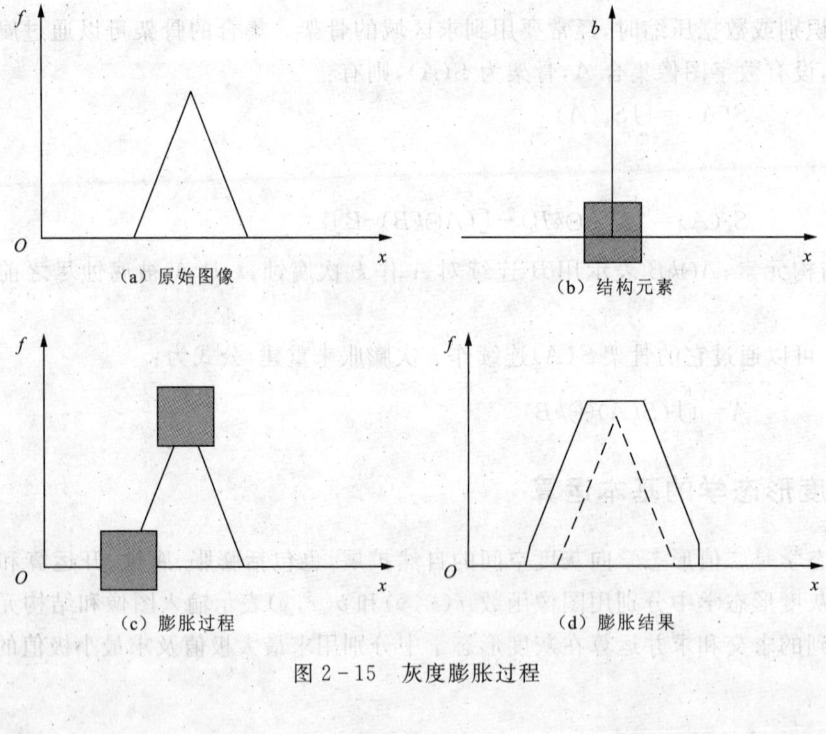

图 2-15 灰度膨胀过程

灰度腐蚀是灰度膨胀的对偶运算，用结构元素 $b(x,y)$ 腐蚀图像 $f(x,y)$ 记为 $f\ominus b$，定义为：

$$(f\ominus b)(s,t)=\min\{f(s+x,t+y)-b(x,y)\mid(s+x),(t+y)\in D_f;(x,y)\in D_b\} \tag{2-113}$$

式中：D_f 和 D_b 分别是 f 和 b 的定义域。这里限制 $(s+x)$ 和 $(t+y)$ 在 f 的定义域之内，类似于二值腐蚀定义中要求结构元素完全包含在被腐蚀集合中。式(2-113)与 2-D 卷积的形式很类似，区别是这里用 min(极小)替换了卷积中的求和(或积分)，用减法替换了卷积中的相乘。

在 1-D 中腐蚀的定义表达式将简化为：

$$(f\Theta b)(s)=\min\{f(s+x)-b(x)\mid(s+x)\in D_f;x\in D_b\} \tag{2-114}$$

式中：当 s 为正时，函数 $f(s+x)$ 将向左平移；当 s 为负时，函数 $f(s+x)$ 将向右平移。同时，为了把 $b(x)$ 完全包含在 $f(x)$ 的平移范围内，要求 $(s+x)$ 必须在 $f(x)$ 的定义域 D_f 内，x 的值必须在 $b(x)$ 的定义域 D_b 内。

图 2-16 展示了一维腐蚀运算过程：(a)为原始图像 f，(b)为一维半圆形结构元素 b，(c)为 b 腐蚀 f 的过程，(d)为腐蚀的最终结果。

可将灰度腐蚀理解成将 b 在 f 下方滑行，b 所能达到的最大值所对应的原点位置的集合就是腐蚀结果。通常对灰度图像进行腐蚀有两个效果：

(1)如果所有的结构元素都为正，则输出图像会趋向于比输入图像更暗；

(2)在输入图像中亮的细节的面积如果比结构元素的面积小，则亮的效果将被削弱，削弱的程度取决于环绕于亮细节周围的灰度值和结构元素自身的形状与幅值。

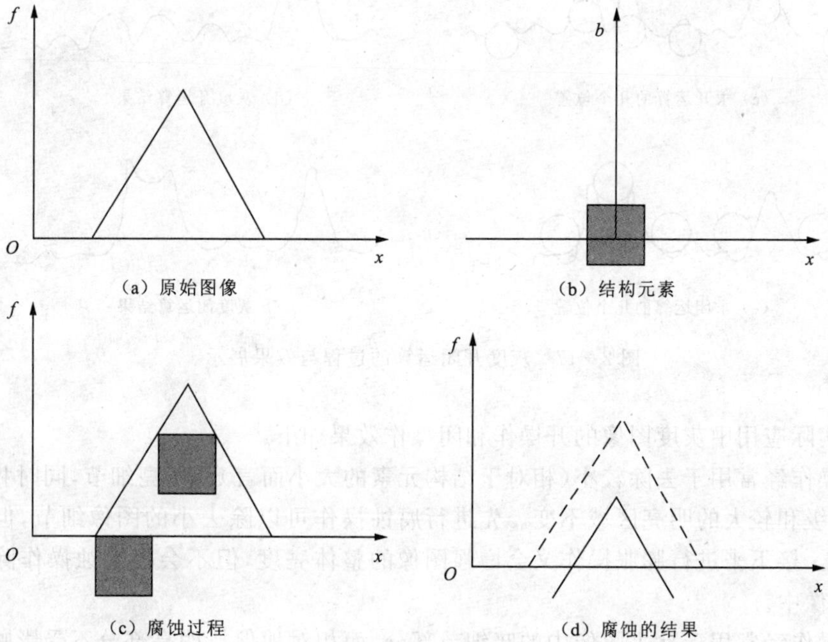

(a) 原始图像　　(b) 结构元素

(c) 腐蚀过程　　(d) 腐蚀的结果

图 2-16　灰度腐蚀过程

2. 灰度开运算和闭运算

灰度数学形态学中关于开和闭的表达与它们在二值数学形态学中的对应运算是一致的。用结构元素 b 对灰度图像 f 进行开运算，记为 $f\circ b$，定义为：

$$f\circ b=(f\oplus b)\Theta b \tag{2-115}$$

开运算可以通过求出所有结构元素的形态学平移都可填入输入信号下方的极大点来计算。从几何角度直观地描述开运算：在信号的下方滑动结构元素，并在每一点记录结构元素上的最高点，原点相对结构元素的位置不会对运算结果产生影响。

用结构元素 b 对灰度图像 f 进行闭运算，记为 $f \cdot b$，定义为：

$$f \cdot b = (f \Theta b) \oplus b \tag{2-116}$$

闭合运算的直观描述则是一种滚球的效果：在信号上方滚动结构元素，并记录每一点结构元素上的最低点，同样原点相对结构元素的位置不会对运算结果产生影响。

图 2-17 展示了开、闭运算的过程与效果：(a)为连续图像，(b)为结构元素，(c)给出了在开运算中的几个位置，(d)为开运算的结果，(e)给出了在闭运算中的几个位置，(f)为闭运算的结果。

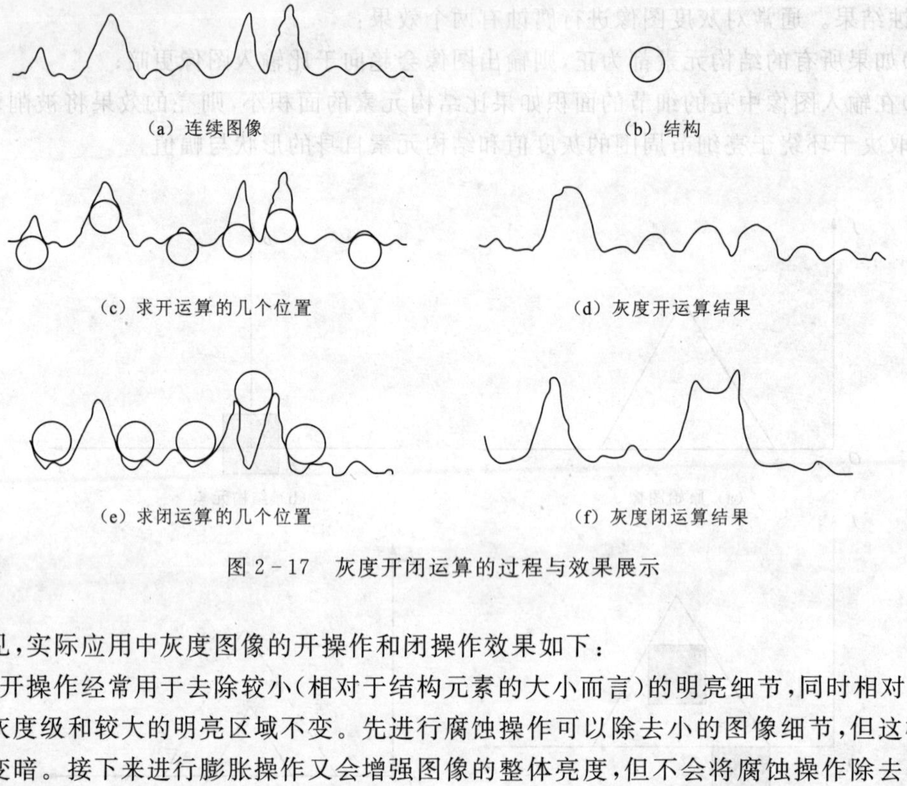

图 2-17　灰度开闭运算的过程与效果展示

可见，实际应用中灰度图像的开操作和闭操作效果如下：

(1)开操作经常用于去除较小（相对于结构元素的大小而言）的明亮细节，同时相对地保持整体的灰度级和较大的明亮区域不变。先进行腐蚀操作可以除去小的图像细节，但这样做会使图像变暗。接下来进行膨胀操作又会增强图像的整体亮度，但不会将腐蚀操作除去的部分重新引入图像中。

(2)闭操作经常用于除去图像中的暗细节部分，而相对地保持明亮部分不受影响。先通过膨胀除去图像中的暗细节，同时增加图像的亮度，接下来对暗图像进行腐蚀，但不会将膨胀操作除去的部分重新引入图像中。

五、灰度形态学的组合运算

1. 形态学梯度

膨胀和腐蚀常结合使用以计算形态学梯度，形态学梯度可以检测图像的边缘，它的定义有

3 种：

$$\beta_{梯度}(f)=(f\oplus b)-(f\Theta b) \quad (2-117)$$

$$\beta_{内}(f)=f-(f\Theta b) \quad (2-118)$$

$$\beta_{外}(f)=(f\oplus b)-f \quad (2-119)$$

形态学梯度能加强图像中比较尖锐的灰度过渡区，与各种空间梯度算子相比，用对称的结构函数得到的形态学梯度受边缘方向的影响较小。

2. Top－hat 变换

Top－hat 变换，根据 F. Meyer 的定义，是用来根据尺寸和形状标准，增强图像某些部分的对比度。它定义为图像和开运算之差：

$$\rho(f)=f-(f\circ b) \quad (2-120)$$

或者还可以定义为其闭运算和原图像之差：

$$\rho(f)=f\bullet b-f \quad (2-121)$$

Top－hat 变换用来挖掘未被开运算保留的信息，就是说，它移去所有比结构元素大的物体。

3. 灰值形态重构

形态重构是数学形态学中的一个重要的滤波运算，它的输入为 I、J 两个图像，可基于图像 J 的特性对图像 I 作重构运算。其中 I 称为掩码图像，J 称为标记图像，并且 $J\leqslant I$，则 I 基于 J 的形态学重构记为 $\rho_r(J)$。如图 2－18 所示，形态学重构的计算分两步：①依据一定的准则对掩模图像 I 的连通部分（或平坦区域）进行选择，生成标记图像 J；②根据标记图像 J，对应该被保留的连通部分（平坦区））进行恢复重构。选择过程决定了重构滤波器的图像滤波特性，而重构过程反映了重构滤波器的轮廓保持特性。

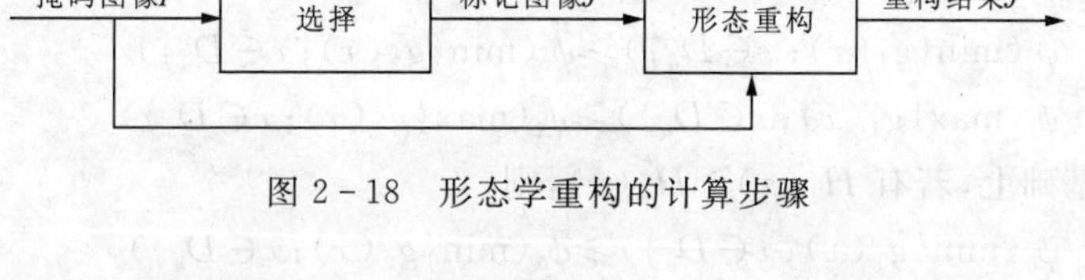

图 2－18　形态学重构的计算步骤

形态学重构优良的细节保持特性在滤波上特别有用，因为通常的滤波变换在滤去突变噪声的同时也会破坏有用信号的波形。在滤波之后加入形态学重构的环节，可以克服滤波破坏有用信号波形的负效应，既滤除了噪声，又完整地保持了信号的细节信息。形态重构可以采用开闭形态重构、交变序列形态重构和无限形态重构等。各种重构滤波器的重构过程都是类似的，它们的区别仅仅在于标记图像的不同，不同的标记图像决定了不同的滤波效果。

六、基于 HSL 模型的彩色形态变换

设 $f(x)$ 为 RGB 颜色模型中的彩色图像，$f(x)=(R(x),G(x),B(x))$，其中 $R(x)\geqslant 0$，$G(x)\geqslant 0$，$B(x)\geqslant 0$，$x\in D_u$，D_u 为 $f(x)$ 的定义域，$D_u\subset Z^2$，Z 是整数集合。设 $g(x)$ 为 $f(x)$ 转

换到 HSL 色彩模型后所得到的彩色图像，$g(x)=(H(x),S(x),L(x))$，其中 $H(x)\geqslant 0,S(x)\geqslant 0,L(x)\geqslant 0,x\in D_u$。$\psi_h()$、$\psi_s()$、$\psi_l()$分别表示取 HSL 模型中彩色图像的色度分量、饱和度分量和亮度分量。min、max 分别为求取最小、最大运算。约定：在 HSL 色彩模型中，$L(x)$的优先级别最高，其次为 $S(x)$，最后是 $H(x)$。

(1)若$\{L(x),x\in D_u\}$存在唯一的最小值或最大值，则：

$$\min\{g(x)\}=\{g(a_l);a_l=\mathrm{argmin}\{L(x),x\in D_u\}\} \tag{2-122}$$

或者为：

$$\max\{g(x)\}=\{g(a_l);a_l=\mathrm{argmax}\{L(x),x\in D_u\}\} \tag{2-123}$$

(2)若$\{L(x),x\in D_u\}$中有多个相同的最小值或最大值，这些最小值或最大值的点集为 X，但在$\{S(x),x\in X\}$中只有一个最小值或最大值，则：

$$\min\{g(x)\}=\{g(a_s);a_s=\mathrm{argmin}\{S(x),x\in X\}\} \tag{2-124}$$

或者为：

$$\max\{g(x)\}=\{g(a_s);a_s=\mathrm{argmax}\{S(x),x\in X\}\} \tag{2-125}$$

(3)同样，若在$\{S(x),x\in X\}$中有多个相同的最小值或最大值，这些最小值或最大值的点集为 X_1，且 $X_1\subseteq X$，则：

$$\min\{g(x)\}=\{g(a_h);a_h=\mathrm{argmin}\{H(x),x\in X_1\}\} \tag{2-126}$$

或者为：

$$\max\{g(x)\}=\{g(a_h);a_h=\mathrm{argmax}\{H(x),x\in X_1\}\} \tag{2-127}$$

(4)若在$\{H(x),x\in X_1\}$中存在 k 个相同的最小值或最大值，这 k 个最小值或最大值的点集为 X_2，则称这 k 个彩色矢量完全相同。

对彩色图像 $g_1(x)=(H_1(x),S_1(x),L_1(x))$和 $g_2(x)=(H_2(x),S_2(x),L_2(x))$，若对所有的 $x\in D_u$ 都有 $L_1(x)\geqslant L_2(x)$，则：

$$\psi_l(\min\{g_1(x);x\in D_u\})\geqslant\psi_l(\min\{g_2(x);x\in D_u\}) \tag{2-128}$$

$$\psi_l(\max\{g_1(x);x\in D_u\})\geqslant\psi_l(\max\{g_2(x);x\in D_u\}) \tag{2-129}$$

在此基础上，若还有 $S_1(x)\geqslant S_2(x)$，则：

$$\psi_s(\min\{g_1(x);x\in D_u\})\geqslant\psi_s(\min\{g_2(x);x\in D_u\}) \tag{2-130}$$

$$\psi_s(\max\{g_1(x);x\in D_u\})\geqslant\psi_s(\max\{g_2(x);x\in D_u\}) \tag{2-131}$$

在这前两个基础上，若有 $H_1(x)\geqslant H_2(x)$，则：

$$\psi_h(\min\{g_1(x);x\in D_u\})\geqslant\psi_h(\min\{g_2(x);x\in D_u\}) \tag{2-132}$$

$$\psi_h(\max\{g_1(x);x\in D_u\})\geqslant\psi_h(\max\{g_2(x);x\in D_u\}) \tag{2-133}$$

因此，图像 $g(x)$关于结构元素 b 的彩色形态膨胀 $g(x)\oplus b$、腐蚀 $g(x)\Theta b$ 定义如下：

$$g(x)\oplus b=\min\{g(x-y);(x-y)\in D_u,y\in b\} \tag{2-134}$$

$$g(x)\Theta b=\max\{g(x+y);(x+y)\in D_u,y\in b\} \tag{2-135}$$

结合彩色膨胀和腐蚀，可得到彩色形态开 $g(x)\circ b$ 和彩色形态闭 $g(x)\cdot b$ 的定义为：

$$g(x)\circ b=g(x)\Theta b\oplus b \tag{2-136}$$

$$g(x)\cdot b=g(x)\oplus b\Theta b \tag{2-137}$$

第四节　图像分割

一、图像分割概述

图像分割就是将图像划分为与其中含有的真实世界的物体或区域有强相关性的组成部分，这里的有强相关性是指分割后的这些区域部分能分别和图像中的各目标物相对应。图像分割的数学定义如下：假设集合 R 表示整个图像区域，对 R 的分割定义为将 R 分割成满足以下条件的 N 个非空子集 $R_1, R_2, \cdots, R_N$：

(1) $\bigcup_{i=1}^{N} R_i = R$（完备性）；

(2)对所有的 $i \neq j$，有 $R_i \cap R_j = \varnothing$（独立性：各子区互不重叠）；

(3)对 $i=1,2,\cdots,N$，有 $P(R_i)=True$（单一性：同子区具有某些相同特性）；

(4)对 $i \neq j$，有 $P(R_i \cup R_j)=False$（互斥性：不同子区具有某些不同特征）；

(5)对 $i=1,2,\cdots,N$，有 R_i 是连通的区域（连通性：同子区像素具有连通性）。

对图像的划分满足以上定义，则 $R_i(i=1,2,\cdots,N)$ 就称为 R 的分割。

从图像分割提出至今，学者们已经研究了多种多样的实现方法。由于图像的类型繁多，图像数据常常又具有不确定性，所以说并不存在一种通用的分割算法可以按照人的理解准确地分割任意一幅图像，有些分割算法可以直接用于一些图像，而有些算法只能分割特殊图像，也就是说某类图像行之有效的分割算法可能在另一类图像的分割中一塌糊涂。因此，人们对图像分割算法研究的脚步也从未停歇，期望能够探索较好的分割算法并得到较为满意的分割结果，以更好地服务于图像分析理解任务。

已有的分割算法数量巨大，种类繁杂，人们提出的对它的分类也不尽相同。笔者将分割算法大致分为两类：数理图像分割方法和模型图像分割方法。

二、数理图像分割方法

1. 阈值分割算法

阈值分割算法是最简单的分割处理，该算法最直接的想法是根据图像的灰度，把图像区分成同实际物体相对应的有意义的区域，每个区域内部从灰度的角度看是均匀的，相邻区域之间是不同的，灰度不同的区域间存在着边界。阈值分割算法有单阈值算法和多阈值算法。单阈值算法基本策略是预设一个阈值 T，待处理图像的像素灰度值为 $f(x,y)$ 时，将图像中的像素分成两部分：满足条件 $f(x,y)>T$ 和 $f(x,y)<T$ 的所有像素，一部分称为前景（目标），另一部分称为背景。多阈值算法是选择多个阈值，将整个灰度范围区分成几个部分，每个部分的像素自成一类，最终把图像分割成了多个不同的区域。若根据分割算法所具有的特征或准则，还可以分为直方图峰谷法、最大类空间方差法、最大熵法、模糊集法、特征空间聚类法、基于过渡区的闭值选取法等。

阈值化算法主要有两个步骤：第一步选择合适的阈值，第二步通过用图像的每个像素的灰度与选定的阈值作比较确定该像素所属于的类。可见,确定一个合适的阈值是阈值化算法的关键和难点。现有的阈值化算法大多是将主要精力放在了最佳阈值的选取上。

1)基于直方图的分割算法

直方图算法的基本思想是直接依据图像的原始直方图确定阈值。20 世纪 60 年代,人们提出了 P-分位数法(P-title 法),该方法假设已经获得前景像素占整幅图像的比例为 P,用于分割的阈值就应该保证灰度级小于阈值的像素数所占比率近似等于 P。P-分位数法在没有一定的先验知识的情况下往往是不能使用的,这个先验知识一般是指前景点数占有比率。Prewitt 等学者提出了 mode 算法,该算法的基本思想是在直方图表现出较明显的双峰状时,将双峰中间的谷底对应的灰度级作为分割图像的阈值。mode 算法的优点是实现起来比较简单,缺点是实际需要分割的图像得到的直方图几乎不可能达到理想状态下的光滑度,都比较粗糙,这样给极大值和极小值的确定带来了极大的困难。由于直方图的粗糙导致这些方法的适用度不高,于是一些学者试图对直方图进行指数平滑处理,目的是为了解决阻碍辨别极值点的随机干扰,然后应用一些方法提取出所有可能的极值点,最后再通过相应的评价函数去除不合理的极值点。这种方法在平滑直方图的同时,往往会把一些局部的极值点平滑掉,增加了额外的噪声,影响了图像分割质量。

20 世纪 80 年代初,又有学者提出了一种新的基于直方图的方法,称为直方图凹形分析算法。该法主要是利用直方图的凹形性来解决问题。直方图凹形分析法用 HS 代表一个直方图,该直方图在一组灰度级 $0,1,2,\cdots,l-1$ 上定义,构造一个包含 HS 的最小凸多边形 HS',再利用 $HS-HS'$ 确定 HS 的凹面。用 $h(i)$ 表示 HS 在灰度级之处的高,$h(i)'$ 表示 HS' 的高,需要的阈值就是 $h(i)'-h(i)$ 达到局部极大值时的灰度级。由于有些噪声的发生可能会引起伪凹面,出现伪凹面时极大值的确定就不会准确,所以直方图凹形分析往往会受噪声影响。

在以上这些直方图算法中,mode 算法使用的频率最高。在实际应用中,mode 算法所需要的直方图特征并不是每幅图像都满足。因此,一些研究人员提出了一些变换方法,然后通过这些方法将直方图变换成符合 mode 算法要求的直方图,再应用 mode 算法确定阈值。在多阈值分割算法中也有基于直方图的分割算法,如将二维直方图中每个细化边缘点聚类后得到的平均灰度级作为选取阈值的方法、多阈值选取递归方法等。

2)基于最大类间方差分割算法

最大类间方差法(Ostu)是由大津展之在 1979 提出来的,是在判决分析最小二乘法原理的基础上推导得出的求最佳闭值的方法。假设原始图像灰度级为 L,灰度为 i 的像素个数为 n,则各灰度值出现的概率为 $p_i=\dfrac{n_i}{N}$,$p_i\geqslant 0$,有 $\sum\limits_{i=0}^{L-1}p_i=1$。以 t 为阈值将图像分成两类 A(背景)与 B(目标),分别进行类内和类间方差计算。

A、B 出现的概率分别为:

$$p_A=\sum_{i=0}^{t}p_i,\ p_B=\sum_{i=t+1}^{L-1}p_i=1-p_A \tag{2-138}$$

A、B 的灰度均值分别为:

$$w_A=\sum_{i=0}^{t}ip_i/p_A,\ w_B=\sum_{i=t+1}^{L-1}ip_i/p_B \tag{2-139}$$

图像总的灰度均值为:

$$w_O = p_A w_A + p_B w_B = \sum_{i=0}^{L-1} i p_i \tag{2-140}$$

A、B 两区域的类间方差为：

$$\sigma^2 = p_A(w_A - w_O)^2 + p_B(w_B - w_O)^2 \tag{2-141}$$

显然，上式是关于灰度级 t 的函数。为了得到最优分割阈，Ostu 把两类的类间方差作为判别准则，认为使得 σ^2 值最大的 t 即为所求的最佳闭值。

因为方差是灰度分布均匀性的一种度量，方差越大，说明构成图像的两部分差别越大，当部分目标错分为背景或者是部分背景错分为目标时，都会导致两部分差别变小。所以，使用最大类间方差意味着错分概率最小，这就是准则。该方法可给出满意的闭值，尤其是当两类区域点数比较接近时，故被认为是最有用的全局闭值化分割方法。

3）基于最小误差与均匀化误差的分割算法

为了解决 Otsu 的最大类间方法中的缺点和不足，有学者提出了最小误差方法，该方法有更为强大的适应能力，解决了前景和背景比例悬殊时遇到的问题。这种方法的具体思想是：由前景和背景像素灰度级组成混合集，用 $P(i)$ 表示该混合集的概率密度函数，直方图可以看作是 $P(i)$ 的估计，假设该混合集的每个分量 $P(i|j)(j=1,2)$ 服从正态分布，其中均值为 μ，标准差为 σ，然后定义 $J(t)$ 为遵循一定规则的准则函数。在 $J(t)$ 达到极小值时，灰度级 t 就是需要的阈值。Cho 等提出了最小误差方法修改后的模型分布方差的偏估计，该算法的提出使得原算法得到了极大的改善，输出效果优势明显，但同时付出了计算复杂度的代价。

4）基于最大熵法的分割算法

Pun 等（1980）应用 Shannon 信息论中熵的理论提出了最大后验熵上限法。最大后验熵上限法定义 $H_B = -P_t \log_2^{P_t}$ 为前景的后验熵，定义 $H_W = -(1-P_t)\log_2^{(1-P_t)}$ 为背景的后验熵，其中定义 $P_t = \sum_{j=0}^{t} p_j$，p_j 是灰度等于 j 的像素出现的概率。最大熵算法的基本原理是：在 $H_B + H_W$ 取最大值时，前景和背景的一阶灰度的信息量最大，这时的灰度级 t 就是想要得到的阈值。

5）局部阈值分割算法与动态阈值分割算法

使用一个阈值进行图像分割时往往对于那些光照不均匀、区域间差异大的图像失效，因此，产生了考虑图像本身固有局部特性的局部阈值分割算法和动态阈值分割算法。局部阈值分割算法是将整幅图像根据一定规则划分成多个小区域（子图），对每个小区域根据之前提到的某个单阈值法确定对应的阈值，每个阈值只用于对应的子区域。然后，采用平滑的方法处理掉每两个子图相邻边界产生的不连续性。在子图阈值的选择上，Chow 等（1972）使用最小误差法选取子图阈值，特别是用相邻子图内插确定哪些直方图具有单峰性质的子图阈值；Yanowitz 等（1989）提出一种求灰度阈值曲面的算法；Francis 等于 1989 年给出了利用解泊松方程的自适应阈值算法；Hassan 等（1988）给出了一种基于学习理论的动态阈值算法，该算法按一定的方式扫描每个像素点，计算每一个动态阈值等。

6）二维阈值化算法

在一维灰度直方图没有明显的峰和谷时，以上算法的分割效果不甚理想。于是，Abutaleb 提出了二维阈值化算法，该算法首先用像素的灰度值与邻域的平均灰度值创建二维直方图，然后使用熵的方法确定作为分割门限的最佳二维矢量 (s,t)。将不同的理论应用到二维阈值化算法中，随即产生了如二维阈值 Otsu 算法、投影分割算法、基于模糊理论的二维阈值化方法等。

2. 基于边缘检测的分割算法

边缘是所要提取目标和背景的分界线，提取出边缘才能将目标和背景区分开，因此它是图像分割所依赖的重要特征。

图像的边界表明了一个特征区域的终结和另一个特征区域的开始，边界所分开区域的内部特征或属性是一致的，而不同区域内部的特征或者属性是不同的，边缘的检测正是利用物体和背景在某种图像特性上的差异来实现的，这差异包括灰度、颜色或者纹理特征。边缘检测实际上就是检测图像特性发生变化的位置。

常见的边缘检测的算法包括滤波、增强、检测、定位 4 个过程。滤波过程直接的目的是对图像进行平滑处理以降低噪声对图像分割的影响，但同时可能会滤去边缘点，因此好的滤波过程是在降低噪声的同时尽量保证边缘的完整。增强过程是为了弥补滤波过程的不足，保证边缘的完整，但同时可能会造成伪边缘的出现。检测过程就是通过某个算法确定边缘点。定位过程是在检测过程中得到的边缘点中尽可能精确地定位到实际的边缘。整个过程如图 2-19 所示。

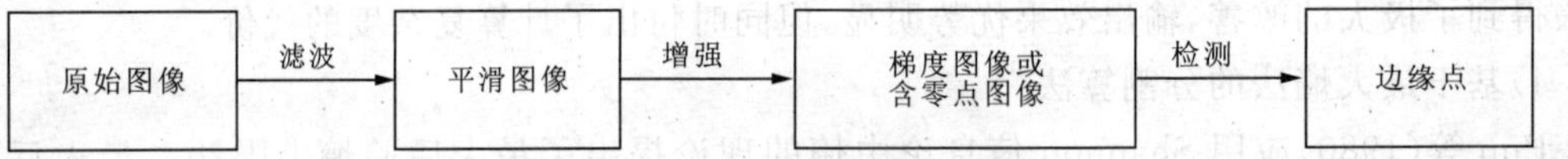

图 2-19　边缘分割的一般步骤

滤波及增强的方法在本书前面部分已有较为详细的介绍。常见的边缘检测算法分为：经典边缘检测算法、最优算子法、基于边界曲线拟合的边缘检测算法、多尺度方法、形态学边缘检测等。形态学边缘检测及经典边缘检测算法中的 Roberts 算子、Sobel 算子、Laplacian 算子等也在本书前面部分介绍过，这里不再赘述。

1)最优算子法

最优算子法是在微分算子分割法的基础上添加最优的滤波器改进得到的边缘检测算法。LOG 算法和 Canny 算法是两个典型的最优算子法。

LOG 算法是在 Laplacian 算子基础上发展而来的，该方法在应用 Laplacian 算子前先进行高斯滤波处理去除噪点使图像平滑。其中高斯-拉普拉斯卷积核是：

$$\nabla^2 h(x,y)=\nabla^2 \frac{-1}{2\pi} e^{-\frac{x^2+y^2}{\sigma^2}}=\left[\frac{1}{\pi\sigma^4}-\frac{x^2+y^2}{2\pi\sigma^6}\right] e^{-\frac{x^2+y^2}{\sigma^2}} \tag{2-142}$$

LOG 算法的优点是抵抗噪点能力强、分割结果精度高，缺点是在边界距离宽度较小时会丢失一定的边界细节。

Canny 算法是一种经过滤波后使用一阶微分算子和二阶微分算子共同确定边缘的算法。

2)基于边界曲线拟合的算法

曲线拟合算法是由 Prewitt(1970)提出来的，它的策略是根据某种方法把待分割图像的局部区域近似地表示成一组基函数的组合，通常使用最小二乘法，然后再由拟合参数确定边缘。

曲线拟合算法的基函数的选择直接关系到分割的效果，通常选择分段线性曲线或者样条曲线，但多采用低阶曲线拟合，以减小震荡发生的概率。另外，还有学者采用了双曲正切函数作为拟合基函数，减少了参数的计算个数。曲线拟合算法具有较强的抗噪能力。

3)多尺度方法

为了抑制噪声同时保留图像的细节，一些学者提出了多尺度的分割算法，这里的尺度是指分割时平滑算子的尺度。该算法的基本策略是将抑制噪声能力强的大尺度算法与保护细节好的小尺度算法相结合进而达到完美的分割效果。如何选择尺度和如何综合选择尺度是该算法的关键。多尺度进行综合时，常见的是由粗到细的方法或者由细到粗的方法。

小波变换具有优良的时频局部性，使它在多尺度的边缘检测算法中大有作为。1992 年 Mallat 就将小波变换应用到 Canny 检测算法上，得到了一种多尺度小波变换极大值法，称为 Mallat 小波边缘检测算法。

3. 区域分割法

区域分割的实质就是把具有某种相似性质的像素点连通起来，从而构成最终的分割区域。它利用了图像的局部空间信息，可有效地克服图像分割空间不连续的缺点，但是也会造成图像的过度分割。在此类方法中，从全图出发，按照区域属性特征一致的准则决定每个像元的区域归属，形成区域图，称之为区域生长；从像元出发，按照区域属性特征一致的准则将属性相似的连通像元聚集为区域，称之为区域增长。把上述两种方法综合起来就称为分裂合并法。

1)区域生长法

区域生长法的具体做法是选定图像中要分割的目标内的一个小块作为种子区域，再在种子区域的基础上不断地将周围的像素点以一定的准则加入到其中，将这些新像素点作为新的种子区域，继续上面的过程，最终将代表该物体的所有像素点结合成一个区域。区域生长技术的关键有 3 点：一是选择或确定一组能代表所需区域的种子元素，二是确定在生长过程中的相似准则或者生长准则，三是确定生长过程的停止条件。种子元素可人工设定，停止条件与生长准则息息相关，使用不同的生长准则会对区域生长的过程造成不同的影响。常用的生长准则有区域形状准则和灰度差准则。

(1)区域形状准则。利用对目标形状的检测结果来决定区域是否应该合并，常用的方法有两种：一种是把图像分割成灰度固定的区域，设两邻间区域的周长分别为 P_1 和 P_2，将两区域间共同边界线两侧的灰度差小于给定值的那部分长度记为 L，如果 $L/\min(P_1, P_2) > T_1$（T_1 为设定的阈值），则合并两区域；另一种方法是把图像分割成灰度固定的区域，设两邻间区域的共同边界长度为 M，设两区域间共同边界线两侧的灰度差小于给定值的那部分长度设为 L，如果 $L/M > T_2$（T_2 为设定的阈值），则合并两区域。

(2)灰度差准则。常用的区域灰度差准则主要包括 4 个步骤：①对图像进行一一扫描，找出还没有归属的像素点，以该像素点为中心检查它的邻域中的像素点，将邻域中的像素点一一与它进行比较，如果灰度差小于预先确定的值就将它们合并，然后以新合并的像素点为中心，检查新像素点的邻域，直到区域不能进一步扩张为止；②设灰度差的阈值为零，用第一步的方法进行区域扩张，将灰度相同的像素点合并；③求出所有邻间区域的平均灰度差，并合并具有最小灰度差的邻接区域；④设定终止条件，通过反复进行第③步中的操作将区域依次合并直到终止条件满足为止。

当图像中存在缓慢变化的区域时，将不同区域逐步合并有可能产生错误。为克服这个错误，可不用新像素点的灰度值与邻域像素点的灰度值进行比较，而用新像素点所在区域的平均灰度值与各邻域像素点的灰度值进行比较。

区域生长法的优点是计算简单并且对于较均匀的连通区域有较好的分割效果。它的缺点就是需要人为确定种子，并且对噪声比较敏感，有可能导致区域内有空洞。另外，它是一种串行算法，当目标较大时分割速度比较慢。因此，在设计算法的时候要尽量提高效率。

2)分裂合并法

区域分裂合并的基本思想是从整幅图像开始通过不断分裂得到各个区域，实际当中常常先把图像分成任意大小且不重叠的区域，然后再合并或者分裂这些区域以达到分割的要求。以四叉树分解为例：设 R 是代表整个图像的正方形区域，$R()$ 为属性判断逻辑谓词，可把 R 连续地分裂成越来越小的 1/4 正方形子区域 R_i，且有 $P(R_i)=\text{True}$。换言之，如果 $P(R_i)=$ False，那么就将 R_i 分成四等分，直到 R_i 为单个像素。

如果仅仅使用分裂，有可能出现相邻的两个区域具有相同的性质但并没有合成一体的情况。为了解决这个问题，在每次分裂后允许将它继续分裂或者合并。合并的条件是两者具有相同的性质，即 $P(R_i \cup R_j)=\text{True}$。

一般来说，分裂合并法有以下 3 个步骤：①对任何一个区域 R_i，若 $P(R_i)=\text{False}$，就将其分裂成不重叠的四等份；②对相邻的两个区域，若有 $P(R_i \cup R_j)=\text{True}$，就将它们合并起来；③如果进一步分裂或者合并都不可能了，则结束。

分裂合并法的关键是设计分裂合并准则，分裂合并准则的好坏直接影响着分割的效果。该方法对复杂图像的分割效果比较好，但是算法比较复杂、计算量大，而且分裂还有可能破坏区域的边界。

三、模型图像分割方法

常见应用模型图像分割算法有：基于 Snakes 模型的分割算法、基于神经网络的图像分割算法、基于图论的图像分割算法等。

1. 基于 Snakes 模型的分割算法

Kass 首先提出 Snakes 模型由一组控制点组成：

$$v(s)=[x(s),y(s)] \quad s\in[0,1] \tag{2-143}$$

式中：这些点首尾以直线相连构成轮廓线，$x(s)$、$y(s)$ 分别表示每个控制点在图像中的坐标位置；s(归一化的曲线长度)是以傅立叶变换形式描述边界的自变量。在 Snakes 控制点上定义能量函数(反映能量与轮廓之间的关系)为：

$$E_{\text{total}}=\int_s \left(\alpha\left|\frac{\partial}{\partial s}\bar{v}\right|^2+\beta\left|\frac{\partial^2}{\partial s^2}\bar{v}\right|^2+E_{\text{ext}}(\bar{v}(s))\right)\mathrm{d}s \tag{2-144}$$

式中：第一项称为弹性能力，是 v 一阶倒数的模；第二项称为弯曲能量，是 v 二阶倒数的模，这两项合称内部能量(内部力)，用于控制轮廓线的弹性形变，起到保持轮廓连续性和平滑性的作用；第三项是外部能量(又称图像能量)，表示变形曲线与图像局部特征吻合的情况。在基本 Snakes 模型中一般只取控制点或连线所在位置的图像局部特征，例如梯度：$E_{\text{ext}}(\bar{v}(s))=P(\bar{v}(s))=-|\nabla I(v)|^2$。内部能量仅与 Snakes 的形状有关，而跟图像数据无关，外部能量仅跟图

像数据有关。在某一点的 α 和 β 的值决定曲线可以在这一点伸展及弯曲的程度。

最终，图像的分割转化为求解能量函数 E_{tatal} 极小值。

在能量函数极小化过程中，弹性能量（第一项）迅速把轮廓线压缩成一个光滑的圆，弯曲能量（第二项）驱使轮廓线成为光滑曲线或直线，图像能量（第三项）则使轮廓线向图像的高梯度位置靠拢。

Snakes 模型的适用性较广，抗噪性能强，对前景的局部模糊敏感度低。该算法的缺点是对初始条件要求高，收敛速度有待提高。

2. 基于神经网络的图像分割方法

神经网络方法将图像分割问题作为一个函数最小化问题来处理，其主要思想是利用已知确定结果的样本模式对网络进行训练，然后利用训练好的网络进行图像的处理或识别。在众多神经网络算法中，反向传播（BP）学习算法是最著名的多层前向反馈式神经网络训练算法之一。BP 算法在图像处理和图像识别领域已经取得令人瞩目的成就。BP 算法的构造过程如下：假设一个神经网络是由许多相互连接的相同结点构成，并把这些结点称为处理单元（PE）。每一个 PE 的动作都是比较简单的，一个 PE 从处于“上游”的几个 PE 接受输入信号并产生一个标量输出，然后传给处于“下游”的 PE，这样就建立了一个反向传播网络，如图 2－20 所示。

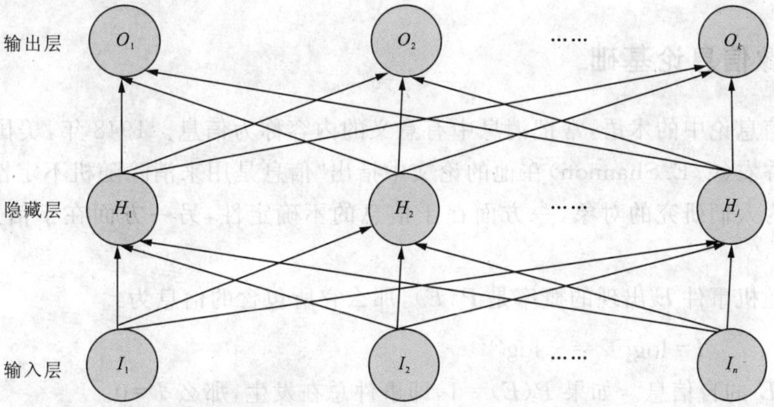

图 2－20　反向神经元网络

基于神经网络的图像分割方法通过使用大量的平行的神经网络来达到对图像进行有效分割的目的。这些网络由模拟生物学习机理的节点或者元素组成，网络中的每个节点能够执行最基本的运算，并通过调整节点之间的权值达到网络对生物机理的学习。使用神经网络法的时候，因为网络中有许多相互连接，所以空间信息就能很容易地包含在分类过程中。

由于神经网络是由许多神经处理单元互相连接组成的庞大网络，它的巨大的连接结构和分布的处理单元，使得系统具有鲁棒性、并行性及实时性。近年来，人工神经网络技术与模糊技术的结合被应用于图像分割中，该方法使得分割过程既考虑了图像上、下文的信息，又结合了模糊技术的优点（不完善、不精确知识情况下的决策）和神经网络的优点（实时性、鲁棒性、智能性和抗噪性），因此会显著提高分割效果。

3. 基于图论的图像分割方法

在众多的图像分割方法中,基于图(graph - based)的分割方法显示出强大的优势。它可以有效地结合图像灰度、纹理和色彩等各种信息来达到满意的分割效果。此外,图论(graph theory)中诸多成熟而完美的经典算法又为这一类图像分割算法提供了有力的计算工具。常见的基于图的分割方法包括基于最小生成树(spanning tree)的分割,基于支配集(dominant set)的分割和基于最小图割值(graph cut)的分割等,其中以基于图割值的分割方法应用最为广泛。

基于最小图割值分割的工作原理是把图像视为一个无向的权值图,图的顶点对应图像的像素或者区域,权值则反映了两个像素或者区域之间的相似程度,同时定义一个用图像的某种割值来表示的目标函数,并通过求解目标函数的极值来实现分割。各种分割方法的目标函数不同,求解手段也多种多样,使得基于图割值的分割框架下的内容丰富多彩。常见的基于图割值的分割方法包括谱分割、等周分割、最小割值、normalized cuts、平均割值、比例割值和均值割值等。

第五节　图像压缩与编码

一、图像信息论基础

信息是信息论中的术语,常把消息中有意义的内容称为信息。1948 年,美国数学家、信息论的创始人香农(C. E. Shannon)在他的论文中指出"信息是用来消除随机不定性的东西"。信息之所以成为人们研究的对象,一方面在于信息的不确定性,另一方面在于信息是可以量度的。

若一个随机事件 E 出现的概率是 $P(E)$,那么它所包含的信息为:

$$I=\log_2^{\frac{1}{P(E)}}=-\log_2^{P(E)} \tag{2-145}$$

式中:I 称为 E 的自信息。如果 $P(E)=1$,即事件总在发生,那么 $I=0$。

一个离散信息的符号集合为 $X=\{x_1,x_2,\cdots,x_n\}$,它所包含符号的概率为$P=\{p(x_1),p(x_2),\cdots,p(x_n)\}$。如果各个符号的出现都是相互独立的,那么对于任意一个 x,它的信息量定义为:

$$I(x_i)=-\log_2^{p(X_i)} \tag{2-146}$$

从式(2-146)可以看出,如果一个随机事件出现的概率越小,则其所携带的信息量越大;反之,信息量越少。如果该事件必然出现或必然不出现,则信息量为 0。信息量 I 表示随机信号单个符号的不确定性,这种不确定性的平均值,定义为随机变量 X 的熵:

$$H(X)=E[I(x_i)]=-\sum_{i=1}^{n}p(x_i)\log_2^{p(X_i)} \tag{2-147}$$

熵是对随机变量的平均不确定性的一个度量。在数值上等于为描述随机变量所需要的平均比特数,它的值总是非负的。对于一个随机变量来说,它的熵也称为自信息。对于两个随机变量来说,它们之间的互信息反映了两个变量之间相互依赖的程度。

假设一幅数字图像一共有 q 种灰度值 $x_1, x_2, \cdots, x_q$，并且出现概率分别为 $P=\{p_1, p_2, \cdots, p_q\}$，则每一个灰度所具有的信息量分别为 $-\log_2^{p_1}, -\log_2^{p_2}, \cdots, -\log_2^{p_q}$，平均信息量即图像的熵为：

$$H=-\sum_{i=1}^{q} p_i \log_2^{p_i} \tag{2-148}$$

式中：H 的单位为比特/字符，给出了对此图像的灰度进行编码时所需要的平均位数值的下限。图像的熵与两个因素有关；一是图像像素总数的大小，二是概率分布的情况。一般来说，图像像素的数目越多，概率分布越均匀，图像的熵就越大。

平均码长定义为：

$$\bar{n}=\sum_{i=1}^{q} n_i p_i \tag{2-149}$$

式中：n_i 为灰度级 x_i 所对应的码字长度。

编码效率定义为：

$$\eta=\frac{H}{\bar{n}} \tag{2-150}$$

η 越趋近于 1，编码效果越好；η 越趋近于 0，编码效果越差。若编码效率 η 不等于 1 时，就说明还有冗余度。所谓冗余度是指在进行信息处理时信息中所包含的多余信息。在编码器部分进行编码时，信息中的冗余信息将会产生额外编码，如果去除这些冗余信息，就能够减少消息量。冗余度一般用 R 表示，定义为：

$$R=1-\eta \tag{2-151}$$

R 越大，说明可压缩的空间越大。

压缩比是表示数据压缩大小的重要指标之一。目前常用的压缩比 r 定义为：

$$r=\frac{X_o-X_t}{X_o}\times 100\% \tag{2-152}$$

式中：X_o 为图像压缩前的代码长度；X_t 为图像压缩后的代码长度。一般来说，压缩比 r 越大，说明被压缩掉的数据越多。

总之，一个编码系统要实现的目标就是想办法减少编码平均长度 $\bar{n}$，使编码效率 η 尽可能地接近于 1 而冗余度 R 接近于 0。

二、图像冗余与编码

1. 图像的冗余性

由于图像数据本身的冗余性和相关性，使得将一个大的图像数据文件转换成较小的图像数据文件成为可能，图像数据压缩就是去掉信号数据的冗余性。一般来说，图像数据中存在以下几种冗余：

(1)空间冗余。又称像素间冗余或几何冗余，这是静态图像存在的最主要的一种数据冗余。一幅图像记录了画面上可见物体的颜色，同一物体表面上各采样点的颜色之间常常存在着空间相关性，即各采样点的颜色像素值可以由相邻像素的值预测出来，从而产生了空间冗余。例如：图像中有一片连续的区域，像素为相同的颜色，产生空间冗余。我们可以通过改变物体表面颜色的像素存储方式来消除空间冗余。

(2)结构冗余。在某些场景或图像中,存在着很强的纹理结构或图像分布模式,称为结构冗余。如方格状的地板图案、墙纸、草席和布纹图像等。

(3)视觉冗余。人类的视觉系统对于图像场的敏感性是非均匀和非线性的,即眼睛并不是对所有信息都有相同的敏感度。然而,在记录原始图像数据时,往往假定视觉系统是均匀的和线性的,对视觉敏感和不敏感的部分同等对待,从而产生了比理想压缩编码更多的数据,这就是视觉冗余。

(4)知识冗余。有许多图像的理解与某些知识有相当大的相关性。例如:人脸的图像有固定的结构,如嘴的上方有鼻子、鼻子的上方有眼睛、鼻子位于正脸图像的中线上等。这类规律性的结构可以由先验知识和背景知识得到,称为知识冗余。按照已有的知识,对某些图像中所包含的物体,可以构造它的基本模型,并创建对应各种特征的图形库,进而图像的存储只需保存一些特征参数,从而大大减少了数据量。

(5)时间冗余。是序列图像(如电视图像、动画)和语音数据中所经常包含的冗余。图像序列中的两幅相邻的图像,后一幅图像与前一幅图像之间有较大的相关性,这反映为时间冗余。

(6)信息熵冗余。若图像中平均每个像素所用的比特数大于该图像的信息熵,则该图像存在冗余,叫作信息熵冗余。信息熵冗余又叫编码冗余。

2. 图像编码过程

对图像的压缩可通过对图像的编/解码来实现。这个过程如图 2-21 所示,它实际上包含以下两个互逆过程:

(1)通过对原始图像的编码以达到减少数据量的目的(压缩过程),所获得的编码结果并不一定是图像形式,但可用于存储和传输;

(2)为了实际应用的需要对编码结果进行解码,得到解码图像(恢复了图像形式)并使用。

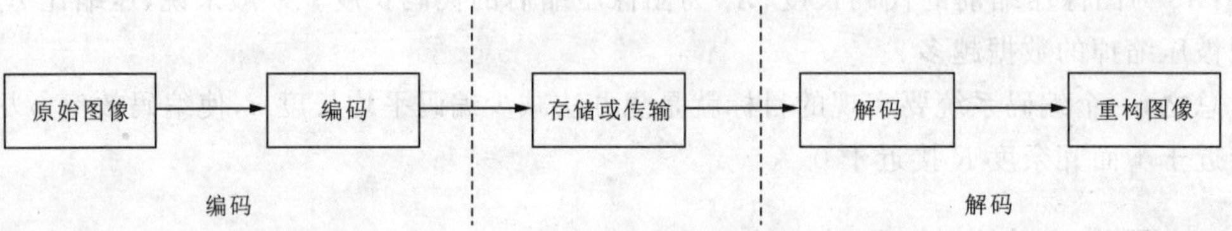

图 2-21　图像的编/解码过程

3. 图像编码分类

图像压缩编码的方法很多,因此有多种不同的分类方法。

1)根据解压缩后重建图像和原始图像是否有误差分类

根据解压缩后重建图像和原始图像之间是否具有误差,可以将图像编码与压缩方法分为无损(无失真或无误差)编码和有损(有失真或有误差)编码两大类。

(1)无损编码。这类压缩算法在图像的压缩编码过程中不发生任何信息丢失,主要利用图像数据间的统计冗余,过程可逆,可完全恢复原始图像数据而不引入任何失真,但无损压缩效率受数据统计冗余度的理论限制。

(2)有损编码。这类算法在图像压缩中对不重要的信息忽略,但是压缩结果不影响人眼观察或其他方面需要。它主要利用视觉对图像中某些频率成分不敏感特性,虽然允许压缩中损失一定信息,但是损失部分对图像理解影响较小。

2)根据编码原理分类

根据编码原理,图像压缩编码分为熵编码、预测编码、变换编码和混合编码等。

(1)熵编码。熵编码是纯粹基于信号统计特性的编码技术,又称统计编码,是一种无损编码。熵编码的基本原理是给出现概率较大的符号赋予一个短码字,而给出现概率较小的符号赋予一个长码字,从而使得最终的平均码长很小。常见的熵编码方法有霍夫曼编码、算术编码和行程编码。

(2)预测编码。预测编码是基于图像数据的空间或时间冗余特性,用相邻的已知像素(或像素块)来预测当前像素(或像素块)的取值,然后再对预测误差进行量化和编码。预测编码可分为帧内预测和帧间预测,常用的预测编码有差分脉冲编码调制和运动补偿法。

(3)变换编码。变换编码通常是将空间域上的图像经正交变换映射到另一变换域上,使变换后的系数之间的相关性降低。图像变换本身并不能压缩数据,但变换后图像的大部分能量只集中到少数几个变换系数上,再采用适当的量化和熵编码就可以有效地压缩图像。

(4)混合编码。混合编码是指综合了熵编码、变换编码和预测编码的编码方法,如 JPEG 标准和 MPEG 标准。

3)根据图像的光谱特征分类

根据图像的光谱特征,图像压缩编码分为单色图像编码、彩色图像编码和多光谱图像编码。

4)根据图像的灰度分类

根据图像的灰度,图像压缩编码分为多灰度编码和二值图像编码。

三、常见编码方法

1. 霍夫曼编码

霍夫曼编码(Huffman encoding)是一种熵编码,它是 Huffman 在研究文本文件的压缩时提出来的,是一种无损压缩方法。霍夫曼编码的基本思路是用变长的码字来使冗余量达到最小,出现频率越高的像素值对应的编码长度越短,反之出现频率低的像素值对应的编码长度越长。这样就可以达到用尽可能少的代码表示信源数据的目的。霍夫曼编码的实现步骤如下:

(1)将 q 个信源符号 S 按照概率分布的大小,以递减次序排列,设为 $p_1 \geqslant p_2 \geqslant p_3 \geqslant \cdots \geqslant p_q$;

(2)将两个概率最小的信源符号赋以 1 和 0,并将这两个符号合并成一个新符号,并将概率相加合并成新符号的概率,得到一个新的信源 S_1,包含 $q-1$ 个符号;

(3)对新信源 S_1 重新排序,重复步骤(2)直至概率和达到 1 为止;

(4)从最后一级开始,依照编码路径由后向前返回,就得到各个信源符号所对应的码元序列,即是信源符号相应的码字。

理论研究表明,霍夫曼编码是一种接近于信源熵的编码方法。但是霍夫曼编码也存在不足:其一是它必须精确地统计原始文件中每个值的出现概率,如果没有这个精确统计,压缩的效果会打折扣,甚至达不到预期的压缩效果,而在实际应用中,由于很难事先得知信源数据中各符号发生的概率,对那些要求实时编码的工作带来很大困难;其二是它对位的增删比较敏感,由于霍夫曼编码的所有码字是合在一起的,没有分位,所以如果丢失一位或者增加噪声都会使解码结果面目全非。

2. 行程长度编码

行程长度编码,也称游程编码(Run-length Coding,简称 RLC),基本思想是:当图像按照从左到右的扫描顺序去记录每一行时,总会出现一定数量连续的灰度(色彩)值相同的点。通常把具有相同灰度(色彩)值的相邻像素组成的序列称为一个游程,游程中像素的个数称为游程长度,简称游长。游程编码就是将这些不同的游程长度构成的字符串用数值和游长数值来表示。对图像进行编码时,首先对图像进行扫描,如果有连续的 L 个像素具有相同的灰度(色彩)值 G,则对它作行程编码后,只需传送一个数组 (G,L) 就可代替传送这一串像素的灰度(色彩)值。

如表 2-4 所示的灰度图像,行程编码结果为:(128,4)、(255,3)、(0,4)、(32,5)、(65,4)、(222,4)、(0,1)、(45,7)、(255,8)、(32,5)、(65,3)、(45,3)、(128,5)、(0,4)、(65,4)。

表 2-4 原始栅格图像

128	128	128	128	255	255	255	0
0	0	0	32	32	32	32	32
65	65	65	65	222	222	222	222
0	45	45	45	45	45	45	45
255	255	255	255	255	255	255	255
32	32	32	32	32	65	65	65
45	45	45	128	128	128	128	128
0	0	0	0	65	65	65	65

游程编码往往与其他编码方法结合使用。如在 MPEG-1/2 中,对图像块做完 DCT 和量化后,经过 Zig-Zag 扫描将“0”系数组织成“0”游程,作游程编码,再与非“0”系数结合组成二维事件(Run,Level)进行霍夫曼编码,其中的 Run 代表“0”游程的长度,Level 代表处在该“0”游程后面的非“0”系数的数值。

显然,平均游程长度越长,游程编码的效率越高。游程编码最初是专为二值图像设计的,因为对于灰度图像或彩色图像来说,很难产生长游程,编码效率很低。

3. DPCM 预测编码

由于图像相邻像素间通常存在一定的相关性,比对当前像素的灰度或颜色信号,数值上与相邻像素总是比较接近,除非处于边界状态。因此,当前像素的灰度或颜色信号的数值,可用前面已出现的像素的值，进行预测(估计)，得到一个预测值(估计值)，将实际值与预测值求差，对这个差值信号进行编码、传送，由于差值一般很小，故而达到减少编码位数的目的，这就是预测编码。从理论上来说，可以用接近于熵的比特率进行无损预测编码。实际中为降低编码、解码复杂度，常采用差分脉冲编码调制(Differential Pulse Code Modulation，简称 DPCM)方法对图像进行编码。

DPCM 预测器通常分类为：全局预测器(global prediction)、局部预测器(local prediction)和自适应预测器(adaptive prediction)。如果预测器的一组系数对各个图像、每个像素的预测都固定不变，这样的预测器称为全局预测器。通常，全局预测器的一组系数是基于对全部图像的统计后求得的。如果预测器的一组系数随图像的不同而变化，这样的预测器称为局部预测器。如果预测器的一组系数随图像内局部的统计性变化而变化，这样的预测器称为自适应预测器。

设有一幅二维静止图像，它在某一像素点处的实际灰度或色彩值为 x_i，$\hat{x}_i$ 是 DPCM 预测器根据传输的相邻的样本值对该点估算得到的预测(估计)值。$\hat{x}_i$ 是它之前的若干像素值(参考像素)的函数，即：

$$\hat{x}_i = \sum_{j=0}^{n} a_j x_j,\ 0 \leqslant j \leqslant i-1 \tag{2-153}$$

式中：a_j 为预测系数，若 a_j 为常数，则称为线性预测。

若预测值 $\hat{x}_i$ 与各参考像素间不呈现式(2-153)的线性组合关系，而是非线性关系，则称为非线性预测。

若参考像素是同一行扫描行的前几个像素，则称为一维预测；若是本行、前一行或者前几行的像素，则称为二维预测；若为相关性较强的前几帧图像的像素，则称为三维预测。一维预测和二维预测属于帧内预测，三维预测则属于帧间预测。

实际值和预测值之间的差值，称为预测误差，定义为：

$$e_i = x_i - \hat{x}_i \tag{2-154}$$

对原始图像的每个像素点计算预测误差，由此得到差值图像。有损 DPCM 编码和无损 DPCM 编码的差别在于对差值图像的处理。无损 DPCM 编码采用无损编码方法如霍夫曼编码对得到的差值图像进行编码。有损 DPCM 编码为降低比特率，在编码和传输之前，对差值图像进行量化。有损 DPCM 编码系统构造如图 2-22 所示。解码端的预测过程与编码端的预测过程是相同的，所用的预测器也相同。因此，接收端重构的输出信号 x'_i 与发送端输入信号 x_i 的误差为：

$$\Delta x_i = x_i - x'_i = x_i - (\hat{x}_i + e'_i) = x_i - \hat{x}_i - e'_i = e_i - e'_i \tag{2-155}$$

可见，有损 DPCM 编码系统的误差主要是由量化器引起的。

在 DPCM 中，预测器的预测系数以及量化器的量化参数通常是固定的，然而，最佳预测系数和最佳量化参数均是与图像内容有关的量。为了获得更高的编码效率，就要使编码系统能随着图像信号的局部特性调节参数，这就是自适应预测编码。实现自适应预测编码基本上从两个方面考虑，即对预测系数的自动调节——自适应预测，以及对量化器参数进行自动调节——自适应量化。

自适应预测的方法有多种，并且没有固定的模式。例如根据图像中特定的局部特性，把图像分为平坦区、水平轮廓、非水平的直线轮廓以及网格区 4 种区域，对每种区域采用不同的预

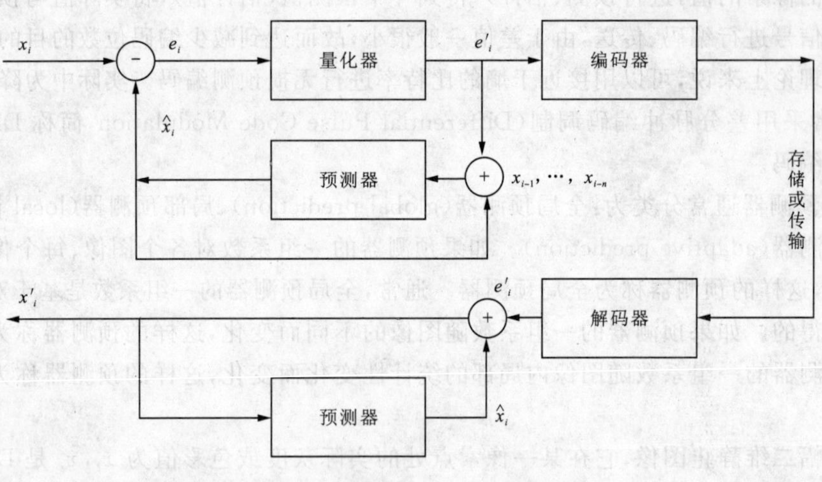

图 2-22　有损 DPCM 编码系统构造图

测系数；另外还可以通过定义活动函数，把待测像素分为活动像素和非活动像素，然后对这两类像素采用不同的预测系数。经过自适应预测后，预测更为精确，预测误差在"0"周围的分布更加尖锐。

自适应量化器的种类也很多，通常考虑从一个较大动态范围的量化器导出若干子量化器，根据图像的局部特性，从这些量化器中选择一个最合适的进行量化，以满足编码中对图像的质量、传输码速率等方面的要求。例如将预测值作为量化器的浮动电平，使得量化器的输出电平在一定范围内上下浮动，并保持较少的电平分层数不变，这样在不增加量化比特数的条件下减少了量化误差。另外，对于利用人的视觉掩盖效应设计的量化器，可以根据预测误差的大小以及相邻像素的差值大小，采用其中的一部分量化层作为输出，既可保证视觉的要求，同时又压缩了量化比特数。

但在自适应 DPCM 的构建过程中，也存在以下问题：

(1)实现的复杂性。和固定参数的预测器相比，自适应预测器增加了判据部分，以及多组预测或量化参数及选择开关等，因此增加了硬件实现的难度。

(2)实现的效率。自适应技术的使用也有一定的场合，所考虑的编码工作状态(不同的预测系数、量化特性等)应具有一定的统计意义，否则增加了实现的复杂性而达不到编码效率质的改善。此外，参数的转换最好具有因果特性，即所设计的新状态不需要额外的标识码，解码端也能根据以前的像素选择正确的工作参数。

4. 变换编码

变换编码不直接对空域图像信号编码，而是首先在数据压缩前对原始输入数据作某种正交变换，把图像信号映射变换到另外一个正交向量空间，产生一批变换系数，然后再对这些变换系数进行编码处理。它首先将原始图像分割成 n 个子图像块，每个子图像块经过正交变换、量化和编码后送信道传输到达接收端，接收端作解码、逆变换、综合拼接，恢复出空域图像，过程如图 2-23 所示。

正交变换实现数据压缩的本质在于：经过坐标系适当的旋转和变换，能够把散布在各个坐

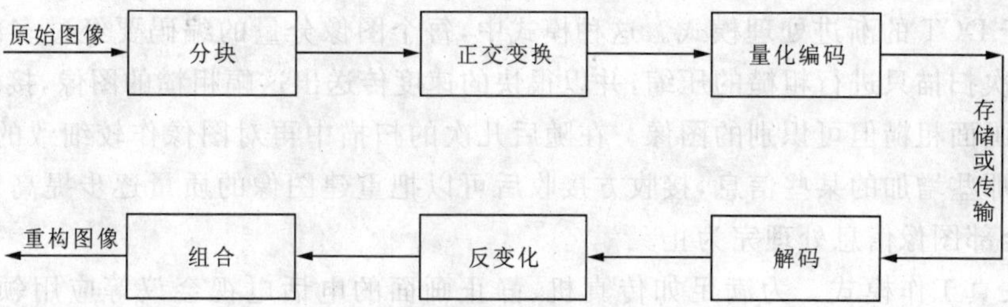

图 2-23 变换编码系统构造图

标轴上的原始数据，在新的、适当的坐标系中集中到少数坐标轴上，因此，可用较少的编码位数来表示一组信号样本，实现高效率的压缩编码。可用于图像压缩的正交变换有傅立叶变换、Walsh 变换、斜变换、K-L 变换、离散余弦变换、小波变换等。

四、静止图像编码标准

1. JPEG 标准

国际电报电话咨询委员会(CCITT)和国际标准化组织(ISO)联合组成了一个图像专家小组(Joint Photographic Experts Group，简称 JPEG)，他们开发研制出了一个连续色调、多级灰度、静止图像的数字图像压缩编码方法，这个压缩编码方法称为 JPEG 算法。JPEG 算法在 1991 年被确定为国际标准，编号为 ISO/IEC 10918，它是国际上彩色、灰度和静止图像的第一个国际标准。它不仅适用于静态图像的压缩，而且也适合电视图像序列的帧内图像的压缩编码。因此，可以说 JPEG 标准是一个适用范围非常广泛的通用标准。

JPEG 标准规定了有损压缩和无损压缩两种编/解码处理。第一种是基于离散余弦变换(DCT)的编码。它规定了有损压缩，可以对图像数据进行很大压缩的同时，还能够保证图像解码后具有很高的视觉逼真度。最简单的基于 DCT 的编码处理叫作顺序处理。它提供了大部分应用所需要的性能指标，具有这种能力的编码系统叫作基本系统。通常把这种编码处理以及编码系统叫作 JPEG 基本系统。在现实生活中所遇到的都是 JPEG 基本系统压缩的图像，例如：在 Internet 的网页图像和数码照相机照片等。第二种编/解码处理为了满足无损压缩的应用要求，不使用 DCT 而是使用预测处理。一切编码处理所提供的压缩量都与被压缩图像的特性有很大关系，同时也与实际应用中所要求的图片质量和所需要的压缩和解压缩的处理速度等因素有关。

1)JPEG 标准的工作模式

为了对单色或者彩色图像都适用，JPEG 对每一个图像分量单独进行压缩编码。对于单色图像，它只有一个分量，该分量反映图像的亮度。对于彩色图像，一个图像分量是指一种彩色分量。对于一个图像分量，JPEG 标准提供了 4 种工作模式，它们分别是：基于 DCT 的顺序处理模式、基于 DCT 的渐进处理模式、无失真工作模式和分等级处理模式。

(1)基于 DCT 的顺序处理模式。基于 DCT 的顺序处理模式也即 JPEG 基本系统。输入源图像的每一个分量按照从上到下、从左到右扫描，一次扫描完成编码。图像还原时，也是按照上述顺序进行。

(2)基于 DCT 的渐进处理模式。这种模式中,每个图像分量的编码要经过多次扫描才能完成。第一次扫描只进行粗糙的压缩,并以很快的速度传送出这幅粗糙的图像,接收方接收后可重建一幅画面粗糙但可识别的图像。在随后几次的扫描中再对图像作较细致的压缩处理,这时只传送那些增加的某些信息,接收方接收后可以把重建图像的质量逐步提高。这样逐步累进,直到全部图像信息处理完为止。

(3)无失真工作模式。为满足如传真机、静止画面的电话电视会议等应用领域的要求,JPEG 选择了一种简单的线性预测技术,即差分脉冲调制(DPCM)作为无损压缩编码方法。这种方法简单、容易实现,重建的图像质量好。

(4)分等级处理模式。对一幅原始图像的空间分辨率,分成多个低分辨图像进行“锥形”编码的方法。在信道传送速率较慢,接收端显示器分辨率也不高的情况下,只需要作低分辨率图像解码。

2)JPEG 的主要算法

在 JPEG 应用中,最常用的 JPEG 编码是基于 DCT 变换的顺序型模式,又称为基本系统。实际上,许多硬件 JPEG 编码器和商用 JPEG 软件,仅支持这种工作模式。下面以此为例介绍 JPEG 的主要算法,JPEG 的编码流程如图 2-24 所示。

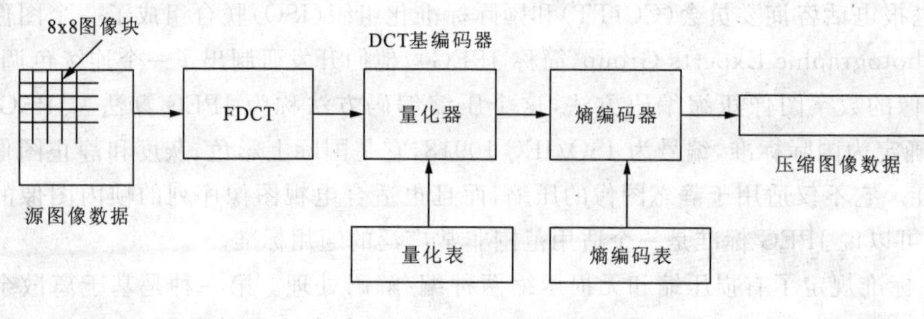

(a) DCT基压缩编码步骤

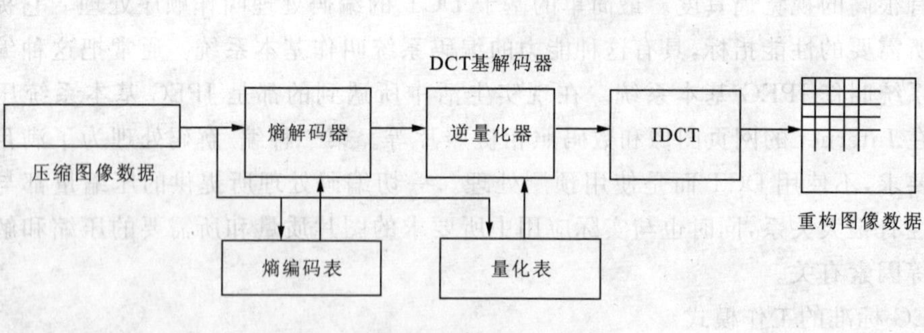

(b) DCT基解压缩步骤

图 2-24 JPEG 编码系统

(1)颜色模式转换。JPEG 处理的颜色只有灰度图和 24 位真色彩。JPEG 算法其实跟彩色模型无关,它处理的彩色图像是单独的彩色分量图像。若提供的图片是灰度图,则直接处理;若提供的图片是 24 位真色彩,则先进行颜色转换及取样,然后再处理。因此,这一步是可选的。最常用的表示颜色的方式是 RGB 色彩模型，而 JPEG 采用的是 YC_bC_r 色彩模型，因此，需要把 RGB 颜色模型图像数据转化为 YC_bC_r 颜色模型数据，转化公式请参见第一章。

(2)取样。由于人眼对构成图像的不同频率成分具有不同的敏感度，因此，可以通过降低彩色图片色彩信息的取样比例来达到压缩图像的目的。JPEG 常用的取样方式有两种：YUV411 和 YUV422。它们代表了 Y、C_b 和 C_r 三个颜色分量的取样比例。其中：YUV411 具有 50%的压缩比例，YUV422 具有 33%的压缩比例。例如，用 RGB 模型，4 个点需要 3×4＝12 字节，每个字节占 8 位，存储这 4 个点共需 96 位，每个点占 24 位。现在用 YUV411 取样，每个点保存一个 Y 值，每 2×2 个点保存一个 C_b 和 C_r 值，需要 4＋2＝6 字节，平均每个点仅占 12 位，达到了压缩的目的。

(3)二维离散余弦变换。JPEG 分别对 Y、C_b 和 C_r 三分量作 DCT 变换，且采用的是 8×8 大小的子块的二维离散余弦变换，即先把每个分量分成 8×8 的图像块。例如：若原图像为 640×480 的分辨率，则划分后的图像将包含 80×60 个子块。若原始图片的长、宽不是 8 的倍数，则需要补成 8 的倍数。通常情况下，采用 YUV411 取样方式，即 C_b 和 C_r 都是 2×2 记录一次。因此很多情况下，是要补成 16×16 的像素块，按照从上到下、从左到右的次序排列。

若原始图像的采用精度为 B 位，向离散余弦变换输入时需把$[0,2^B]$范围的无符号整数变成$[-2^{B-1},2^{B-1}-1]$范围的有符号整数。对于 8 位的连续灰度图像要减去 128，因为 DCT 转换公式所接受的数字范围是在－128～＋127 之间。

在傅立叶级数展开式中，如果被展开的函数是实偶函数，那么，傅立叶级数中只包含余弦项，将它离散化可导出余弦变换，或称之为离散余弦变换(Discrete Cosine Transform，简称 DCT)。

二维离散余弦变换公式为：

$$F(u,v)=\frac{1}{4}C(u)C(v)\left[\sum_{i=0}^{7}\sum_{j=0}^{7}f(i,j)\cos\frac{(2i+1)u\pi}{16}\cos\frac{(2j+1)u\pi}{16}\right] \tag{2-156}$$

式中：u、v 代表 DCT 变换后矩阵内某个数值的坐标位置；$F(u,v)$代表矩阵内的(u,v)位置上 DCT 变换后的频率系数；(i,j)代表图像数据内某个数值的坐标位置；$f(i,j)$代表图像数据内的(i,j)位置上的像素值。

当 $u=0$，$v=0$ 时，$C(u)C(v)=(2)^{-1/2}$；当 $u>0$ 或 $v>0$ 时，$C(u)C(v)=1$。

经过 DCT 变换后的矩阵数据自然数为频率系数，这些频率系数以 $F(0,0)$的值最大，称为直流系数。其余的 63 个频率系数大部分是一些接近于 0 的数，称为交流系数。

二维离散余弦变换的逆变换公式为：

$$f(i,j)=\frac{1}{4}\left[\sum_{u=0}^{7}\sum_{v=0}^{7}C(u)C(v)F(u,v)\cos\frac{(2i+1)u\pi}{16}\cos\frac{(2j+1)v\pi}{16}\right] \tag{2-157}$$

在计算二维的 DCT 变换时，可使用以下公式将二维的 DCT 变换转换成一维的 DCT 变换：

$$G(i,v)=\frac{1}{2}C(v)\left[\sum_{j=0}^{7}f(i,j)\cos\frac{(2j+1)v\pi}{16}\right] \tag{2-158}$$

$$F(u,v)=\frac{1}{2}C(u)\left[\sum_{i=0}^{7}G(i,v)\cos\frac{(2i+1)u\pi}{16}\right] \quad (2-159)$$

(4)量化。因为经 DCT 变换后 64 个输入值仍然得到 64 个系数，严格来说，它本身并不能进行压缩。为达到压缩的目的，对 DCT 系数需作量化处理。量化的作用就是在保持图像质量的前提下，丢弃图像中对视觉效果影响不大的信息。它的目的是减少非“0”的系数幅度以及增加“0”值系数的数目。量化是造成图像信息损失的根源。

JPEG 标准中采用线性均匀量化器。量化定义为 64 个 DCT 系数依次除以量化步长，并四舍五入取整，公式为：

$$F^{Q}(u,v)=[F(u,v)/Q(u,v)+0.5] \quad (2-160)$$

式中：$Q(u,v)$是量化器步长，由量化表决定。量化表中元素因 DCT 系数的位置和彩色分量的不同而取不同值。量化表为 8×8 矩阵，与 DCT 的 64 个系数对应。这个量化表一般由用户自己规定(JPEG 标准中给出了参考值，如表 2-5 所示)，作为编码器的一个输入。量化表中的每个元素为 1～255 之间的任意整数，规定了所对应 DCT 系数的量化步长。用 JPEG 的量化公式(采用亮度量化表)对 DCT 变换的输出矩阵中的每个系数进行均匀量化，就可以得到大部分数据都变为 0 的 8×8 矩阵，这样有利于后面熵编码。

表 2-5　JPEG 标准量化表

色差量化值

16	11	10	16	24	40	51	61
12	12	14	19	26	58	60	55
14	13	16	24	40	57	69	56
14	17	22	29	51	87	80	62
18	22	37	56	68	109	103	77
24	35	55	64	81	104	113	92
49	64	78	87	103	121	120	101
72	92	95	98	112	100	103	99

亮度量化值

17	18	24	47	99	99	99	99
18	21	26	66	99	99	99	99
24	26	56	99	99	99	99	99
47	66	99	99	99	99	99	99
99	99	99	99	99	99	99	99
99	99	99	99	99	99	99	99
99	99	99	99	99	99	99	99
99	99	99	99	99	99	99	99

(5)“Z”字形编码。8×8 子块的 64 个 DCT 变换系数经量化后，对直流系数 DC 和交流系数 AC 分别进行处理。因为低频分量一般呈圆环形辐射状向高频率衰减，因此可看成按“Z”字形衰减。因此，AC 系数可按“Z”字形扫描读数，这样做可以增加连续“0”系数的个数，有利于压缩，如图 2-25 所示。

由于“Z”字形在读数时大多数情况下出现连“0”的机会比较多，尤其在最后，若都是“0”，在读到最后 1 个数后只要给出“块结束”(EOB)码，就可以结束输出，从而节省了很多码率。

(6)用差分脉冲编码调制对直流系数(DC)进行编码。8×8 图像块经过 DCT 变换和量化之后得到的 DC 系数有两个主要特点：一是系数的数值都较大；二是相邻 8×8 图像块的 DC 系数有很强的相关性，而且 DC 值几乎都差不多。根据这个特点，JPEG 算法使用了差分脉冲编码调制技术，对相邻图像块之间量化 DC 系数的差值进行编码。

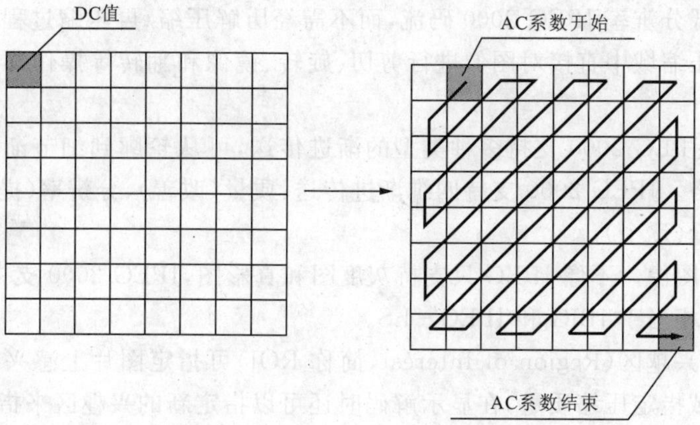

图 2-25　量化 DCT 系数的编排

(7)用行程长度编码对交流系数进行编码。量化 AC 系数的特点是 1×64 矢量中包含有很多“0”系数,而且许多“0”是连续的,因此使用游程长度编码(RLE)对它们进行编码。JPEG 使用了一个字节的高 4 位来表示连续“0”的个数,而使用它的低 4 位来表示编码下一个非“0”系数所需要的位数,跟在它后面的是量化 AC 系数的数值。

(8)熵编码。使用熵编码还可以对 DPCM 编码后的直流 DC 系数和 RLE 编码后的交流 AC 系数作进一步的压缩,JPEG 标准具体规定了 Huffman 编码和算术编码两种熵编码方式。若使用 Huffman 编码器,则可以使用很简单的查表(lookup table)方法进行快速的编码,因为 JPEG 标准中提供了相应的 Huffman 编码表。

(9)组成位数据流。JPEG 编码的最后一个步骤是把各种标记代码和编码后的图像数据组成一帧一帧的数据,这样做的目的是为了便于传输、存储和译码器译码,这样的组织数据通常称为 JPEG 位数据流(JPEG bitstream)。

2.JPEG 2000 标准

JPEG 2000(information technology——JPEG 2000 image coding system)是一种用于二值图、灰度图、伪彩图和真彩图的静态图像压缩的新标准,它采用的是性能比 DCT 更优秀的离散小波变换(Discrete Wavelet Transform,简称 DWT)。

JPEG 2000 是国际标准化组织(ISO)与 CCITT/ITU 共同成立的联合图像专家小组(JPEG),于 2000 年底开始推出的一种基于小波变换的静态图像压缩标准(ISO/IEC 15444-1～12,ITU T.800～808)。它统一了二值图像编码标准(JBIG)、近无损压缩编码标准(JPEG-LS)以及原来的 JPEG 编码标准,支持更多的颜色分量和更大的颜色深度,具有多分辨率表示和渐进传输功能,同时支持有损压缩和无损压缩,比 JPEG 标准的压缩率更高、性能更优秀。

与 JPEG 标准相比,JPEG 2000 标准的主要特点有:

(1)支持多分辨表示。利用小波变换的多分辨特性,在 JPEG 2000 码流中,包含了各个分辨率的信息。只需压缩一次,但是有多种分辨率的解压方式。因此,一个单一的 JPEG 2000 码流,可以同时满足不同分辨率应用的需要,如高分辨率的打印机、中分辨率的显示器和低分辨率的手持设备等。

(2)压缩域的图像处理与编辑。利用 JPEG 2000 的多分辨特性,可以直接从 JPEG 2000 码流中抽取新的低分辨率 JPEG 2000 码流,而不需经历解压缩/再压缩过程,也避免了噪声的累积。还可以在压缩域中直接对图像进行剪切、旋转、镜像和翻转等操作,同样不必解压缩后再压缩。

(3)渐进性。JPEG 2000 支持多种类型的渐进传送,可从轮廓到细节渐进传输,适用于窄带通信和低速网络。JPEG 2000 支持四维渐进传送:质量(改善)、分辨率(提高)、空间位置(顺序/免缓冲)和分量(逐个)。

(4)低位深度图像。不像 JPEG 只支持灰度图和真彩图,JPEG 2000 支持黑白二值图和伪彩图的无损压缩,相当于 JBIG 和 JPEG-LS。

(5)兴趣区。兴越区(Region of Interest,简称 ROI)可指定图片上感兴趣区域,在压缩编码时可对这些区域指定压缩质量,在显示解码时还可以指定新的兴趣区来指导传输方的编码。

本章小结

笔者主要从图像增强、图像复原、图像分割、图像压缩与编码 4 个方面对数字图像处理的相关技术进行了介绍。

在图像增强方面,介绍了灰度变换、空域滤波、频域滤波及彩色增强等。灰度变换包含的方法有逆反处理、阈值变换、灰度拉伸、灰度切分、灰度级修正、动态范围调整等,它可使灰度动态范围扩展,也可以使它被压缩,或者是对灰度进行分段处理,根据图像特点和要求在某段区间中进行压缩而在另外区间进行扩展。空域滤波主要分为平滑滤波与锐化滤波,平滑滤波能减弱或消除图像中的高频分量而不影响低频分量,使图像变得比较平滑。实际应用中,平滑滤波还可用于消除噪声,或在提取较大目标前去除太小的细节或将目标的小间断连接起来。锐化滤波正好相反,实际应用中锐化滤波常用于增强被模糊的细节或目标的边缘。频域滤波是将图像像素转换到频率域后对变换系数进行的滤波处理,包括低通滤波、高通滤波、带通(阻)滤波和同态滤波等。低通滤波的作用是去除噪声、平滑图像。高通滤波的作用是锐化边缘。带通滤波器容许一定频率范围信号通过,但减弱(或减少)频率低于下限截止频率和高于上限截止频率的信号的通过。带阻滤波器减弱(或减少)一定频率范围信号,但容许频率低于下限截止频率和高于上限截止频率的信号的通过。同态滤波的作用是压缩亮度范围和增强对比度。彩色增强可分为伪彩色增强、真彩色增强和假彩色增强 3 种,通过改变图像色彩使得图像更便于识别。

在图像复原方面,介绍了图像退化模型、点扩散函数模型、常见图像非盲复原算法和常见图像盲复原算法。图像复原是研究图像退化原因的基础,以退化图像为依据,根据一定的先验知识设计一种算子,把已经退化了的图像加以复原。图像退化模型将图像质量下降的因素归纳为两类:噪声与退化函数。噪声分为加性噪声和乘性噪声。退化函数即点扩散函数模型主要包括线性移动降质、均匀散焦降质、均匀模糊、高斯降质等。图像非盲复原算法是在知道图像退化模型的基础上进行的图像复原,包括逆滤波算法、维纳滤波算法、约束最小二乘算法等。图像盲复原算法则相反,包括参数估计法、迭代盲反卷积算法、全变差正则化算法等。

形态学图像处理采用代数运算对图像进行处理,主要包括二值图像形态学处理、灰度图像形态学处理和彩色图像形态学处理。在这 3 类形态学图像处理中,包括的基本运算基本一致:

膨胀、腐蚀、开运算和闭运算。同时对这些基本运算以及由它们组合而成的运算的应用进行了介绍。

图像分割是依据图像的灰度、颜色、纹理、边缘等特征，把图像分成各自满足某种相似性准则或具有某种同质特征的连通区域的集合的过程。我们将分割算法大致分为两类：数理图像分割方法和模型图像分割方法。数理图像分割方法又包括阈值分割、边缘分割和区域分割3类，每一类又包括若干具体的分割算法。在模型图像分割方面，主要介绍了3个常见的方法：基于Snakes模型的分割算法、基于神经网络的图像分割算法、基于图论的图像分割算法。

图像压缩是节约图像存储空间、节省带宽的重要手段。图像中广泛存在的冗余性是实现图像压缩的必要条件。本章对4种常见的图像压缩编码方法霍夫曼编码、行程长度编码、预测编码和变换编码进行了介绍，以便于揭示熵编码、预测编码和变换编码的基本原理。最后介绍了静止图像的两个重要编码标准：JPEG标准和JPEG2000标准，并着重介绍了JPEG基本编码系统的工作原理和流程。

习　题

1. 图像增强的目的是什么？它包含哪些内容？
2. 灰度变换的目的是什么？有哪些实现方法？
3. 图像平滑的目的是什么？空间域图像平滑的方法有哪些？
4. 图像锐化的目的是什么？空间域常用的图像锐化算子有哪几种？
5. 什么是同态滤波？简述它的基本原理。
6. 什么是数学形态学？基本思想是什么？简要描述数学形态学方法的实现。
7. 数学形态学有哪几种基本运算方法？
8. 简述边缘提取算法的主要步骤。什么是内边缘、外边缘和形态学边缘？
9. 什么是细化？与腐蚀有什么区别？
10. 什么是粗化？与膨胀有什么区别？
11. 什么是图像分割？目前图像分割的难点主要体现在哪些方面？
12. 图像分割的依据是什么？常用的图像分割方法主要包括哪几类？分别有哪些具体方法？
13. 基于阈值的图像分割方法的基本原理是什么？它的关键和难点是什么？
14. 为什么要对图像数据进行压缩？压缩原理是什么？图像压缩编码的目的是什么？目前有哪些编码方法？

第三章　数字音频编码技术及标准

第一节　数字音频压缩编码概述

一、编码的必要性与可行性

与模拟音频相比,数字音频有非常明显的优势,但是数字音频也有自身的缺点,即对传输时信道容量要求的增加和对存储容量的需求。以普通 CD 碟片为例,采样率为 44.1kHz,量化精度为 16bits,则 1min 的立体声音频信号需要占用约 10M bytes 的存储容量,也就是说,一张 CD 碟片的容量只能播放 1h 左右。那么,在音频传输过程中,是不是所有这些比特都是必需的呢?经过大量的研究发现,直接将脉冲编码调制(Pulse－code Modulation,简称 PCM)码流进行传输和存储存在非常大的冗余度。因而,为了可利用的有限资源,音频压缩技术从一开始便受到了广泛的应用及推广。

所谓的音频压缩技术,指的是对原始数字音频信号码流,运用适当的数字信号处理技术,在保留有用信息量或者引入损失可忽略的前提下,降低它的码率,通常也称为压缩编码。那么,数字音频有哪些信息是冗余的呢?根据统计分析表明,无论是语音信号还是音乐信号,都存在多种形式的冗余,主要包括时间域冗余、频率域冗余和听觉冗余。

1. 时间域冗余

音频信号在时间域上的冗余形式主要表现在以下 5 个方面:

(1)样值幅度分布的非均匀性。统计表明,在大多数类型的音频信号中,不同幅度的样值出现的概率不同,小幅度样值比大幅度样值出现的概率要高。尤其在语音和音乐信号的间隙,会有大量的小幅度样值。

(2)样值间的相关性。对语音波形的分析表明,相邻样值之间存在很强的相关性。当采样频率为 8kHz 时,相邻样值之间的相关系数大于 0.85。如果提高采样频率,则相邻样值之间的相关性将更强。因此,根据这种较强的一维相关性,利用差值编码技术,可以进行有效的数据压缩。

(3)信号周期之间的相关性。尽管音频信号的频带很宽,但在一定的范围内,某一声音往往只包含少数频率成分。当声音中只存在少数几个频率时,就会像某些振荡波形一样,在周期与周期之间存在一定的相关性。

(4)长时自相关。上述样值、周期间的一些相关性,都是在 20ms 间隔内进行统计的所谓短时自相关。如果在较长的时间间隔(如几十秒)内统计,可得到长时自相关函数。长时统计表明,当采用频率为 8kHz 时,相邻样值之间的平均相关系数可高达 0.9。

(5)静音。语音间的停顿间隙本身就是一种冗余。若能正确检测出该静音段,并去除相应的样值数据,就能起到压缩的作用。

2. 频率域冗余

音频信号在频率域上的冗余形式主要表现在两个方面:

(1)长时功率谱密度的非均匀性。在相当长的时间间隔内进行统计平均,可得到长时功率谱密度函数,功率谱呈现明显的非平坦性。从统计的观点来看,这意味着没有充分利用给定的频段,或者说存在固有冗余度。功率谱的高频成分能量较低。

(2)语音特有的短时功率谱密度。语音信号的短时功率谱,在某些频率上出现"峰值",而在另一些频率上出现"谷值"。这些峰值频率即能量较大的频率,通常称为共振峰频率。共振峰频率不止一个,最主要的是前3个,由它们决定了不同的语音特征。另外,整个功率谱也是随频率的增加而递减。更重要的是,整个功率谱的细节以基音频率为基础,形成了高次谐波结构。

3. 听觉冗余

音频信号最终是给人听的,而人耳对声音信号的幅度、频率的分辨能力是有限的,所以凡是人耳觉察不到的成分,即对人耳辨别声音的强度、音调、方位没有贡献的成分,都可视为冗余的、可压缩掉的信号。

二、音频编/解码的性能指标

衡量一种压缩编码算法的主要指标,一般包括重建的音频质量、数码率、复杂度和时延。音频编码研究的基本问题就是在给定数码率下,如何重建高质量音频,并保证尽量小的编/解码时延和适当的算法复杂度。或者,在给定重建音频质量、时延和算法复杂度的情况下,如何降低音频编码器的数码率。可见,这4个指标有着密切的联系,在不同的应用中对各方面的侧重点不同。

1. 重建音频质量的评价

重建音频质量是衡量音频编码算法的最根本指标,但目前还没有很理想的评价手段。归纳已有的音频质量评价标准,可以分为两类:客观评价和主观评价。

(1)客观评价方法建立在原始音频和重建音频的数学对比之上,常用的方法可分为时域客观评价和频域客观评价两大类。时域客观评价常用的方法有信噪比、加权信噪比和平均分段信噪比等;频域客观评价常用的方法有巴克谱失真测度(Bark Spectral Distortion Measure,简称BSDM)和美儿谱失真测度(Mel Spectral Measure,简称MSM)等。这些评价方法的特点是计算简单、结果客观、不受个人主观因素的影响,但缺陷也很明显,就是不能完全反映人类对音频的听觉效果。

(2)主观评价方法是在一组测试者对原始音频和重建音频进行对比试听的基础上,根据某种预先约定的尺度来对重建音频划分质量等级,它比较全面地反映了人们听音时对重建音频质量的感觉。常用的主观评价方法有:平均主观评分(Mean Opinion Score,简称MOS)、判断韵字测试(Diagnostic Rhyme Test,简称DRT)、判断满意度测量(Diagnostic Acceptability Measure,简称DAM)和多激励隐参考基准方法(Multi Stimulus Test with Hidden Reference and Anchors，简称 MUSHRA）。

1）MOS

平均主观评分通常采用 5 级评定标准：优、良、中、差和劣，可用数字 1～5 表示这 5 个等级。参加测试的实验者，在听完所测语音后，从这 5 个等级中选择一级作为他的评测得分，全体测试者的平均分就是所测语音的 MOS 分。由于主观和客观上的种种原因，每次试听的评分会有波动。为了减少波动的误差，除了试听者人数要足够多之外，所测语音材料也要足够丰富，试听环境也应尽量保持相同。由于试听者对音频质量的主观感觉往往是和注意力集中程度相联系的，因而，对应于主观评定等级，还有一个收听注意力等级（listening effect scale）。表 3-1 给出了主观评定等级的质量等级、分数和相应的收听注意力等级。

表 3-1 主观评定等级表

质量等级	MOS 评分	收听注意力等级	失真描述
优	5	可完全放松，不需要注意力	没察觉
良	4	需要注意，但不需明显集中注意力	刚察觉
中	3	中等程度的注意力	有察觉且稍觉可厌
差	2	需要集中注意力	有明显察觉且觉可厌但可忍受
劣	1	即使努力听，也很难听懂	不可忍受

在数字语音通信中，通常认为 MOS 分在 4.0～4.5 分时为高质量数字语音，达到长途电话网的质量要求。MOS 分在 3.5 分左右时称为通信质量，这时听者能感觉到重建语音质量有所下降，但不影响正常通话，可以满足多数语音通信系统的使用要求。MOS 分在 3.0 分以下时常称为合成语音质量，这是指一些声码器合成的语音所能达到的质量，它一般具有足够高的可懂度，但是自然度较差，不容易识别讲话者。高质量语音的频带应达到 7kHz 以上，这时 MOS 分可达 5 分。

2）MUSHRA

MUSHRA 主观评价方法的全称为多激励隐参考基准方法，是由欧洲广播联盟（European Broadcasting Union，EBU）组织提出的。MUSHRA 方法的工作量较小，同时结果也较为可靠。在实验中，实验者需要快速倾听每个测试组内包含参考音频（未损失）的所有不同质量的音频。在此过程中，实验者不被告知哪一个是参考音频，这样做的目的是确保评分分布比较广。MUSHRA 的评分范围是 0～100，具体如表 3-2 所示。

表 3-2 音频主观质量评价标准

评价标准	
100～80	非常好
80～60	好
60～40	一般
40～20	差
20～0	非常差

MUSHRA 对实验条件也有着一系列的要求，包括实验音频、声学环境等。实验者同样需要事先训练熟悉实验流程。

2. 数码率

数码率反映了编码器的压缩效率，可用“bit/s”来度量。数码率越低，压缩效率越高。

3. 算法复杂度

一般来说，在音频质量相同的情况下，数码率越低，算法复杂度越高。编/解码算法的复杂度与硬件的实现有密切关系，它决定了硬件实现的复杂程度、功耗和成本。

算法的复杂度包括两个方面：运算复杂度和内存容量要求。运算复杂度通常用处理每秒钟信号样本所需的数字信号处理器(Digital Signal Processor，简称 DSP)指令条数来衡量运算复杂度，可用的单位为“百万次操作/s”(Million Operations Per Second，简称 MOPS)或“百万条指令/s”(Million Instructions Per Second，简称 MIPS)。

4. 编/解码时延

编/解码时延一般用单位编/解码所需的时间来表示，在实时语音通信系统中，语音编/解码时延同线路传输时延的作用一样，对系统的通信质量有很大影响。过长的语音时延会使通信双方产生交谈困难，会产生明显的回声而干扰人的正常思维。因此，在实时语音通信系统中，必须对语音编/解码算法的编/解码时延提出一定的要求。对于公用电话网，编/解码时延通常要求不超过 5～10ms；而对于移动蜂窝通信系统，允许最大时延不超过 100ms。

5. 其他性能

音频编码的其他性能还包括音频编码对多语种的通用性、抗随机误码和突发误码能力、抗丢包和丢帧能力、误码容限、级联或转码能力、对不同信号的编码能力、算法可扩展性等。总的来说，一个理想的音频编码算法应该具有低数码率、高音频质量、低时延、低运算复杂度、良好的编码鲁棒性和可扩展性的编码算法。但这些性能之间存在一定的制约关系，因此，实际的编码算法往往是这些性能间的一种折中。

三、音频编码技术的分类

一般将音频编/解码技术分为有损编码和无损编码。若按具体的编码方案，又可分为波形编码、参数编码、感知编码和混合编码等。不同的编码技术，在算法复杂度、重建音频信号的质量、编码效率、编/解码时延等方面都有很大的不同，应用场景也不同。

1. 波形编码

波形编码是指不利用生成音频信号的任何参数，直接将时间域信号变换为数字代码，使重构的语音波形尽可能地与原始语音信号的波形形状保持一致。波形编码的基本原理是在时间轴上对模拟语音信号按一定的速率抽样，然后将幅度样本分层量化，并用代码表示。

波形编码方法简单、易于实现、适应能力强并且语音质量好。不过因为压缩方法简单也带来了一些问题：压缩比相对较低，需要较高的编码速率。一般来说，波形编码的复杂程度比较低，编码速率较高，通常在16kbit/s以上，质量相当高。但编码速率低于16 kbit/s时，音质会急剧下降。最简单的波形编码方法是PCM，它只对语音信号进行采样和量化处理。

2. 参数音频编码

与传统的音频编码方法相比，参数音频编码对音频信号源的模型和听觉模型进行了拓展。这种编码方法假设音频信号是由不同种类的信号成分叠加而成的，每一种信号成分都可以用一种相对简单的音源模型或一组数目较少的特征参数来表示，同时使用听觉模型，使解码端重建的输出信号尽量在听觉上与编码端的输入信号一致。

参数编码技术是在信源信号频率域或其他正交域提取特征参量并将它变换为数字代码进行传输，以及在接收端从数字代码中恢复特征参量，并由特征参量重建音频信号的一种编码方式。这种方式在提取音频特征参量时，往往会利用某种模型在幅度谱上逼近原音频。它的特点是编码所需速率低，但音频质量不够好。

典型的参数编码方法为线性预测编码(Linear Predictive Coding，简称LPC)。

3. 感知音频编码

感知音频编码(Perceptual Audio Coding，简称PAC)，是一种为了获得更高的压缩比，追求在主观感知意义上更接近的高质量、低码率的音频编码技术，设计重点从由精确恢复原始信号波形转向充分利用人类的听觉感知特性，不仅要去除信号的固有冗余，且要能有效去除感知冗余，因此它有更好的压缩性能，日益成为数字音频压缩技术的主导。

感知音频编码器主要利用信号的统计特性和人类听觉的感知特性：一方面力求去除信号的统计冗余；另一方面利用心理声学现象中的掩蔽效应，去除人耳不能感知的声音成分，同时并不刻意追求最小的量化噪声，而是使量化噪声不被人耳感知即可。这样，既实现了音频数据压缩，又不影响解码端重构音频信号的主观音质。由于子带编码和变化编码的优点，使得两者在感知音频编码算法中被广泛应用。感知音频编码器的基本结构如图3-1所示。

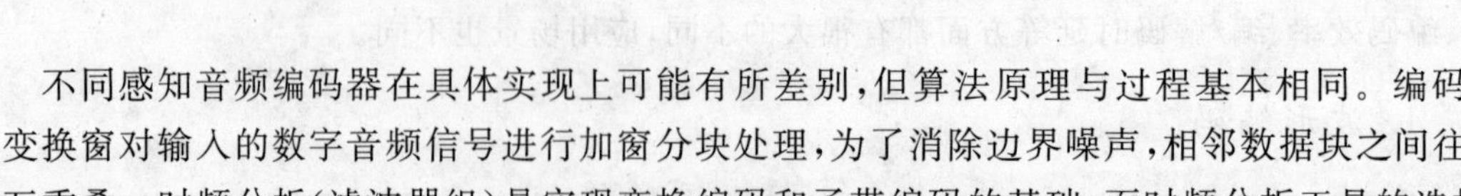

图3-1　感知音频编码流程

不同感知音频编码器在具体实现上可能有所差别，但算法原理与过程基本相同。编码器用变换窗对输入的数字音频信号进行加窗分块处理，为了消除边界噪声，相邻数据块之间往往相互重叠。时频分析(滤波器组)是实现变换编码和子带编码的基础，而时频分析工具的选择，主要取决于编码系统在时域分辨率和频域分辨率方面的权衡。编码器将一个短周期内的连续时间采样信号(数据块)送入子带滤波器中，滤波器组将信号分成多个带限信号，以近似人耳的临界频带(critical band)响应。各子带信号再经过时频变换，得到的频域参数被输入到量化编码模块。由于子带滤波器和变换滤波器级联，所以通常称为混合滤波器组。

心理声学模型是感知编码器的核心，它利用了心理声学中的掩蔽现象，提出了临界频带的概念。

心理声学模型对一个数据块进行分析，以临界频带为单位分析信号的掩蔽特性和掩蔽效果及模型输出掩蔽阈值曲线，以此为依据去除听觉不相关成分，将掩蔽阈值提供给比特分配模块来控制量化噪声的大小，决定比特分配方案。比特分配模块根据心理声学模型提供的信息拟定比特分配方案，供量化编码模块参考。

量化编码模块按照给定的比特分配方案进行比特分配，对频域参数进行量化和编码，并将结果送给复合器进行比特流封装，即组帧，在数据流中加入必要的边信息形成最终的输出码流。量化编码模块一方面要考虑心理声学模型的分析结果，去除听觉不相关成分并尽可能地将量化噪声控制在掩蔽阈值以下，同时还要考虑编码比特率。因此，量化编码模块要在给定的编码比特率下力求获得最好的音质，或在给定的音质要求下，获得最小的编码比特率。

感知音频解码器相对于编码器要简单。感知音频解码器的基本结构如图 3-2 所示。由于没有心理声学模型，所以计算量也小得多，除此之外，解码过程基本上是编码过程的逆过程。解码时，编码比特流经拆帧后，得到数据流和边信息，两者经熵解码，即得到频域参数，再经时频反变换，形成重构的数字音频输出。

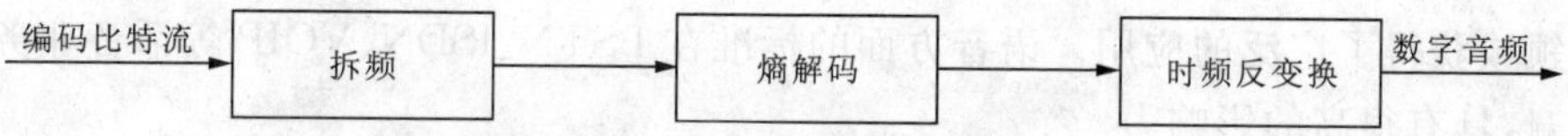

图 3-2 感知音频解码流程

4. 混合编码

混合编码克服了参数编码激励形式过于简单的缺点，成功地将波形编码和参数编码两者的优点集合起来，激励形式采用了语音产生模型，通过对模型参数进行编码，减少了被编码对象的动态范围和数据量，又使编码过程产生接近于原始型号语音波形的合成语音，保留了说话人的自然特征，提高了语音质量。比较成功的混合编码器有：多脉冲激励线性预测编码(MPLPC)、规则脉冲激励线性预测编码(RPELPC)、码激励线性预测编码(CELP)和多带激励编码(MBE)。前 3 种是基于全极点语音产生模型的混合编码器，MBE 是基于正弦模型的混合编码器。

四、音频编码标准概述

在众多的音频压缩编码标准中，影响较大的标准是动态图像专家组(Moving Picture Expert Group，简称 MPEG)系列标准和杜比公司的 AC 系列标准。此外，国际电信联盟(ITU)制定了网络通信应用中的音频编码标准。

MPEG 制定的音频标准有 MPEG-1、MPEG-2、MPEG-4 和 MPEG-D。MPEG-1(ISO/IEC1172-3)音频部分包含 3 层，分别应用在不同场景，例如第一层可以用在 VCD 伴音，第二层应用在数字演播室，第三层在网络音频中得到广泛应用，而且层次越高压缩效率也越高，对应的编码复杂度也就越高。这 3 个层次分别是掩蔽型通用子带综合编码系统的 Layer Ⅰ、自适应频谱感知熵编码的 Layer Ⅱ 和 MP3 Layer Ⅲ。MPEG－2 AAC 音频编码标准的输入可支持具有 48 个音轨、15 个低音音轨的输入，当单声道编码速率为 64kbps 时，AAC 编码器音频重建质量较好。AAC 采用了 MDCT 变换、立体声编码、反向自适应预测、时域噪声整形、混合滤波器组、Huffman 编码等先进技术，大大地提高了压缩率，压缩率可达18∶1。面向对象编码的 MPEG－4 编码标准可根据信号的特点及应用进行编码，例如可以根据合成和自然的声音素材分别进行压缩编码。MPEG－D 中描述了 MPEG Surround 编码算法，其本质是将多个声道变为一个声道，从中提取空间信息参数，并利用传统编码器对下混后的信号编码，空间参数的量化编码可作为边信息码流。由于提取的空间参数等边信息的所用比特率远远小于单声道的比特率，所用此方法可以提高压缩效率。

AC－1、AC－2、AC－3 等空间音频编码标准由美国杜比公司推出，也是国际主流标准。AC－1、AC－2、AC－3 空间音频编码标准有不同的应用场景，例如 AC－1 可以用于卫星通信，AC－2 在专业音频领域得到了应用。AC－3 编码算法利用 ATC 自适应编码技术在具有高压缩性能的同时得到了高质量的音频，也提高了三维声场的重现能力。AC－3 编码标准在高清视频也得到了应用，它被选为美国 DVD、卫星数字广播和高清视频伴音的通用标准。

国际电信联盟的电信标准化部门(ITU－T)下属的多媒体业务和应用标准制定研究组在多媒体通信领域中，制定了 G. 711、G. 722、G. 726、G. 728、G. 729、G. 723 等音频标准。这些标准在电信领域获得了广泛的应用。语音方面的标准在 PSTN、ISDN、VOIP 等话音业务中的应用极其普遍，具有很高的影响力。

为了适应我国多媒体音频/视频技术的发展，中国数字音频/视频编/解码标准工作组(简称 AVS 工作组)于 2002 年成立，主要致力于音频/视频标准的制定工作。AVS 工作组于 2005 年底制定完成了具有自主知识产权的新一代音频编码压缩技术标准——《信息技术先进音频/视频编码第 3 部分：音频》(AVS－P3)，该标准主要面向数字电视、网络流媒体等应用。AVS－P3 支持单声道、双声道、多声道音频，采样率支持 8～96kHz，同时支持可伸缩、可分级编码。在编码速率为 64kbps 时，AVS－P3 编码性能达到 AAC 编码标准。为了满足移动音频传输的需求，AVS 工作组制定了 AVS－P10 移动语音和音频编码标准，它可支持语音、音乐混合编码，它的性能与 AMR－WB＋相当，成为 IEEE 1857 标准的一部分，同时于 2013 年也成为国家标准(国标代号 GB/T 20090. 10—2013)。对于大容量高保真音乐光盘的需求，AVS 工作组制定了无损音频编码技术方案，包括纯无损和有损兼容两套方案，并成为 IEEE 1857. 2—2013 标准。此外，对于面向广播电视应用需求的高保真音频编码也在制定中，支持多声道的音频编码。

第二节　无损音频编码技术

无损音频编/解码对音频没有任何信号丢失，因此，具有音质高、转换方便等优点，但同时也具有占用空间大、压缩比不高的缺点。

一、无损音频编码的基本原理

无损音频数据的压缩主要由线性预测、量化、熵编码等几个主要环节构成。如图 3－3 所示，输入信号 $x(n)$ 经过 LPC 模块得到预测信号和预测误差信号 $d(n)$，然后选择一种理想的熵编码算法对预测信号进行编码，最后根据不同的数据流规格进行数据打包。

图 3-4 是无损音频解码的示意图，它其实是无损音频编码的逆过程。首先输入码流进过解复用，去掉码流的头信息、边信息等，然后送入解码器，最后根据解码后得到的值进行线性预测解码，得到最终的 PCM 值。

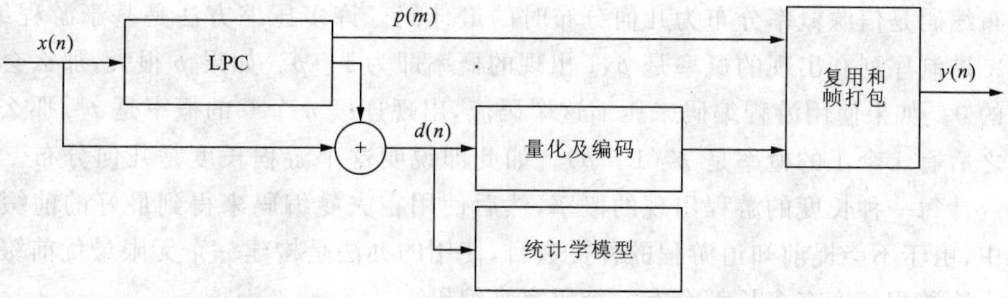

图 3-3　无损音频编码流程

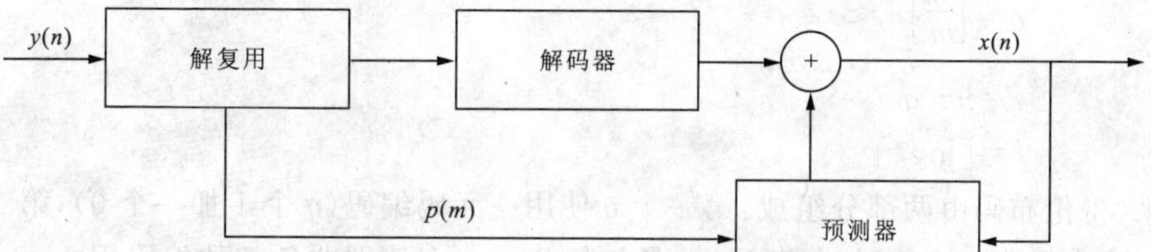

图 3-4　无损音频解码流程

1. 线性预测技术

在有限的容量中存放更多的 CD 级音频，线性预测技术是个有效的手段。线性预测技术提供一组简洁的预测系数矩阵，较精确地表征了音频信号的幅度，并且分析它们的运算量并不大，应用这组预测参数可以降低存储音频信号的容量，实现有效的无损还原。

通常无损音频编码器预测精度越高，编码效率就会越高。大多数算法通过一些改进的线性预测模型去除数据冗余，并将线性预测器应用于每一帧数据，产生预测误差序列。预测器的参数，代表着从信号中移去的冗余，预测误差和无损编码预测器参数一起表示每一帧信号。

线性预测模型的基本原理是利用声音信号的相关性，用过去的样值 $x(n-1)$、$x(n-2)$、$x(n-3)$…来得到当前样本的预测值 $\hat{x}(n)$，如式(3-1)所示；然后，再把当前的样值 $x(n)$ 与预测值 $\hat{x}(n)$ 相减，得到差预测误差 $e(n)$，如式(3-2)所示；最后，对 $e(n)$ 进行编码。因为差值的动态范围要远小于真实信号的动态范围，这时即使仍采用原信号量化时采用的量化级，也可降低码位进行编码，进而实现比特率压缩编码。这种方法对于那些具有平稳特性的声音信号特别有效。

$$\hat{x}(n)=a_1\times x(n-1)+a_2\times x(n-2)+\cdots+a_m\times x(n-m) \tag{3-1}$$

$$e(n)=x(n)-\hat{x}(n) \tag{3-2}$$

2. 熵编码

首先熵编码移去误差信号的冗余，然后进行编码，在整个执行过程中，没有任何信息丢失，因此，熵编码是无损编码。熵编码通常使用 3 种：霍夫曼编码、哥伦布编码和算术编码。霍夫曼编码已在本书第二章中介绍，这里介绍后面两种编码。

1)哥伦布编码

哥伦布编码是信源概率分布为几何分布时的最佳码。许多压缩方法是基于游程编码的，设想一个二进制序列 0 出现的概率是 p，1 出现的概率即为 $1-p$。如果 p 很大，那么会出现很多的连续的 0。如果使用游程编码来压缩这个码流，出现连续 n 个 0 的概率是 p^n，那么出现连续 n 个 0 之后有 1 个 1 的概率是 $p^n(1-p)$。如此即说明这个游程长度是几何分布。通常的办法就是统计每一种长度的游程出现的概率，然后使用霍夫曼编码来得到最好的前缀码。在实际应用中，由于不能提前知道游程的种类数目，使用的办法是构建一个无限最优前缀码的集合。这样无论游程长度有多长都会有一个码字来编码。

非负整数的哥伦布编码取决于参数 m 的选择，计算非负整数 n 的哥伦布码的第一步是计算出以下 3 个参量：商 q、余数 r、c。

$$\begin{aligned} q &= \left\lfloor \frac{n}{m} \right\rfloor \\ r &= n - qm \\ c &= [\log_2^m] \end{aligned} \tag{3-3}$$

接下来，哥伦布码由两部分组成：第一个 q 使用一元码编码(q 个 1 加一个 0)；第二部分编码 r，r 由一种特殊的方式编码(截断码)。最初的 2^c-m 个值即非负整数编码用 $c-1$ 比特，剩下的用 c 比特(并且要求以全“1”为编码结束)。截断码：符号个数为 r 时，$r=2^k+l$，前 2^k-l 个符号使用 k 个比特自然二进制编码，后面 $2l$ 个符号使用 $k+1$ 个比特编码，编码方式为前面尚未使用过的二进制码后面加上 0 或 1。

当 m 为 2 的幂次方时，称之为 Rice 码，这时，对于余数 r 不存在使用 $c-1$ 比特进行编码，并且，使用的 c 比特编码也即为自然二进制码。

2)算术编码

算术编码的基本原理是将编码的信源符号表示成实数 0 和 1 之间的一个间隔(interval)(通常以间隔的下限代表此间隔)，消息越长，表示它的间隔就越小，也表示这一间隔所需的二进制位就越多。

算术编码用到两个基本的参数：信源符号的概率和它的编码间隔。信源符号的概率决定压缩编码的效率，也决定编码过程中信源符号的间隔，而这些间隔包含在 0 到 1 之间。编码过程中的间隔决定了符号压缩后的输出。可设置两个专用寄存器 C 和 A 来存储符号到来之前子区间的状态参数，令寄存器 C 的值为子区间的起始位置，寄存器 A 的值为子区间的宽度，该宽度恰好是已输入符号串的概率。再设 L 和 H 分别为编码字符的初始编码区间的低端和高端，则给定事件序列的算术编码步骤如下：

(1)初始化，$C=0$，$A=1$；

(2)当新的符号到来时，$C \leftarrow C+A\times L$，$A \leftarrow A\times(H-L)$；

(3)输入结束则输出当前间隔下界，否则转第(2)步。

算术编码的结果落在子区间[C,$C+A$)之内。输入的符号串中,符号出现的概率越大,则对应的子区间越宽,就可用长度较短的码字表示;符号出现概率越小,对应子区间就越窄,则需要较长的码字来表示。

假设信源符号为{00,01,10,11},这些符号的概率分别为{0.1,0.4,0.2,0.3}。根据这些概率,可把间隔[0,1)分成4个子间隔:[0,0.1)、[0.1,0.5)、[0.5,0.7)和[0.7,1)。

如果二进制消息序列的输入为10 00 11 00 10 11 01,则:

(1)首先输入的符号是10,其编码范围是[0.5,0.7),即$L=0.5$,$H=0.7$,因此$C=0+1\times 0.5=0.5$,$A=1\times 0.2=0.2$;

(2)由于消息中第2个符号00的编码范围是[0,0.1),因此$C=0.5+0.2\times 0=0.5$,$A=0.2\times 0.1=0.02$;

(3)第3个符号11的编码范围是[0.7,1),因此$C=0.5+0.02\times 0.7=0.514$,$A=0.02\times 0.3=0.006$。

以此类推,编码第4个符号00时,$C=0.514+0.006\times 0=0.514$,$A=0.006\times 0.1=0.000\,6$,…,最后的输出结果为所得区间的下边界即0.514 387 6。

二、常见无损音频编码

1. MPEG-4 ALS编码

MPEG-4 ALS编码基于预测编码理论,采用前向自适应预测编码技术来改进编码中的量化器性能,。输入音频数据按帧(frame)处理,首先存放于一块缓冲器中,然后由量化模块和系数估计来计算滤波器的最优系数并对其进行量化。接下来,LPC预测器再对量化后的预测系数进行预测,得到残差信号,由于残差信号的幅度比原始信号小很多,从而能获得编码增益。残差信号采用Golomb-Rice编码算法对数据进行熵编码,从而获得最终的相关边信息及其完整码字。这些数据与之前获得的量化系数一起送入比特流复用器,再加上相对应的边信息和头信息,最后得到压缩的数据比特流。编码器同时会提供校验机制(Cyclic Redundancy Check,CRC)。在此基本框架基础上,编码器还可选用联合立体声编码、随机存取和长短窗切换等技术,从而得到不同计算复杂度的压缩比特流。

1)MPEG-4 ALS线性预测技术

离散时间信号$x(n)$可近似的由它之前的k个信号预测得到,k为预测器阶数。

$$\begin{aligned}\hat{x}(n) &= \sum_{i=1}^{k} a_i x(n-i) \\ e(n) &= x(n)-\hat{x}(n)\end{aligned} \tag{3-4}$$

如果预测信号与原始信号非常接近,则误差信号$e(n)$(由式(3-4)计算)的方差和动态范围都小于$x(n)$本身,因此对$e(n)$信号量化和编码,在量化后的比特数都将会减少,可以实现压缩,并且在解码时只需要使用与编码器一样的预测器,就可以完整还原原始信号。

在前向线性预测中,最优预测系数a_i通常由协方差或自相关算法得到。如果增加预测器阶数,残差信号的方差将减小,则压缩后的比特数将会更少。残差比特数的减少是以滤波器系数的增加为代价的,因此,通常为了获得最少的比特数需要寻找最佳的阶数。利用Levinson-

Durbin 算法，在迭代的过程中可以计算出相应残差的方差，进一步得出残差的比特数的估计值，同时还可根据计算出的预测系数获得相应的比特。当阶数达到最佳时，总的比特数将会达到最小值。

2)MPEG-4 ALS 预测器系数的量化

一般时域中很小的量化误差也会在频域里产生较大的误差，直接对预测器系数进行量化对于传输来说是不太有效的。因此，通常不直接传送预测系数本身，而是转化为相应的反正弦系数进行传输。

对一个 k 阶预测滤波器，自相关系数为 $r_i(i=1,2,3,\cdots,k)$，可以通过 Levinson-Durbin 的递推算法计算出，反正弦系数可以通过对这些系数进行反正弦变换得到，算式为：

$$h_i=\arcsin r_i \tag{3-5}$$

每个 h_i 的值限定在 $\left[-\frac{p_i}{2},\frac{p_i}{2}\right]$ 之间，因此，对相应的自相关系数进行非线性量化，可以直接对这些反正弦系数采用一个 8bit 量化器进行线性量化得到，最后只需直接传输这些量化后的 8bit 索引。在解码端，经解码盒 Levinson 算法转化成相应的预测系数，可以得到稳定的预测滤波器，用于重建原始信号。

3)MPEG-4 ALS 长短窗切换

一方面，MPEG-4 ALS 编码在时频转换时，对原始输入信号采用固定帧长，帧长根据输入信号的采样频率来选择。例如，采样率为 48kHz 时，帧长为 2 048 点，当采样率为 96kHz 时，帧长为 4 096 点，从时间上来看帧长接近 43ms。

对于 1 帧数据来讲，通常被当作一个长块来处理，但有时为了适应暂态信号可再分为 4 个短块分别处理。长、短块之间的切换，会经过起始块和结束块的过渡，具体转换过程如图 3-5 所示，图中的 attack 表示出现暂态信号，需要启用短窗；no attack 表示是稳态信号，不需要启用短窗。因此，1 帧的信号可以对应 1×4 096 或者 4×1 024 个点。

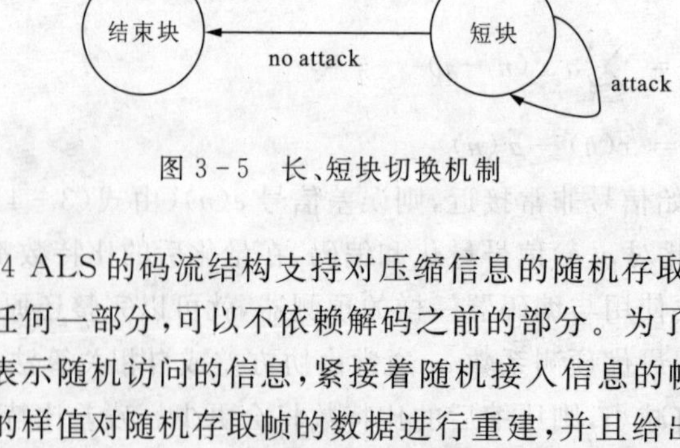

图 3-5 长、短块切换机制

另一方面，MPEG-4 ALS 的码流结构支持对压缩信息的随机存取，也就是说可以快速地访问音频编码后信号的任何一部分，可以不依赖解码之前的部分。为了实现此模块，编码器在比特流中加入一些帧来表示随机访问的信息，紧接着随机接入信息的帧成为随机存取帧。预测器不需要利用过去帧的样值对随机存取帧的数据进行重建，并且给出了它与下一随机帧之间的距离，因此，这样的码流结构设计可以非常容易地实现对压缩文件的后退、快进和搜索等操作。

4)MPEG-4 ALS 联合立体声编码

对于左、右声道信号相关性很强的情况，为了提高编码效率，可以采用联合立体声编码。$x_1(n)$表示左声道信号，$x_2(n)$表示右声道信号，$d(n)$表示两个声道的差信号，则：

$$d(n)=x_1(n)-x_2(n) \tag{3-6}$$

由于两个声道的相关性很强，因此只需要对 $d(n)$进行编码，而不需要单独对 $x_1(n)$和 $x_2(n)$进行编码，就可以很好地实现编码压缩比。

5)MPEG-4 ALS 熵编码

在默认的模式下，MPEG-4 ALS 算法采用 Golomb-Rice 码对预测器得到的残差信号 $e(n)$进行熵编码。对于 1 帧内的音频数据，可以划分成 4 个短块且每块使用不同参数的 Golomb-Rice 码编码，也可以 1 帧数据采用同一种 Golomb-Rice 码进行编码。Golomb-Rice 码的参数由残差 $e(n)$的统计学特性来决定，此类熵编码适合于数值呈几何分布的信源：$P_r\{r_\theta=i\}=(1-\theta)\theta^i, \theta\in(0,1)$。码字 $G_m(i)$由 1 位的 0、k 位的 1 和$\lfloor \log_2^m \rfloor$位的 $i \bmod m$ 组成，其中 $k=\lfloor i/m \rfloor$($\lfloor \cdot \rfloor$指取整)，参数 m 的计算公式为：

$$m=\lfloor \lg(1+\theta)/\lg\theta \rfloor \tag{3-7}$$

为了实现快速压缩编码，使参数 s 作为边信息与残差码字一起传输，通常 m 取最接近 2 次幂的数值，即 $m=2^s$，则可由移位运算来代替除法运算。实验表明，用 Golomb-Rice 码进行编码时，需要先对残差数值作如式(3-8)所示的映射，因为音频信号的残差分布非常接近 Laplacian 分布。

$$r'_i=\begin{cases}2r_i, & r_i\geqslant 0\\ -2r_i-1, & r_i<0\end{cases} \tag{3-8}$$

在估计 $r_1,\cdots,r_n$ 的 Golomb-Rice 码最优参数 s 之前，需要先计算它的绝对值的平均值：

$$u_n=\frac{1}{n}\sum_{i=1}^{n}|r_i| \tag{3-9}$$

然后，计算 s 的值：

$$s=\lfloor \log_2^{u_n}+c_1 \rfloor \tag{3-10}$$

式中：$c_1=0.97$。

目前，上述估值技术已经被多种压缩算法采用。事实上，平均值 u_n 收敛于 $E\{|r|\}$，该参数就可以转化为几何分布中的 θ。在 Golomb-Rice 码的基础上，MPEG-4 ALS 还进一步引进了改进的熵编码算法，以提高编码效率。

2. FLAC 编码

FLAC 是 Free Lossless Audio Codec 的缩写，中文可翻译为无损音频压缩编码，它的数据格式类似于常见的 MP3 文件，主要应用于音频编码领域。虽然 FLAC 能无损编码任何音频输入信号，但是只有某些特定的输入信号才能获得较好的压缩比，并且 FLAC 开发人员认为大多数音频输入信号之间都有明显的相关性。

在音频信号的范围内，又可以根据信号特征分成不同的子领域，如低比特率的语音信号、高比特率的多声道音乐信号等。虽然 FLAC 编码器并不是针对某种特殊的音频信号，但是参考编码器的默认参数主要是针对 CD 音质的音乐信号。

1)FLAC 编码的基本过程

FLAC 编码的几个主要步骤为：

(1)根据输入信号的采样率和频谱特性等因素，输入音频信号会被分割成不同长度的数据块(data block)。如果是立体声数据，编码器还会根据左右声道信号的平均值和差值产生 mid - side 信号。

(2)编码器试图通过预测器机制寻找信号的最优表达方式，以利于提高压缩效率。虽然 FLAC 提供了 4 种不同类型的预测器，但是依旧允许采用其他更有效的预测算法。如果预测器不能很精确地表示原始信号，则必须对预测信号和原始信号的差值(残差信号)进行无损编码。FLAC 目前只使用了一种方法对残差信号编码。

2)分块

对输入信号的分割长度(block size)会直接影响到编码器的压缩效率。如果分割长度太小，会导致分块太多，也就意味着在帧头处会耗费过多的 bits，压缩率不高。如果分割长度太大，由于信号特征变化范围太广泛，会导致编码器不能找到一个比较高效的预测器。因此，为了简化编码器/解码器的结构，FLAC 规定了最小的 block size 为 16 个采样点，最大的 block size 为 65 535 个采样点，这个范围刚好可以为 FLAC 音频编码提供最优的性能。值得一提的是，目前的参考编码器采用了固定的 block size。

每个 block 的数据又会被分为多个子块(subblock)，每次送一个 subblock 的数据到预测器。由于每个 subblock 的源数据被独立编码成子帧(subframe)，因此多个相邻的 subframe 又构成一个完整的帧(frame)。

3)立体声信号的去相关性

对于立体声音频数据，左、右声道之间都会有很强的相关性。FLAC 编码器可以根据数据特性，对左、右声道的数据采用最优的比特分配方式来实现最合理的编码方式。

(1)independent。左、右声道数据独立编码。

(2)mid - side。左、右声道被转换成中间声道和旁边声道编码。中间声道数据是左、右声道数据的平均值，旁边声道数据是左、右声道数据的差值。

(3)left - side。左声道和旁边声道数据被编码。

(4)right - side。右声道和旁边声道数据被编码。

经过大量实验证明，left - side 和 right - side 编码方式通常是效率最高的，甚至需要的比特数也远小于独立编码或者 mid - side 编码。

4)FLAC 预测技术

FLAC 的预测模型主要有如下 4 种，且不同 subblock 的预测模型可以不一样，需要根据当前输入信号特征来决定。

(1)verbatim。其实这是一个零阶预测器。预测信号全是零，意味着残差信号是它本身并且压缩率也是零，这是有别于其他预测机制的基础。如果需要编码随机数据，每个 subblock 都会使用 verbatim 预测器。因为原始信号并不会传输到残差编码器，所以编码结果将会不同于零阶线性预测器。

(2)constant。如果 subblock 数据始终是常数(digital silence)，信号会采用变长度编码，然后添加进 bitstream 里。

(3)fixed linear predictor。FLAC 使用有效的固定的线性预测器。它在 Shorten 编码器

的基础上添加了第四级预测。由于预测器是固定的，因此只要将预测器的系数添加到压缩数据中一起传输即可。

(4)滤波器(Finite Impulse Response，简称 FIR)线性预测器。为了达到更好的预测效果，FLAC 也支持 32 阶 FIR 线性预测器。参考的编码器使用 Levinson - Durbin 算法得到 LPC 系数，并且在残差编码之前进行量化。在不同的 subframe 之间，FLAC 量化系数的精度可以不同，而不像 Shorten 编码器必须使用固定的量化系数。FLAC 参考编码器根据 block size 和输入信号的动态范围来评估最后的量化精度。

5)残差编码

FLAC 目前主要使用 Rice 编码算法对残差信号进行编码，具体的实现方法又主要分为两种，根据当前待编码信号特征进行抉择。

(1)编码器根据残差信号的变化范围评估出一组 Rice 系数，然后对所有信号进行编码。

(2)将残差信号平均分割成等长的几个连续区域，每个区域使用不同的 Rice 系数进行编码。

6)比特流复用器

FLAC 的数据帧结构主要由帧头、数据和帧尾构成。帧头由同步码开始，紧接着是采样率、每个采样点的比特数等解码需要的基本信息。帧头中也可以包含 block number 和帧头的 8bits 循环冗余校验(Cyclic Redundancy Check，简称 CRC)校验码。同步码、帧头 CRC 和 block/sample 数允许任何时候的重新同步机制。帧尾数据则包含 16bits 的整个 frame 数据的 CRC 校验码，当 CRC 校验失败时，解码输出静音(可以有效避免杂音)。

3. APE 编码器

APE(Monkey's audio)也是一种无损压缩音频格式。庞大的 WAV 音频文件可以通过 Monkey's audio 这个软件压缩为 APE 文件，同样，APE 也可以通过此软件还原成 WAV，再刻录成 CD。它通常被用作网络音频文件传输，因为被压缩后的 APE 文件容量要比 WAV 源文件小一半多，可以节省带宽和传输时间。更重要的是，APE 文件解压缩后得到的 WAV 文件跟压缩前的源文件完全一致，没有任何音质损失。APE 的压缩算法跟 FLAG 很相似，下面简单介绍。

1)循环冗余校验

CRC 是 Cyclic Redundancy Check 的缩写，中文名称为循环冗余校验，它是一类重要的线性分组码，解码、编码的方法相对简单，纠错和检错能力强。由于数据在存储和传输时可能会因干扰等外界原因而发生变化，所以，一般会采用特定的数据校验算法来保证数据的完整性，APE 编码器就是利用 CRC 冗余校验来保证 APE 编码数据的正确和完整性，保证解码端能够解码出正确的值。

CRC 算法原理是将原始数据输入到一个已知的校验公式中，然后得到一定长度的 CRC 校验码，再把产生的校验码放到原始码流数据的后面，得到新的数据。因此，对于串行输出输入的系统，就需要不断地循环计算校验码，直到把全部数据计算结束。由于 CRC 校验码的作用只是为了保证数据的可靠性，它本身并不是系统要求传输的数据，因此对于系统来说它是冗余的，所以，APE 编码器可以计算 CRC 校验码进行传输，也可以不需要。计算 CRC，然后组成新数据的过程称为编码。用相同的方法把数据译码，通过对比两者结果，就可以发现数据是否已经发生了变化。最普通的 CRC 实现方法是使用 1 位数据输入，n 位长度的原始数据连续计算 n 次后得出校验码，这种串行计算结构简单且容易实现。但是这种串行计算方法也有其弊端，随着不断提高的通信速度，使得数据传输带宽要求 CRC 的计算速度必须越来越快，串行计算的方法已经不适应新的需求，越来越多的并行计算方法随之产生。

众所周知，在模运算中，模 2 加减法的结果是相同的，都可以通过逻辑“异或”运算完成，模 2 除法只有在除数为 1 时有效，并且结果维持不变，也可以看作是“异或”运算，模 2 乘法运算可以通过逻辑“与”运算完成。因此，二进制序列的数据流，可以用模 2 多项式来表示，多项式的系数就是序列值，比如，二进制数 110001 可以表示为 $1\times X^5+1\times X^4+0\times X^3+0\times X^2+0\times X^1+1\times X$，二进制序列最左边的二进制位表示次数最高的多项式系数。常用 8 位、16 位和 32 位的 CRC 校验公式分别为：

$$X^8+X^2+X+1 \tag{3-11}$$

$$X^{16}+X^{15}+X^2+1 \tag{3-12}$$

$$X^{32}+X^{26}+X^{23}+X^{22}+X^{16}+X^{12}+X^{11}+X^{10}+X^8+X^7+X^5+X^4+X^2+X+1 \tag{3-13}$$

APE 编码器的 CRC 校验方式也是采用“异或”的方式，按照左声道/右声道/左声道/右声道的顺序，以字节为最小单位计算 CRC 校验码，然后填充到编码数据码流里进行传输，最后在解码端进行译码，检测传输数据是否有改变。

2）APE 联合立体声编码

对于立体声音频信号，编码前要先去掉左、右声道的相关性，APE 采用目前广泛使用的中间/旁边声道编码，计算方式为：

$$X=(L+R)/2$$
$$Y=L-R \tag{3-14}$$

式中：X 表示中间声道；Y 表示旁边声道。

3）APE 预测器

为了消除信号的所有冗余数据，X 和 Y 数据需要经过预测处理。预测器的最终目标是在保证无损的条件下，使 X/Y 数据组的值越小越好，接下来是一个简单的预测例子。P_X 和 P_Y 分别是 X 和 Y 的预测值，X^{-1} 是 X 的前向第一个值，X^{-2} 是 X 的前向第二个值，即：

$$P_X=2\times X^{-1}-X^{-2}$$
$$P_Y=2\times Y^{-1}-Y^{-2} \tag{3-15}$$

若序列值 $X=(2,8,24,?)$，则 $P_X=2\times 24-8=40$，得到预测值和实际值的差值，并将该差值拿去作编码。

但是，通常好的预测器都是自适应预测器。如果定义一个常数 m，m 的取值范围是[0, 1 024]，在每次预测之后，m 需要根据当前预测效果进行自动调节，以上面的数据为例。假定 X 序列中“?”的值为 45，即 $X=(2,8,24,45)$，$m=512$，那么计算结果为 $R=45-(P_X\times m/1024)=45-(40\times 512/1024)=45-20=25$。可以看到，当经过当前预测之后，预测结果并不是很理想，因此 m 将会自动增大，以得到更好的预测值。

根据线性预测滤波器阶数的不同，APE 有 5 个可选编码级别，即快速编码模式（COMPRESSION_ LEVEL_ FAST）、普通编码模式（COMPRESSION_ LEVEL_NORMAL）、高速编码模式（COMPRESSION_ LEVEL_ HIGH）、超高速编码模式（COMPRESSION_ LEVEL_

EXTRA_HIGH)和疯狂编码模式(COMPRESSION_ LEVEL_ INSANE),不同编码级别的压缩比和速度也不一样。因此,为了实现不同级别的编码和高压缩效率,APE 编码器会根据不同的压缩级别使用不同阶数的预测器。

4)APE 数据压缩

数据压缩的目的是在保证不丢失音频信息的情况,使用最少的比特数来表征数据。APE 编码采用 Rice 编码,且主要编码步骤如下:

(1)根据待编码的数据范围,评估合理的编码比特数,称之为 k;

(2)记录下待编码数据的最右边 k bits 的值;

(3)记录下待编码数据左边$(n-k)$bits 的值;

(4)根据步骤(3),借用左边$(n-k)$bits 数据编码,$(n-k)$bits 表示填 0 的个数,接着是 1 bit 的 1,表示填 0 结束。

APE 在 Rice 编码之后,会将压缩的 bitstream 填入压缩文件中。同时,如同 MP3 文件结构一样,APE 压缩文件会在文件头和文件尾加入特有的文件头"MAC"、歌曲名、作者名等专辑相关信息,但是有些信息又不是必须的,可以根据具体应用决定是否填入此信息。

4. WMA 无损音频编码器

WMA Lossless(Windows Media Audio Lossless)是微软公司开发的一种无损音频算法,早在 2003 年就被正式使用。WMA Lossless 使用的数据结构(比如 packet layer 和 frame layer 等)跟 WMA Pro 是差不多的,并且都是以 ASF 结构为 WMA Lossless 码流的主要存储容器。

1)WMA 无损编码器结构

WMA 无损编码器主要是利用线性预测编码(LPC)、多声道的最小均方差算法(MCLMS)、级联最小均方差算法(CDLMS)和熵编码等算法来去除音频信号中的冗余信号,达到压缩的目的。如图 3-6 所示是 WMA 无损编码器的基本流程图,为了得到最优的压缩效率,这些滤波器都是级联的。因为编码算法的基本理论就是时域预测算法,所以 LPC 滤波器的输入就是 PCM 采样点。当前帧的预测系数是由先前帧的系数预测得到,并且预测误差信号会被传递到下一级进行运算或者编码到码流中。在解码时,执行跟编码器相反的操作。在解码时,预测误差信号会被混合到预测值中,以得到原始信号。因此,在解码时,每一种滤波器都需要两块存储空间。一块存储空间用来保存滤波器的系数,另一块存储空间用来保存之前的预测系数。然而,对于 LMS(Least Mean Square)和 MCLMS(Multichannel Least Mean Square)滤波器,由于是自适应滤波器,需要更多的存储空间。

2)WMA 线性预测器结构

WMA Lossless 使用的线性预测滤波器 LPC 是 40 阶 FIR 滤波器。lpc_coeffs 是保存的当前帧的滤波器系数,lpc_revalues 是之前的滤波器系数,lpc}revalues 主要在解码器端用到,如表 3-3 所示。

WMA 无损编码器里面还会用到一个所谓的 AC 滤波器,但是此 AC 滤波器其实是一个单纯的 LPC 滤波器。AC 滤波器的主要作用是用来检测当前的输入信号是常态信号还是瞬态信号,并将检测结果传到后端进行处理。如表 3-4 所示,AC 滤波器是 16 阶的 LPC 滤波器。acfilter_coeffs 是当前的滤波器系数,acfilter_revalues 是之前的数值。

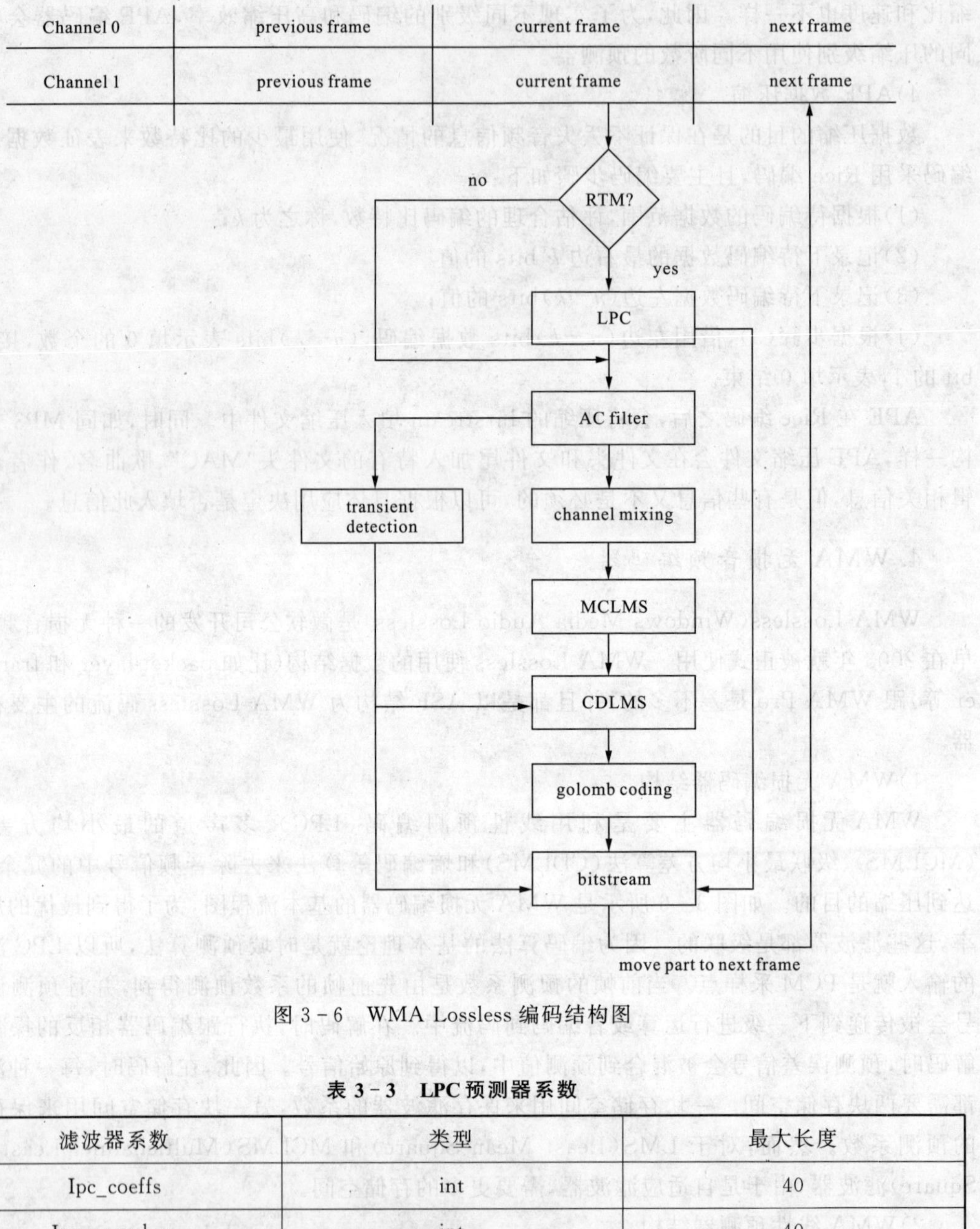

图 3-6　WMA Lossless 编码结构图

表 3-3　LPC 预测器系数

滤波器系数	类型	最大长度
lpc_coeffs	int	40
lpc_prevalues	int	40

表 3-4　AC 滤波器系数

滤波器系数	类型	最大长度
acfilter_coeffs	int	16
acfilter_prevalues	int	16

3)WMA 最小均方差滤波器

LMS 算法是自适应滤波器中常用的一种算法,由于它使滤波器的输出信号与期望响应之间的误差的均方差最小,因此被称为最小均方自适应滤波器。LMS 算法与维纳算法不同,系统的系数随输入序列而改变。LMS 算法则是对初始化的滤波器系数依据最小均方误差准则进行不断修正来实现的,而维纳算法截取输入序列自相关函数的一段构造系统的最佳系数。

构成自适应数字滤波器的基本单元是自适应线性组合器。假设线性组合器的 m 个输入为 $x(k-1),\cdots,x(k-m)$,输出 $y(k)$是这些输入加权后的线性组合,即:

$$y(k)=\sum_{i=1}^{m}w_i x(k-i) \tag{3-16}$$

定义权值向量 $\boldsymbol{W}=[w_1,w_2,w_3,\cdots,w_m]^T$,且 $X(k)=[x((k-1)^T),\cdots,x((k-m)^T)]^T$。

令 $d(k)$代表"所期望的响应",误差信号被定义为:

$$e(k)=d(k)-y(k)=d(k)-\sum_{i=1}^{m}w_i x(k-i) \tag{3-17}$$

式(3-17)写成向量形式:

$$e(k)=d(k)-\boldsymbol{W}^T X(k)=d(k)-X^T(k)\boldsymbol{W} \tag{3-18}$$

则误差平方计算公式为:

$$e^2(k)=d^2(k)-2d(k)X^T(k)\boldsymbol{W}+\boldsymbol{W}^T X(k)X^T(k)\boldsymbol{W} \tag{3-19}$$

均方误差为对式(3-19)两边取数学期望:

$$E\{e^2(k)\}=E\{d^2(k)\}-2E\{d(k)X^T(k)\}\boldsymbol{W}+\boldsymbol{W}^T E\{X(k)X^T(k)\}\boldsymbol{W} \tag{3-20}$$

定义自相关函数矩阵和互相关函数行向量礁为:

$$\boldsymbol{R}_{XX}=E\{X(k)X^T(k)\} \tag{3-21}$$

$$\boldsymbol{R}_{xd}^T=E\{d(k)X^T(k)\} \tag{3-22}$$

则均方误差可以表示为:

$$E\{e^2(k)\}=E\{d^2(k)\}-2R_{xd}^T\boldsymbol{W}+\boldsymbol{W}^T R_{XX}\boldsymbol{W} \tag{3-23}$$

这表明均方误差是权系数向量 $\boldsymbol{W}$ 的二次函数,它是一个中间向上凹的抛物线曲面,是只有一个最小值的函数。沿抛物形曲面下降方向找最小值,相当于调节权系数使均方误差为最小,也可以用梯度来求该最小值。

在 WMA Lossless 编码算法里,有 CDLMS 和 MCLMS 两种最小均方差滤波器。CDLMS 滤波器组里面的每个 LMS 滤波器都需要 3 块存储空间来计算预测值,即分别是 lms_prevalues、lms_ coeefs 和 lms_updates,具体的阶数和类型如表 3-5 所示。

表 3-5　CDLMS 滤波器系数

滤波器系数	类型	最大长度
lms_prevalues	int-24bits short-16bits	256*2
lms_coeffs	short	256
lms_updates	short	256*2

MCLMS 主要是多声道数据的处理，需要 4 块存储空间来完成每一个采样点的预测运算，即分别是 mclms_prevalues、mclms_coeffs、mclms_coeffs_curr 和 mclms_update，如表 3-6 所示。

表 3-6　MCLMS 滤波器系数

滤波器系数	类型	最大长度
mclms_prevalues	int-24bits short-16bits	8 * num_channels * 2
mclms_coeffs	short	8 * num_channels * num_channels
mclms_coeffs_curr	short	num_channels * num_channels
mclms_updates	Short	8 * num_channels * 2

整个预测运算结束之后，WMA 无损音频编码器将会对预测信号编码，也是采用最常见的 Golomb 编码算法，然后，对编码后的 bitstream 再按照特定的语法结构写到文件中，形成 WMA 无损音频数据码流。

5. WavPack 编码器

David Bryant 在 1998 年开始了 WavPack 的开发并发布了 1.0 版本，第一个版本只有无损压缩解压音频这项功能，但是当时它就已经跻身效率与速度比最好的编码器之列了。WavPack 不仅允许用户压缩、解码 8/16/24/32 位浮点表示的 WAV 格式音频文件，而且它还支持多声道的数据流以及非常高的采样率。与其他无损压缩机制一样，这种算法的压缩比例也会根据源数据的不同而变化，但是对于普通的流行音乐来说压缩比通常介于 30%～70%之间，对于古典音乐及其他频域较宽的音乐来说通常会得到更高的压缩比。

另外，WavPack 不仅仅是一种无损压缩格式，它还能同时作为有损压缩格式。在独特的“混合压缩”模式下，WavPack 可以压缩成一个后缀为 wvc 的文件（大小约占 WAV 文件的 41%左右，是修正文件）和一个后缀为 wv 的文件（大小约占 WAV 文件的 23%左右，是有损编码格式）的组合。因为有了与之对应的 wvc 修正文件，有损编码格式的 wv 文件就变成了无损格式，播放效果与普通的无损音频压缩格式完全一样。如果去掉这个 wvc 文件，可以减小文件体积，这时 wv 文件就又变成有损压缩格式了，这样播放起来就和比特率较高的 MP3 文件完全一样。也就是说，WavPack 编码算法同时兼容了有损编码格式和无损编码格式，且为了比较方便地使用 WavPack 音频，可以通过使用 WavPackFrontend 前台程序来实现。

为了保证压缩性能，WavPack 编码使用整数算术这样一种非常简单的预测技术，在“最快”模式下，预测值是前面两个采样值的简单数学外推。例如，如果前面两个采样值是 20 和 －10，那么预测值就是 20。在缺省模式下，可使用一个简单的自适应因子衡量前面采样值对于预测值影响的权重，并且将权重加入到计算当中。在这个例子中预测值可能在 20～50 之间变化，也就是前面的采样值从没有影响到影响最大这样一个范围变化。因为这个权重因子是随着音频数据的频谱特性而不断变化，所以它是自适应的。

接下来要从待编码的实际采样值中减去生成的预测值，从而得到预测误差。在单声道模式下，这个预测值只需要直接送到编码器中去，但是，对于立体声信号，两个声道之间的数据通常都会有很强的相关性，所以左、右声道要分别计算出各自的误差值。在“快速”运算模式下这两个新生成的值直接被送到编码器而不需要计较它是左声道还是右声道。在缺省模式下，这个误差值总是随着左、右或者平均三者之一发送到编码器。自适应算法会根据声道不断变化的平衡性来评估确定发送三者中最为有效的一个。

WavPack 使用的是 David Bryant 开发的一个独特的数据编码器，他认为这个编码器有两个方面会比 Rice 编码更优秀。对于这种类型的数据来说 Rice 编码代表了最优的 bit 位编码，WavPack 编码要略逊一筹，大约差距是 0.15bit/采样值，也就是说每 16 位数据大约差 1%。WavPack 编码器的第一个优点是在编码前数据无须缓存，它会将每个采样值直接转换成 bit 码，从计算的角度来讲这样做效率会更高，在一些延迟控制的应用中表现得更好。第二个优点是很容易适应有损编码，这是因为除了隐含的一个最高位之外所有重要的数据位都直接进行发送。按照这种方法，就可以只传送每个采样值中带有符号的最高 3 位，实际上，也可以只传送符号位和用平均 3.65 位采样位数表示的隐含最高位的采样值。这个编码机制用于实现 WavPack 的有损模式。在“快速”模式下，非自适应去相关的输出只是简单地四舍五入到最近的特定位数的编码值。在缺省模式下，使用自适应的去相关可以将噪声平均减小 1dB，并且当前以及下一个采样值在选择两个可用的编码值时都可以参与衡量，这种方法又将噪声减小 1dB。

WavPack 算法的数据处理都采用整数运算。因为浮点运算相对比较复杂，在不同的“正确”实现之间也可能有微小的差别，对于这类应用可能会带来麻烦。

同时，为了进一步加强 WavPack 压缩数据的完整性，编码器在生成的数据流后有一个 32 位的错位检测码。在解码端，可以根据这个 32 位的检测码来判定当前待解码的数据流的正确性。

6. ALAC 编码器

ALAC(Apple Lossless Audio Codec)是苹果公司开发的无损音频编/解码方案。从 2004 年 4 月发布的 iTunes 4.5 开始就可以使用，能够用 iPod 等播放。无损压缩与通常的文件压缩相同，可以将被压缩的数据完全恢复成以前的数据，从原理上来讲，它是完全保留音质的压缩方式。同时，压缩率跟语音内容有很大的关系，不能一概而论，但如果与其他的无损压缩方式相比，把 CD 作为音源，常常可以压缩到 1/2～1/3，且编/解码速度较快。

7. SHORTEN 编码器

SHORTEN 编码器是一种编码速度非常快的无损音频编码器。它主要用于编码 CD 音质的音乐文件，采样率为 44.1kHz，每采样值为 16bits 的 PCM。但是，SHORTEN 编码器的压缩率非常不理想，尽管也是开放源码且同时支持 Windows 和 Mac，却已经很久没有更新编码版本了。

8. LA 编码器

LA 是 Lossless Audio 的缩写，它的名气虽然不大，但却是目前的压缩比冠军，压缩率无人能敌，包括一向以压缩率高而著称的 APE。但是，正因为它的压缩率太厉害，导致它的编/

解码速度非常慢,而且支持它的软件业非常少,仅限于 LA 自己开发的 Winamp 解码插件和 Windows 界面的编码器。

第三节 感知音频编码技术

一、常见感知音频编码标准

1. DRA

DRA 标准是广州广晟数码技术有限公司自主研发的一项音频编/解码核心技术,并经过电子行业标准管理部门审查后编制而成。该标准支持立体声和多声道环绕声的数字音频编/解码,并具有解码算法简单、音效好、压缩比高等优点。该技术于 2007 年 1 月被采纳成为中国电子行业标准。DRA 也属于基于心理声学模型对样本频谱进行量化和比特分配的感知音频编码,采用了与以往编码标准中不同的自适应多分辨率分析技术,针对当前帧的音频信号特性,有 13 个窗可供选择,实现了对音频信号的精确分解。DRA 还采用了量化与熵编码的独立化处理,即选择码书与量化单元独立化,这大大地提高了码书应用范围划分及码书分配的灵活性,使得码书根据音频信号频谱的统计特性精确分配,提高编码性能。DRA 标准支持的采样频率范围为 8～192kHz,声道数为 1.0～64.3,采样精度为 24bits,并支持 3 种码流格式(AR/VR/CR)。

2. AVS

AVS 音频编码标准是 AVS 标准的第三部分,通常简称 AVS-P3。AVS 是我国具有自主知识产权的数字音频技术标准,具有编码效率高和硬件实现简单等优点。AVS-P3 支持的采样频率范围为 8～96kHz,输出比特率为 16～96kbps/ch,同时支持单声道、双声道和多声道的 PCM 音频信号输入,以及比特流精细可伸缩编码。可伸缩编/解码步长在编码速率 16～79kbps/ch 以下为 1kbps/ch,编码速率 80～96kbps/ch 略大于 1kbps/ch,以 64kbps/ch 码率进行编码可以实现透明音质效果。AVS-P3 中涉及的主要核心技术包括以下几部分:基于上、下文位平面无损编码(Context Based Coding,简称 CBC)、频域多分辨率分析(Multi-resolution Analysis of Frequency Domain,简称 MRAFD)、量化域方极坐标立体声编码(Post Quantization-Square Polar Stereo Coding,简称 PQ-SPSC)。AVS-P3 可用于无线宽带多媒体通讯、高密度激光数字存储媒体、高分辨率数字广播、互联网宽带流媒体等业务。

3. MPEG-1 音频编码标准

MPEG-1(ISO/IEC 11172-3)是 MPEG 工作组制定的第一个数字音频信号压缩编码标准,此标准基于自适应掩蔽模式通用子带综合编码与多路复用(Masking Pattern Adapted Universal Subband Integrated Coding And Multiplexing,MUSICAM)和自适应频谱感知熵编码(Adaptive Spectral Perceptual Entropy Coding,ASPEC)两种算法。此标准按照音频信号编/解码算法的复杂度以及压缩性能分为Ⅰ、Ⅱ、Ⅲ 3 个层次。层Ⅰ是 MUSICAM 算法的简化形式，算法实现容易，但是要获得高质量的音频信号，码率需要达到 192kbps 以上，因此这层算法一般应用在不要求码率的情况下。层Ⅱ与层Ⅰ类似，也是 MUSICAM 的简化形式，但是在量化上比层Ⅰ做得更细，从而算法的复杂度也比层Ⅰ高，属于中等复杂度。在效果上，要达到与 CD 音质类似的声音，码率需要在 128kbps 以上。层Ⅲ在算法上与层Ⅰ和层Ⅱ有较大的区别，结合了 MUSICAM 和 ASPEC 的优点，编码效果比前两层要好很多，可在低于每声道 128kbps 的码率下达到非常好的音质，但是算法的复杂度较高，实现比较困难。层Ⅲ与前两层对比增加了一些处理模块，如心理声学模型Ⅱ、比特池缓冲技术、预回声控制、多相滤波器组和 MDCT 的混合滤波器组、非均匀量化和熵编码技术。MPEG 的第三层就是 MP3，好的音质效果、高的压缩比和开放性使它成为应用中最广泛的一种音乐压缩格式。

4. Dolby AC－3

美国杜比实验室对多声道环绕立体声编码进行了研究，先后推出了音频编码的 3 个版本：AC－1(Audio Coding－1)、AC－2、AC－3 技术。AC－3 是一种高效率编码，支持采样频率 32kHz、44.1kHz、48kHz，声道数从单声道到 5.1 环绕立体声，编码器输出码率范围为 32～640kbps。在音频编码技术上，采用自适应变换编码、频率选择性滤波器组、接近人耳的掩蔽特性，采用改进的余弦变换（MDCT）的时频变换。在时频变换的过程中通过增加可变窗处理，满足信号在不同情况下对时频分辨率的需求，同时自适应多分辨率分析技术能有效地抑制预回声的产生。除此之外，AC－3 编码优点在使用灵活性上比较突出。

5. MPEG－2 AAC

MPEG－2 AAC(ISO/IEC 13818－7)是 MPEG－2 中的一种感知音频编码标准，它主要利用人耳听觉系统的掩蔽特性掩蔽量化产生的噪声，获得低码率和透明音质双重效果。在噪声掩蔽上，利用全局信号掩蔽分散到各个子带的量化噪声。AAC 标准支持的采样率范围为 8～96kHz，还支持单声道、立体声和多声道环绕立体声。AAC 标准最多可以支持 48 个主声道、16 个低频音效加强通道（Low Frequency Effects，简称 LFE）、16 个配音声道（Overdub Channel，或者叫多语言声道）和 16 个数据流。编码压缩比为 11∶1 时，输出和输入的声音在主观效果上没有差别。与 MP3 相比，输出码率仅是 MP3 码率的 70%，就可以达到 MP3 的音质效果。

6. MPEG－4 AAC

MPEG－4 AAC(ISO/IEC 14496－3)以 MPEG－2 AAC 为核心，在 MPEG－2 AAC 上增加了对具有相似噪声频谱的音频信号处理的感知噪声替代技术（PNS）和具有显著基音特性的音频信号处理的长时预测技术（LTP）。此标准的编码框架与 MPEG－1 的相似，根据编/解码算法的复杂度将它分为 4 层，即主层次（MAIN）、低复杂度层次（Low Complexity，简称 LC）、采样可分级层次（Scale Sampling Rate，简称 SSR）和长时预测层次（Long Term Prediction，简称 LTP）。此标准可以在 64kbps 的码率下达到 CD 的音质效果，编码效率和编码质量与以前相比有很大的提高。

二、感知音频编码中的主要算法

1. 时频变换

在传统信号处理方面，利用傅立叶变换得到信号在频域的频谱特征。尽管这种变换方式在传统的信号处理方面起到了举足轻重的作用，但是这种方法对信号的分析不是在时域就是在频域，只能反映整体的频域特征，对信号的局部特性分析得不够，从而对信号分析不够精确。随着人们对信号处理技术的研究，整体变换的傅立叶变换形式得到了改进。

信号一般分平稳信号和非平稳信号，平稳信号的分析主要针对时域或频域的全局特性就够了，但是非平稳信号的相关函数和功率谱都是时变函数，全局频域和时域都不能很好地表示信号频谱随时间变化的特征，从而产生了采用时间和频域共同参数来描述信号的时频分析法。

在非平稳信号分析方面，20 世纪 40 年代，Koening 等提出了语谱图（Spectrogram）算法，简称为短时傅立叶变换（Short - time Fourier Transform，简称 STFT）的模平方，STFT 定义为：

$$X_n(\mathrm{e}^{\mathrm{j}\bar{\omega}}) = \sum_{m=-\infty}^{\infty} x(m)w(n-m)\mathrm{e}^{-\mathrm{j}\bar{\omega}m} \tag{3-24}$$

式中：$w(n-m)$是窗口函数序列，不同的窗口函数序列，将得到不同的傅立叶变换的结果。短时傅立叶变换有两个自变量 n 和 $\bar{\omega}$，所以，短时傅立叶变换既是时间 n 的离散函数，又是关于角频率 $\bar{\omega}$ 的连续函数。短时傅立叶变换是针对音频类非平稳信号提出来的，主要原理为非平稳信号中的时间段足够小的信号段可以近似为平稳信号，然后对它进行 FFT 变换，得到该信号段的频域参数。时域窗函数把非平稳信号截成小的信号段，然后用平稳信号分析的方法对它进行分析，并且沿着时间轴进行移动，这样就对整个非平稳信号中的局部特性进行了分析。尽管 STFT 存在频域分辨率不高的缺陷，但凭借算法复杂度低、时域分辨率高、实现容易的优点，成为了非平稳信号分析不可缺少的一种思想和工具。

在音频编码方面，音频信号一般都为非平稳信号，然而在特别小的时间段内是平稳的，因此短时分析技术常常应用到音频编码当中，短时的范围通常为 20～30ms。音频编码中的时频变换一般先进行分帧处理，然后对帧信号进行改进的离散余弦变换（Modified Discrete Cosine Tansform，简称 MDCT）。常见音频编/解码标准均采用了多分辨率时频分析技术，可以实现不同的时间和频域分辨率，如 MP3、MPEG - 2 AAC、AVS、Dolby Digital。

时频变换主要是进行加窗的 MDCT 变换，MDCT 有时也被称为 TDAC（Time Domain Aliasing Cancellation，简称 TDAC）和 MLT（Modulated Lapped Transform，简称 MLT）。利用加窗和重叠技术消除了帧与帧边界间的不连续，有效地避免了音频中块效应的出现，消除了音频中的分块噪声（“咔咔”噪声）。下面的 MDCT 公式将时域中 $2M$ 个样本变换到 M 个频域系数：

$$X_{t,k} = \sum_{n=0}^{2M-1} x_{t,n}P_{k,n} = \sum_{n=0}^{2M-1} x_{n+tM}P_{k,n} \tag{3-25}$$

式中：x_{n+tM} 为输入 PCM 样本；$x_{t,k}$ 为输出的频谱系数。

对于 $0 \leqslant k < M$，即：

$$P_{k,n} = w(n)c_{k,n} \tag{3-26}$$

$$c_{k,n}=\sqrt{\frac{2}{M}}\cos\left(\frac{\pi}{M}\left(n+\frac{M+1}{2}\right)\left(k+\frac{1}{2}\right)\right) \tag{3-27}$$

式中：$P_{k,n}$ 为 MDCT 正变换和反变换中最基本的函数；$w(n)$ 为分析窗函数，功能类似滤波器中的低通滤波器。恢复原始序列，反变换公式为：

$$\widetilde{x}_{t,n}=\sum_{k=0}^{M-1}X_{t,k}P_{k,n} \tag{3-28}$$

对于 $0\leqslant n<2M$，使用长度为 M 的频谱系数序列 $X_{t,k}$，恢复长度为 $2M$ 的时域 PCM 序列 $\widetilde{x}_{t,n}$，但是不能完全地恢复出原始序列 $\widetilde{x}_{t,n}$。从某种意义上来讲，它包括时域混叠部分，通过连续两帧的联合处理能消除此混叠，公式为：

$$\hat{x}_{t,n}=\hat{x}_{n+tM}=\widetilde{x}_{t-1,n+M}+\widetilde{x}_{t,n} \tag{3-29}$$

对于 $0\leqslant n<M$，要使序列得到完备重构（Perfect Reconstruction，简称 PR），窗函数 $w(n)$ 必须满足下面的条件才能消除时域混叠：

$$\begin{cases}w(n)=w(2M-1-n)\\ w^2(n)+w^2(M+n)=1\end{cases} \tag{3-30}$$

为了保证样本序列重建，在编码中通常使用满足此条件的正弦窗，窗函数如下：

$$w(n)=-\sin\left[\left(n+\frac{1}{2}\right)\frac{\pi}{2M}\right] \tag{3-31}$$

当稳态帧与瞬态帧切换时，所使用的切换窗也需要满足以下条件：

$$\begin{cases}h_{N+k}\cdot h_{2N-1-k}=g_k\cdot g_{N-1-k}\\ h_{N+k}^2+g_k^2=1\end{cases} \tag{3-32}$$

式中：h_k 和 g_k 都是窗函数。

MDCT 的另外一个重要特性是能实现信号的能量压缩，去除了信号时域上的冗余，在大多数音频信号的情况下，能将信号的 90％能量压缩到 10％的变换后频谱归一化区域内，为后面的量化编码作准备。

2. 心理声学模型

心理声学模型是声音激励和听觉感知之间的数学模型，它是感知音频编码的核心部分，它的不断成熟为音频编码提供了理论基础及应用方法。心理声学模型主要任务就是利用人耳的生理特性，通过实验抽象出一个数学模型，估算出人耳对音频信号的掩蔽效应，从而为量化比特分配提供掩蔽阈值参数。

当量化误差的噪声声压级低于掩蔽阈值时，就能将它隐藏在与信号相关的听阈下，即人耳感觉不到噪声，做到了低码率、高音质的效果。心理声学模型中涉及一些专业术语，简述如下。

1)绝对掩蔽阈值

绝对掩蔽阈值指在没有噪声的情况下，人耳能听到纯音的最小能量值，单位为 dB SPL（Sound Pressure Level，简称 SPL）。绝对掩蔽阈值的经验公式为：

$$T_Q(f)=3.64f^{-0.8}-6.5e^{-0.6}(f-3.3)^{-2}+10^{-3}f^4 \tag{3-33}$$

式中：f 为音频信号频率，根据式(3-33)可以得到绝对掩蔽阈值 T_Q。从公式中可以看出，绝对掩蔽阈值的大小与频率之间有很大的关系，不同频率决定了不同绝对掩蔽阈值，将各个可听频率所对应的掩蔽阈值连成曲线则得到绝对掩蔽阈值曲线。一般人耳最敏感的频率段在 500

～5 000Hz 范围内。

绝对掩蔽阈值的概念表明：对于无法被人耳听到的频率范围内的音频信号和虽然在人耳能听到的频率范围但是分贝不够的音频信号，由于它的不可感知性，将它认定为感知冗余，感知音频编码技术可以在处理的时候忽略它。

2)临界频带

20 世纪三四十年代，在关于人耳的听觉频域掩蔽和频域分辨力的实验中，发现了这样一个现象：在某一段频率范围内，当响度相等的纯音和噪声同时发生时，纯音刚刚好能被感知到，处于没有被噪音掩蔽的临界状态。于是他提出临界频带(critical band)的概念并给出了一个完整临界频带的定义：当噪声掩蔽纯音时，起作用的是以纯音频率为中心频率的一定频带宽度内的噪声频率，如这频带内的噪声功率等于在噪声中刚能听到的该纯音的功率，则这频带就称为听觉临界频带。

临界频带的单位用 Bark 表示，一个临界频带的带宽称为 1 Bark。Bark 与频率 f 的关系如下：

$$z(f)=13\arctan(0.76f)+3.5\arctan\left[\left(\frac{f}{7.5}\right)^2\right] \tag{3-34}$$

频率 f 所处的临界频带带宽为：

$$Bw(f)=25+75(1+1.4f^2)^{0.69} \tag{3-35}$$

根据以上公式以及大量的实验，将人类的听觉区域大致划分为 25 个临界频带。由于同一个临界频带内的音频信号具有相同的心理声学特性，也只有位于临界频带内的信号之间才能产生掩蔽效应，因此，临界频带在感知音频编码技术的分析和计算中发挥着无比重要的作用。

3)掩蔽效应

掩蔽效应(masking effect)指人的耳朵只对最明显的声音反应敏感，而对于不明显的声音，反应则较不敏感。例如在声音的整个频率谱中，如果某一个频率段的声音比较强，则人就对其他频率段的声音不敏感了。

心理声学模型中的掩蔽效应实际上就是指一个音频可以使人的听觉系统感觉不到另一个声音的存在。前者称为掩蔽音(masking tone)，后者称为被掩蔽音(masked tone)。掩蔽效应按发生的位置分为频域掩蔽和时域掩蔽两种。

(1)时域掩蔽。时域掩蔽指的是掩蔽声与被掩蔽声不同时出现的时域现象，当一个强响度的音频信号出现时，可掩蔽前后出现弱响度的音频信号，又称为异时掩蔽。时域掩蔽根据掩蔽效应发生在掩蔽音的时间先后可以分为前向掩蔽(pre-masking)和后向掩蔽(post-masking)，当掩蔽效应发生在掩蔽声出现之前的则称为前向掩蔽，否则称为后向掩蔽。时域掩蔽是一种弱掩蔽效应，它随着时间的推移而衰减。一般情况下，前向掩蔽持续时间为 5～20ms，而后向掩蔽可以持续 50～200ms。

时域掩蔽效应体现了掩蔽效应在时域上的特性，产生时域掩蔽的主要原因是人的大脑处理信息需要花费一定的时间。因此，它为量化编/解码中的预回声的产生及解决问题提供了一种新的思路。

(2)频域掩蔽。在频域上，邻近的两个音频信号同时发生时，弱响度的音频信号会被强响度的音频信号所影响，变得不可闻，这就是频域掩蔽。由于频域上的掩蔽音和被掩蔽音是同时发生的，也称为同时掩蔽。

从人类的听觉系统来说，音频信号和噪声的掩蔽效能是不对称的，并且与此信号的临界带宽有关。频域掩蔽发生时，强响度的音频信号将附近频域范围的绝对掩蔽阈值拉高，从而在附近产生新的频率掩蔽门限。如果在这个强响度信号发生的同时发生了弱响度的信号，那么即使这个弱响度的信号分贝值大于它本身的绝对掩蔽阈值，但是没有超过强响度信号所产生的新的掩蔽门限，那么同样不能被感知。

频域掩蔽体现了掩蔽效应在频域上的特性，它明确地阐述了音频信号中的感知冗余及其不相干性，为提升音频编码中的编码压缩性能及消除量化噪声问题提供了解决的理论基础。

3. 量化和编码

量化在感知音频编码中的作用是利用心理声学模型计算出的掩蔽阈值对频谱数据进行量化，通过调节量化步长使它产生的量化误差低于掩蔽阈值。在音频编码中量化分均匀量化和非均匀量化两种。在均匀量化中，量化步长 Δ 常由以下公式给出：

$$\Delta=\frac{x_{\max}-x_{\min}}{L} \tag{3-36}$$

式中：$x_{\max}$ 和 $x_{\min}$ 为输入频谱幅度的最大值和最小值；L 为量化阶数。

在音频信号的量化上，MP3 和 AAC 均采用了非均匀量化模式对 MDCT 系数进行量化，量化公式如下：

$$X_q(i)=n\text{int}\left[\left(\frac{|X(i)|}{\Delta}\right)^{\frac{3}{4}}-0.0946\right] \tag{3-37}$$

式中：$X(i)$ 和 $X_q(i)$ 分别表示 MDCT 变换系数中第 i 个 MDCT 系数和它量化后的值。

这个公式在量化前进行了输入值变换成它的 3/4 幂处理，这增加了小值成分。总之，在量化过程中，大的幅值输入相当于进行了较大步长的量化，小的幅值输入相当于进行了较小步长的量化。通过适当的调节量化步长，可以使量化产生的量化噪声处于掩蔽阈值下。

熵编码属于无损变换，就是将量化后的频谱值按码表生成码字。由于音频信号的高频部分信息比较少，量化后，高频部分的频谱部分为零或可以忽略不计，不需编码传输，从而节省了大量的比特资源，起到了数据压缩的作用。在不同的标准中，熵编码的形式也不同。MP3 中将量化后的频谱分成大值区、小值区和零区，小值区内的幅值范围为(−1,0,1)，零值区内频谱幅值全部为零，其余的为大值区。大值区内共用一个码书进行熵编码，小值区可使用不同码书进行编码，零值区不进行编码。DRA 中将量化后的频谱系数分为零区和非零区，零区和 MP3 一样也不进行编码，非零区按频谱线的统计特性分段，每段用一个码书进行熵编码。

4. 组织码流

码流也就是编码后码字的有序比特流，各个标准的码流的组织形式也不同。但是一般都符合图 3-7 中的组织形式，同步字代表音频数据帧的开始，为解码断提供帧同步信息，帧头数据通常包括帧长、声道数、和差编码模式、联合强度编码模式等参数。主数据为量化后的频谱经过熵编码后的码字信息，辅助信息为解码提供一些解码过程中用到的参考信息。

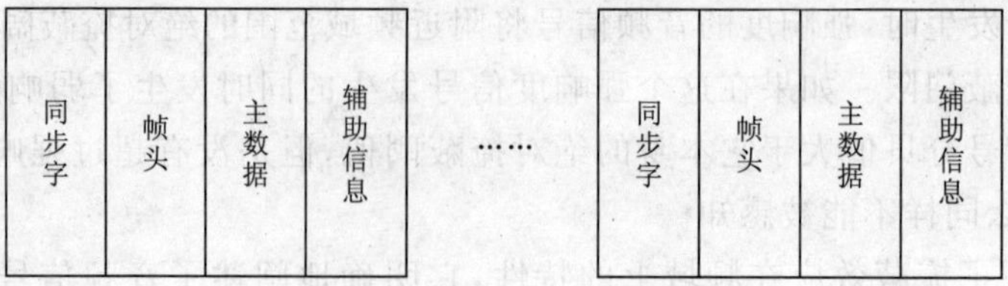

图 3-7　音频码流结构

本章小结

笔者首先介绍了数字音频压缩编码的基本知识和基本原理、音频编/解码器的性能指标及其评价方法、数字音频编码技术的分类以及常见的音频编码标准概况。其次具体介绍了无损音频编码的基本原理和几种常见无损音频编码方法。最后介绍了感知音频编码的相关标准和感知音频编码的主要算法。

习　题

1. 简要说明数字音频编码的必要性和可行性。
2. 数字音频编/解码的性能指标有哪些？
3. 根据编码方案，音频编码技术可以分为哪些类型？
4. 无损音频编码主要包括哪些环节？
5. 常见的无损音频编码器有哪些？
6. 什么是感知音频编码？有哪些常见的感知音频编码标准？
7. 感知音频编码中的主要算法包括哪些？这些算法的功能是什么？

第四章　视频压缩编码技术及标准

第一节　视频压缩编码基础

一、压缩编码的必要性

视频可以被看作一系列连续运动的图片，当这一系列图片被连续播放时，即出现了视频的效果。如果说图片是视频的基本单元，那么像素就是图片的基本单元。通常情况下，我们常见的视频中的每个像素均包含一个亮度(luma)分量(常被称为 Y 分量)和两个色度(chroma)分量(常被称为 U、V 分量或者 C_b、C_r 分量)。YUV、YC_bC_r 与 RGB 颜色模型间可进行转换，请参见第一章。

一般情况下，人眼对色度分量的敏感程度远低于对亮度的敏感程度。因此在视频编码中，YUV 通常使用 4∶2∶0 的采样方式。在 4∶2∶0 采样的 YUV 当中，U 和 V 的水平分辨率及垂直分辨率均仅有 Y 相应分辨率的一半。例如 Y 的分辨率为 WVGA(832ppi×480ppi)，那么 U 和 V 的分辨率就是 WQVGA(416ppi×240ppi)。经过简单的 YUV 的 4∶2∶0 采样，可以在几乎不影响视频主观质量的前提下，获得两倍的压缩比。

未经压缩的视频包含大量的数据。以高清 1 080p60Hz 的 4∶2∶0 采样的 8-bit 的视频为例，1s 的原始数据量高达 186.624M bytes。这是相当惊人的数据量。一段 2h 的电影如果不经过压缩，数据量高达 1.34T bytes。此外，视频信号中存在着大量的冗余，比如视频信号本身存在着非常强的空间冗余和时间冗余。另外，人眼对视频信号中细微的变化也并不是十分敏感，存在相当多的视觉冗余。考虑到视频原始信号数据量的巨大，以及视频信号中存在着大量的冗余，视频数据的压缩编码势在必行。

二、视频编/解码过程

视频编码是利用特定技术将视频序列由一种表达方式转换成另一种表达方式的过程。一般情况下，经过编码后的视频的数据量会显著减少。绝大多数的视频编码属于有损编码(即解码重建的序列和原始序列并不完全一致)，而为了支持一些特殊的需求(例如医学成像视频的压缩等)，有些编码标准也支持无损压缩。一般情况下，有损压缩可以获得更高的压缩比。

如图 4-1 所示，视频编/解码的一般流程为：预处理、编码、存储或传输、解码、重建与错误恢复。原始信号经过预处理(也可能没有)后进行编码，编码后的码流到达解码端，然后进行解码，而解码后的重建图像在经过错误恢复等处理(也可能没有)后，得到最终的输出。在一般情况下，视频编码标准只规定码流的语法结构以及解码端的相关操作，而对编码端的操作并没有明确的规定。编码端是开放的，只要最终产生的码流符合标准规范即可。这样规定至少有两个好处：一是编码端可以作任何它认为合适的优化，以获得更高的压缩性能；二是编码端允许作任何的简化，以降低实现的开销。开放的编码端设计，有助于视频编码标准的推广。但开放的编码端设计也有缺点，比如无法保证端到端（end to end）的重建质量。

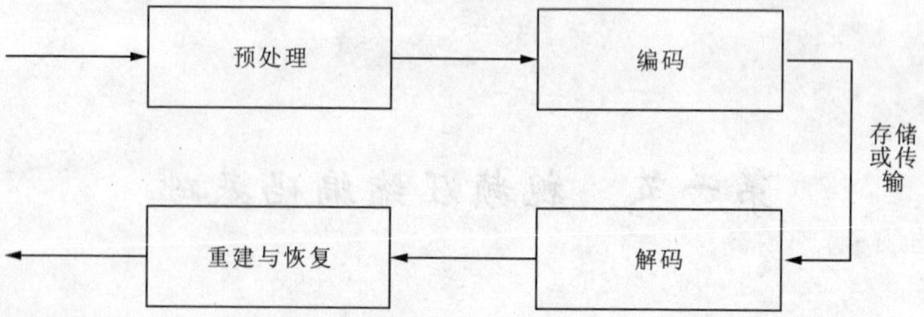

图 4-1　视频编/解码的一般过程

三、视频编码标准

目前世界通用的视频编码标准主要由两个组织参与制定。一个是国际电信联盟远程通信标准化组织（International Telecommunication Union - Telecommunication Standardization Sector，简称 ITU-T）下的视频编码专家组（Video Coding Experts Group，简称 VCEG），另一个是国际标准化组织/国际电工委员会（International Organization for Standardization/International Electrotechnical Commission，ISO/IEC）下的动态图像专家组（Moving Picture Experts Group，简称 MPEG）。由 VCEG 制定的视频编码标准一般被称为 H.26X 系列，而由 MPEG 制定的视频编码标准一般被称为 MPEG-X 系列。VCEG 和 MPEG 曾共同完成了一系列视频编码标准，其中主要包括 H.262/MPEG-2 Part2（ITU-T et al，1994）、H.264/MPEG-4 AVC 以及 H.265/MPEG-H HEVC。此外，中国国内也有自主的视频编码标准，即 AVS。

国际电信联盟（ITU）于 1990 年颁布 H.261。它是第一个实用化的视频编码标准，主要目的是在综合业务数字网上传输质量可以接受的 CIF 和 Q CIF 视频信号，工作在 40kbps～2Mbps 的码率范围内。它最早将帧间运动补偿与 DCT 离散余弦变换相结合，编码过程主要包括帧间运动估计、DCT 变换、量化和熵编码。除此之外，为了提升在固定码率信道下的编码传输性能，它还采用了码率控制策略。这些技术对以后的视频图像压缩编/解码标准产生了深远的影响。

在 H.261 标准之后，ITU 于 1995 年公布了视频编码建议 H.263，主要面向低码率（低于 64kbps）应用。它是 H.261 的改进和补充，但与 H.261 不同的是，它不使用环路滤波技术，采用了 1/2 像素的运动补偿精度、支持跨越图像边界的运动矢量，而且它还使用了基于上、下文的算术编码、前后向帧间预测及分级比特流。后续针对不同应用，为了提高编码效率和误码恢复性能，又增加了 H.263+、H.263++等标准。

另一方面，国际标准化组织（ISO）的动态图像专家组（MPEG）也制定了 MPEG1、MPEG2 和 MPEG4 等针对视频图像的压缩标准。

其中,MPEG1(1992)主要是为了在 CD - ROM 上存储和播放视频,只支持 352ppi×288ppi 的分辨率,用于传输 1.5Mbps 的数字视频图像。它引入了帧内压缩(*I* 帧)、帧间压缩(*P* 帧)、双向预测(*B* 帧)的概念,采用了块方式的运动补偿、离散余弦变换及量化技术。

MPEG 2 (1994)是对 MPEG 1 的改进和扩展。应用对象为标清(SDTV)和高清(HDTV)电视。相比 MPEG 1,它支持隔行扫描并改进了帧间运动估计算法,提供了较大范围的可变压缩比,可以较好地适应不同存储、宽带及视频质量等要求,在 3Mbps 以上码率下的性能明显优于 MPEG 1,得到了广泛的应用。

MPEG 4(1999)主要是为了在国际互联网络或通信设备上实时传输音/视频而制定的。它不仅是一个视频编/解码标准,还集成了其他编码器,将诸多多媒体应用集成在一个完整的框架内。除此之外,它提出了面向对象的编码,根据图像内容将各个对象(物体、背景等)分离出来分别压缩,大大地提高了压缩增益,而且还充分发挥了图像探测、目标识别的功能,有十分重要的意义。它支持的分辨率从 320ppi×240ppi 到 1 280ppi×1 024ppi,比前面几种标准高了很多;而且它提供更高的压缩比,平均可以达到 450 倍,对于静态图像压缩比可达 800 倍。除此之外,MPEG 4 还支持更加丰富的互动功能。人们可以设定传输码率和图像质量,还可以根据网络的状况更改相应的设置,提高了系统的适应性和灵活性。最重要的是当网络出现丢包或误码时,MPEG 4 受到的影响很小,可以很快恢复。正是因为 MPEG 4 具有这些突出的优势,它在低码率下移动多媒体通信、实时多媒体监控、内容存储和检索、互联网视频流及视频会议等应用场合得到了广泛的应用。2003 年,H.264/AVC 发布,它是由 ITU 与 ISO 共同组成的联合视频编码组(Jomt Video Team,简称 JVT)团队制定的视频压缩标准。

2003 年发布的 H.264/AVC 是 ITU 与 ISO 共同组成的 JVT 所制定的视频压缩标准,在 ISO 标准中作为 MPEG - 4 的第十部分。它针对低码率视频通信、数字电视和网络流媒体等不同应用,设置了不同的档次级别,包括基本档次(baseline profile)、主要档次(main profile)和扩展档次(extended profile)。它的优点主要在于加强了对不同信道的适应能力;另外它还使用适合网络特性的语法和结构,有利于对误码和丢包的处理。它在以往混合编码标准的基础上,采用了整数 DCT 变换、去块效应滤波、基于上、下文的二进制算术编码(CABAC)等新的技术,显著地提高了编码效率。另外,它还使用统一的 VLC 符号编码,采用 4×4 的整数变换、分层编码、高精度多模式的位移估计等,压缩效率是 MPEG2 和 H.263 的两倍以上。H.264 在 IP 和无线网络应用中得到了广泛的应用。

除了 H.264/AVC 标准,微软也发布了自己的视频编码标准 WMV - HD 和 VC1,压缩性能与 H.264 相当。另外,2005 年末通过中国信息产业部批准的 AVS 被正式确立为中国的视频编码国家标准。AVS 的优点在于资源占用比 H.264 小,但是编码效率与 WMV - HD 和 H.264 相当,甚至还要优于后两者。更重要的是,AVS 在实现上采用了大量拥有自主知识产权的算法。

2013 年 11 月,新一代视频编/解码标准(High Efficiency Video Coding,简称 HEVC)正式发布。虽然它仍然采用混合编码的结构,与 H.264 相比在框架上没有本质的改变,但是它引入了更多的新技术,支持更大的宏块(64×64)、更大的图像分辨率((4K、8K)、更多的帧内预测方向、更加精确的帧间运动估计以及并行运算等。这些细节的改进使 HEVC 获得了比 H.264 高 1 倍的压缩增益;而且 HEVC 还增加了更多的级别和扩展档次,可以支持更多不同的应用场合。此外,许多学者还在对 HEVC 作进一步的优化和提高。这一切使得 HEVC 成为一种在未来非常有前景的编码标准。

四、视频编码质量评价

通常，评价视频编码的质量有主观方式和客观方式两种。主观方式是由观众通过打分的方式，评价质量的优劣。主观评价对观看环境的要求很高，并且一般要求观众没有过多的视频编码经验，这样可以完全从观众的角度对视频质量做出合理的评价。主观评测受观众个体的影响很大。同样的，观众在不同的时刻观看同样一段视频内容，很可能会做出不同的评价。因此，为了使主观评测可靠，通常需要大量的观众进行观看打分，以剔除观众个体对主观打分结果的影响。所以，通常来说，进行视频质量主观评测的开销很大。

客观评测相对简单，它利用预先指定的计算规则得到量化的视频质量指标。峰值信噪比(Peak Signal to Noise Ratio，简称 PSNR)是一种常用的视频质量客观评测的方式。PSNR 的计算方法如下：

$$\mathrm{PSNR}=10\times\lg\frac{P^2}{\mathrm{MSE}} \tag{4-1}$$

$$\mathrm{MSE}=\frac{1}{n}\sum_{i=0}^{n-1}(P_{\mathrm{org}}-P_{\mathrm{rec}})^2 \tag{4-2}$$

式中：P 表示信号的峰值，对于 8 - bit 的视频信号来说，峰值一般为 255；n 表示总共包含的像素(Pixel)的个数；P_{org} 表示像素的原始值；P_{rec} 表示像素的重建值。PSNR 的计算过程十分简单，只要将原始序列和编码后重建的序列进行比较即可。但 PSNR 作为一种视频质量客观评价的方式，具有自身适用的范围。首先，对于同一段视频内容来说，PSNR 越高，视频质量越好，即比较 PSNR 只能针对相同的视频内容进行。其次，当编码框架发生了很大变化时，PSNR 亦不能很好地描述出视频质量的高低，即 PSNR 只适用于相同或者至少相近的编码框架。

尽管视频质量的客观评价并不能提供和主观评价完美匹配的结果，但客观评价的结果至少可以提供被大家普遍接受且明确的信息来进行性能比较。又由于客观评价十分便于开展，所以实际应用中，客观评价会被更多地使用。

比较两个编码方案的优劣一般是在相同码率的前提下比较质量(质量好的方案优)，或者在相同质量的情况下比较码率(码率低的性能优)。但由于两个编码方案很难做到编码质量完全一致或者编码码率完全一致，所以，通常使用 BD - Rate 或者 BD - PSNR 对编码质量进行客观评测。BD - Rate 表示的是在相同 PSNR 的情况下，码率的变化情况，一般负值表示码率节省，即性能提升；BD - PSNR 表示的是在相同码率的情况下，PSNR 的变化情况，一般正值表示 PSNR 升高，即性能提升。在计算 BD - Rate 或者 BD - PSNR 时，可通过拟合和插值的方法得到相应的码率或者 PSNR，计算出两个编码方案相差的情况。

第二节　H. 264/AVC 视频编码技术

一、H. 264/AVC 编/解码器

H. 264 标准实际定义的是编码的比特流的语法和语义，这就使得 H. 264 码流的格式是统

一的。但是，标准并没有具体规定 H.264 编/解码器要怎样实现。比如说，H.264 的运动估计原理是唯一的，而具体怎样去作运动估计，从而找到最佳匹配块，标准中并没有规定。也正是因为这样，才有了千变万化的快速运动估计算法。H.264 标准给了各个厂商很大的自由空间，让他们自行决定具体怎样实现 H.264 编/解码器。

1. H.264/AVC 编码器

H.264 编码原理如图 4-2 所示，编码器实际上包含了编码和解码两个功能。编码器在编码 1 帧的同时，还会有一个图像重建的过程。重建得到的图像将作为参考帧，这就是为了让编码器和解码器保持同步，从而正确地实现视频编/解码。

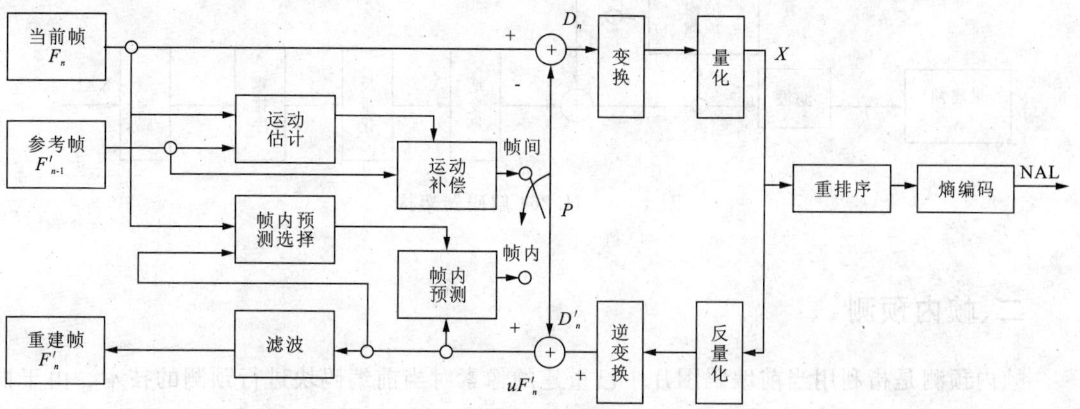

图 4-2 H.264 编码器架构

1)前向编码分支

要编码的帧或场 F_n 会被划分为若干个 16×16 的宏块。在编码的时候，宏块是作为基本单元来处理的。首先根据当前要编码的帧是 I 帧还是 P、B 帧来决定进行帧内或帧间预测。在帧间预测模式下，预测值 P 由参考图像进行运动补偿后得到。为了减少编码时的比特数，将当前宏块和之前的预测值 P 作差，可以得到残差块 D_n。为了进一步降低空间冗余度，再对 D_n 进行不可逆的整数离散余弦变换。把经过变换得到的数据再进行量化，得到量化系数 X。其次对 X 进行重排序和熵编码两个环节，至此综合前面的所有环节就构成了视频编码层。最后再通过网络抽象层(Network Abstraction Layer，简称 NAL)进行网络封装进而实现网络传输和存储。

2)后向重建分支

之所以设置这样一个逆向的分支，是因为解码器在解码图像的时候要用若干的参考帧。然而，编码器编码是有损的。实际上，原始的视频没有任何一帧被原样编码。那么，编码时用到的参考帧从何而来？其实就是在编码的同时，编码端还会有一个重建图像的逆过程。重建过程非常简单，就是将正向编码得到的量化系数 X 进行反量化和整数离散余弦逆变换得到 D'_n。再把 D'_n 和之前运动补偿得到的预测值 P 相加，就得到了重建帧。但此时的重建帧是受到噪声干扰的，因此图像质量较差，所以还要经过环路滤波处理，最终输出重建帧。

2. H.264/AVC 解码器

如图 4－3 所示，解码过程大体上和编码的逆向重建过程是一致的。有所区别的地方就是，解码器对接收到的压缩码流首先会有一个熵解码和重排序的过程。解码器图中的 P 是由解码器自身生成的，这里的 P 与编码器生成的 P 是一致的。

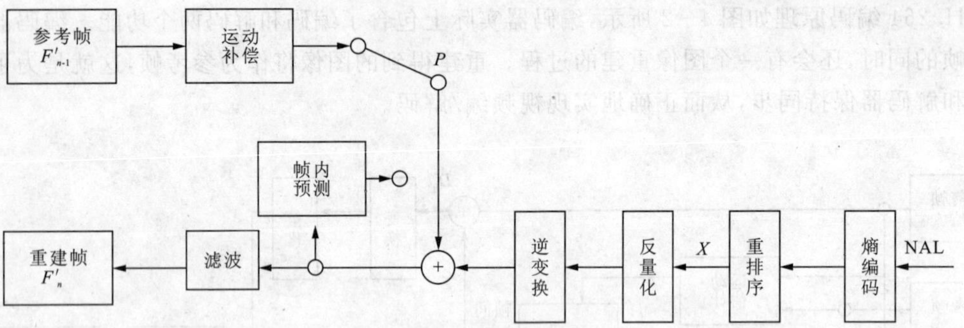

图 4－3　H.264 解码器架构

二、帧内预测

帧内预测是指利用当前编码图片中已重建的像素对当前编码块进行预测的技术。由于视频具有较强的空间相关性，因此帧内预测可以大幅度地降低当前编码块信号的能量，进而提升编码效率。

1. 4×4 亮度预测模式

亮度预测是利用已经编码的像素，再结合一定的规则来预测帧内其他的像素点。如图 4－4 所示，用大写字母标识的 $A \sim M$ 就是进行 4×4 亮度预测之前已经编码好的像素点。利用这些点就可以预测出图中小写字母 $a \sim p$ 标志的其他像素点。4×4 亮度预测共有 9 种模式，图 4－5中的箭头代表每种预测模式的方向。表 4－1 给出了这 9 种模式的描述。

M	*A*	*B*	*C*	*D*	*E*	*F*	*G*	*H*
I	*a*	*b*	*c*	*d*				
J	*e*	*f*	*g*	*h*				
K	*i*	*j*	*k*	*l*				
L	*m*	*n*	*o*	*p*				

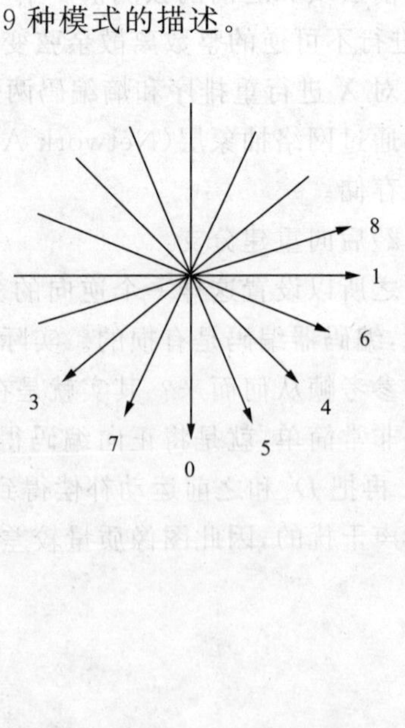

图 4－4　4×4 亮度预测

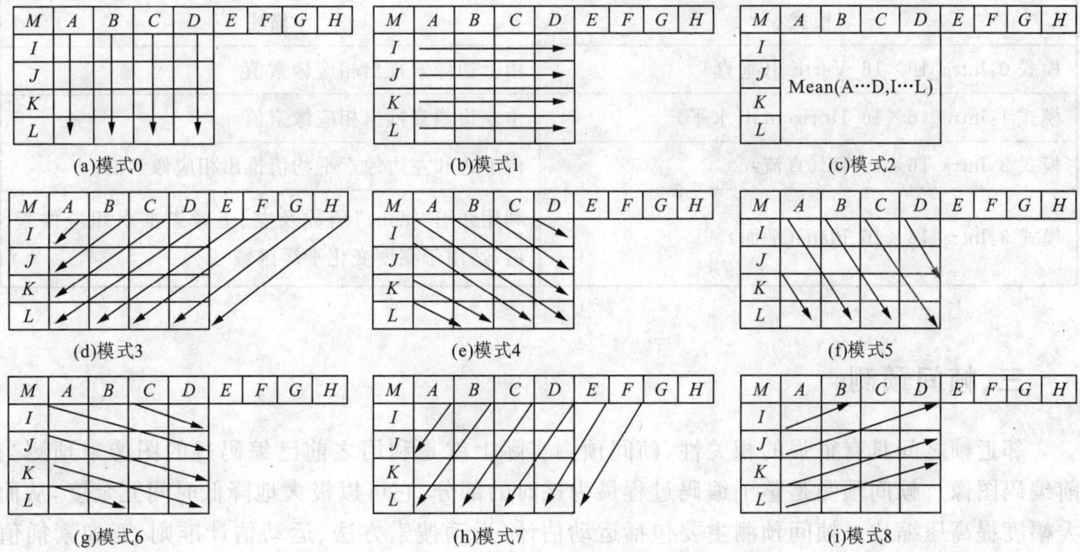

图 4-5　4×4 亮度块预测模式

表 4-1　4×4 亮度预测模式

模式	描述
模式 0:Intra_4×4_Vertical(垂直)	由 A、B、C、D 垂直推出相应像素值
模式 1:Intra_4×4_Horizontal(水平)	由 I、J、K、L 水平推出相应像素值
模式 2:Intra_4×4_DC(直流)	由 A～D 和 I～L 平均值推出所有像素值
模式 3:Intra_4×4_Diagonal_Down_Left(左下对角线)	由 45 方向像素内插得出相应像素值
模式 4:DC(右下对角线)	由 135 方向像素内插得出相应像素值
模式 5:Intra_4×4_Vertical_Right(垂直向右)	由 116.6 方向像素内插得出相应像素值
模式 6:Intra_4×4_Horizontal_Down(水平向下)	由 153.4 方向像素内插得出相应像素值
模式 7:Intra_4×4_Vertical_Left(垂直向左)	由 63.4 方向像素内插得出相应像素值
模式 8:Intra_4×4_Horizontal_Up(水平向上)	由 26.6 方向像素内插得出相应像素值

2. 16×16 亮度预测模式

16×16 亮度预测共有 4 种模式,如表 4-2 所示。

3. 8×8 色度块预测模式

色度帧内预测和 16×16 亮度预测类似,但是,模式编号有所不同。模式 0:Intra_Chroma_DC(直流);模式 1:Intra_Chroma_Horizontal(水平);模式 2:Intra_Chroma_Vertical(垂直);模式 3:Intra_Chroma_Plane(平面)。此外,两个色度分量 U 和 V 使用同样的预测模式。

表 4-2　16×16 亮度预测模式

模式	描述
模式 0:Intra_16×16_Vertical(垂直)	由上边像素推出相应像素值
模式 1:Intra_16×16_Horizontal(水平)	由左边像素推出相应像素值
模式 2:Intra_16×16_DC(直流)	由上边和左边像素平均值推出相应像素值
模式 3:Intra_16×16_Plane(平面)	利用线形“plane”函数及左、上像素推出相应像素值,适用于亮度变化平缓区域

三、帧间预测

邻近帧之间具有很强的相关性,帧间预测实际上就是利用之前已编码过的图像来预测当前编码图像。帧间预测是整个编码过程最为耗时的部分,它可以极大地降低时间冗余度,从而大幅度提高压缩比。帧间预测主要包括运动估计(运动搜索方法、运动估计准则、亚像素插值和运动矢量估计)和运动补偿。

1. 树状分块

H.264 的宏块,对于 16×16 的亮度宏块,可以分成 16×16、16×8、8×16 和 8×8 的子块进行帧间预测。对于 8×8 的块(亚宏块,亮度和色度),往下又可以分成 8×8、8×4、4×8、4×4 的子块。在运动估计中,每一种分割都需要尝试,并计算出运动搜索结果的代价,选择最小代价的分割方式进行预测编码。

2. 块匹配法

在 H.264 中,块匹配法是将当前帧的各宏块进一步划分为各种类型的子块,每个子块在参考帧中的一定范围内按照搜索算法搜索匹配块,当残差值最小时,就找到了最佳匹配块。当前子块到匹配块的偏移即为运动矢量,只要对运动矢量和残差数据编码,即可在解码时恢复当前子块。值得说明的是,上述说法仅是块匹配法的简单描述,H.264 中的块匹配还涉及到更为细致的考虑。如为了使得编码开销最小,编码器会遍历宏块中各种子块组合,最终选用代价最小的组合。另外,运动矢量直接被编码会占用较多的比特数。为了进一步提高编码效率,编码器可以根据一定的预测模式得到一个预测运动矢量,将预测运动矢量与实际运动矢量作差得到 MVD,实际再对 MVD 编码。综合当前宏块各子块与对应匹配块的残差值、各子块的 MVD 编码代价以及各种子块组合,最终得到最优解,如此才是完整的块匹配法。

3. 块匹配准则

判断是否是最佳匹配块,要将当前子块与匹配块作差得到残差数据后再根据块匹配准则计算得到。有如下几种常用的块匹配准则。

(1)均方误差(Mean Square Error,简称 MSE):

$$\mathrm{MSE}(i,j)=\frac{1}{MN}\sum_{x=1}^{M}\sum_{y=1}^{N}(f_t(x,y)-f_{t-1}(x+i,y+j))^2 \qquad (4-3)$$

(2)平均绝对误差(Mean Absolute Difference,简称 MAD):

$$\mathrm{MAD}(i,j)=\frac{1}{MN}\sum_{x=1}^{M}\sum_{y=1}^{N}|f_t(x,y)-f_{t-1}(x+i,y+j)| \tag{4-4}$$

(3)绝对误差和(Sum of Absolute Difference,简称 SAD):

$$\mathrm{SAD}(i,j)=\sum_{x=1}^{M}\sum_{y=1}^{N}|f_t(x,y)-f_{t-1}(x+i,y+j)| \tag{4-5}$$

(4)归一化互相关函数(Normalized Cross Correlation Function,简称 NCCF):

$$\mathrm{NCCF}(i,j)=\frac{\sum_{x=1}^{M}\sum_{y=1}^{N}f_t(x,y)f_{t-1}(x+i,y+j)}{\left(\sum_{x=1}^{M}\sum_{y=1}^{N}(f_t^2(x,y))^{\frac{1}{2}}\left(\sum_{x=1}^{M}\sum_{y=1}^{N}(f_{t-1}^2(x+i,y+j))^{\frac{1}{2}}\right.\right.} \tag{4-6}$$

以上公式中:M 和 N 分别代表当前子块的宽和高;(i,j)代表当前子块在参考帧中的偏移即运动矢量;$f_t(x,y)$ 代表当前帧在(x,y)位置处的图像灰度值;$f_{t-1}(x+i,y+j)$代表参考帧在$(x+i,y+j)$处的图像灰度值。计算公式得到最小值的(i,j)就是最佳匹配块的运动矢量。

4. 常见运动估计算法

1)全搜索算法(FS)

全搜索算法是搜索精度最高的运动估计算法,如图 4-6(a)所示,基本步骤如下:

(1)将搜索中心定在搜索框的最左上角点;

(2)搜索中心从左至右,从上至下移位,并计算每一个点,直到计算完搜索框内所有点;

(3)比较所有计算的点,最小值点即为最佳匹配点。

由于对搜索区域内的所有像素点进行搜索,所以有着最高的计算复杂度,因而无法应用到实际的实时编码中。

2)三步法(TSS)

三步法通过 3 步搜索来确定匹配位置,如图 4-6(b)所示,基本步骤如下:

(1)以中心点为搜索中心,进行四周±4 点距离搜索,计算 9 个点,得到最小值点;

(2)将搜索中心移至最小值点,进行四周±2 点距离搜索,计算 8 个点,得到最小值点;

(3)将搜索中心移至最小值点,进行四周±1 点距离搜索,计算 8 个点,得到最小值点。

此最小值点即为最终的搜索结果作为运动估计的最优匹配点。

三步法存在一定的缺陷。假如第一步搜索产生了误差,那么接下来的搜索将按照非最佳方向进行,并且由于接下来的每一步搜索步长都会在原来的基础上降低一半,所以由上一步造成的误差将得不到恢复,容易陷入局部最优点,从而降低了搜索精度。此外,三步法的第一步搜索步长过大,当搜索窗口较大时更为明显,这样就很容易超出目标对象的实际运动范围,降低搜索精度,也就不适用于运动缓慢的图像序列。

3)新三步法(NTSS)

新三步法对三步法有两个改进:

(1)在第一步中增加紧邻中心的 8 个点,作为检测点,共搜索 17 个点;

(2)当搜索最小值为中心点时,立即以此为结果并停止搜索。

这是基于运动矢量中心偏置分布的特性进行的改进。当第一步搜索结果为较远的 8 个点

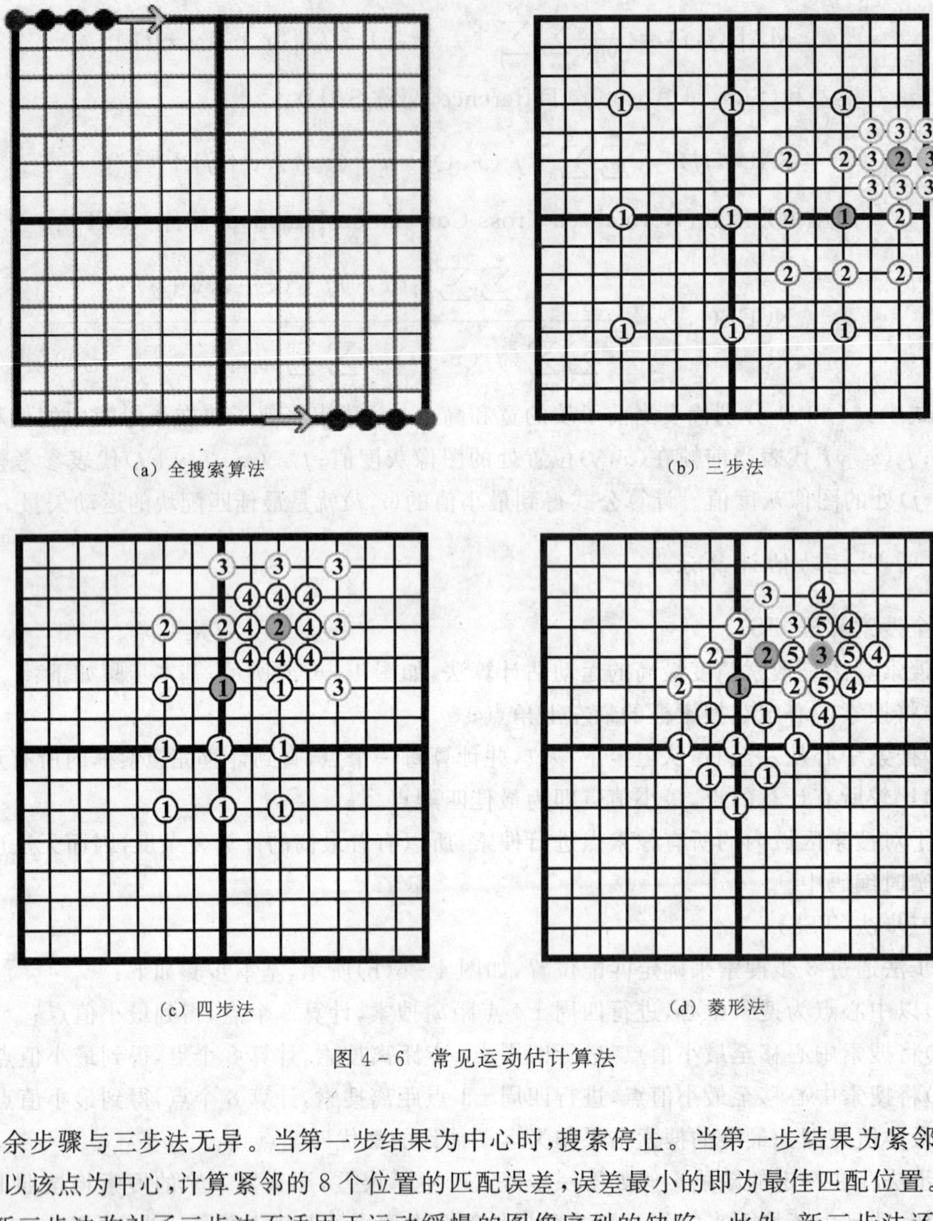

(a) 全搜索算法　(b) 三步法

(c) 四步法　(d) 菱形法

图 4-6　常见运动估计算法

时，其余步骤与三步法无异。当第一步结果为中心时，搜索停止。当第一步结果为紧邻中心的点时，以该点为中心，计算紧邻的 8 个位置的匹配误差，误差最小的即为最佳匹配位置。

新三步法弥补了三步法不适用于运动缓慢的图像序列的缺陷。此外，新三步法还采用了中途停止技术来减小计算量。

4)四步法(FSS)

如图 4-6(c)所示，四步法与三步法及其改进法不同，三步法不管怎样改进，搜索步骤在 3 步之内就结束了。而四步法并不会在 4 步之内结束，这里的 4 步指的是搜索结果的 4 种情况，只有第四种情况会使算法结束，而其他情况会使算法继续进行下一步。四步法的 4 种情况如下：

(1)开始搜索时，不管指定的搜索区域为多大，四步法总是采用两点间隔为 2 的“田”字搜索范围作为第一步。

(2)第一步搜索结果若为中心位置,则跳至第(4)种情况;搜索结果若为8邻域中4个较远点,则跳至第(3)种情况;搜索结果若为4邻域中的点,则将中心移到该点,并搜索该点8邻域内未被计算过的剩下3个位置点,并再次判断结果,选择下一步。

(3)将中心移至该点,并计算间隔为2的8邻域内,未被计算过的5个位置的误差值,然后跳至第(2)步再次进行判断。

(4)搜索该点间隔为1的8邻域点,找到误差最小位置,并结束。

四步法的好处是能避免局部极值的一些干扰,进行一定程度上的全局搜索。

5)菱形法(DS)

菱形法是目前应用最广的一种方法。它跟四步法很接近,也是采用循环搜索直到找到最佳位置才结束的搜索算法。不同之处在于它的搜索模板不是8邻域而是菱形。如图4-6(d)所示,基本步骤如下:

(1)先以中心点为搜索中心,进行大钻石搜索,计算9个点;

(2)如果9个点的最小值点不在大钻石的中心,则将大钻石的中心移至该点,重复大钻石搜索,直到最小值点处于大钻石中心为止;

(3)在大钻石的中心点切换到小钻石搜索模式时,共搜索5个点,其中值最小的点即为最终的搜索结果,作为运动估计的最优匹配点。

菱形法的优势就是不限制搜索步骤,能够在整个搜索空间中找到最优的位置。

5. 树状分级搜索和亚像素估计

在运动估计时,为了提高估计精度,通常会采用1/2、1/4和1/8的像素精度进行估计,但是全部都这样估计,操作会产生很大的性能开销,所以一般采用树状分级搜索。

树状分级搜索就是在进行运动估计时,先以整像素精度进行搜索,找到最佳匹配块之后,再在该位置周围进行1/2像素精度的搜索,找到最佳匹配点。如果有需要的话,可以继续在1/2像素精度的最佳匹配点周围进行1/4像素精度的搜索,寻找最佳匹配点。

在H.264中,亮度信号搜索精度可以达到1/4像素,色度信号搜索精度可以达到1/8像素。但实际上,整像素才是最小的像素单元,亚像素只是一种理论上的称呼,需要通过整像素插值才能得到。如图4-7(a)所示,大写字母标志的灰色方块代表整像素点,小写字母标志的白色方块代表亚像素点。把整像素点按照一定的公式进行插值计算即可得到相应的亚像素值。例如:

水平亚像素点:$b=\mathrm{round}((E-5F+20G+20H-5I+J)/32)$　(4-7)

垂直亚像素点:$h=\mathrm{round}((A-5C+20G+20M-5R+T)/32)$　(4-8)

式中:round()代表四舍五入。

H.264色度亚像素是通过与邻近的几个整像素点插值运算得到。色度块是采用二次线型的1/8像素插值,如图4-7所示。利用待查亚像素a周围的整数像素(A、B、C、D)来加权计算G的像素值。整像素点距离G越近,权值越大,a的计算为:

$$a=\mathrm{round}(((8-\mathrm{d}x)(8-\mathrm{d}y)A+(\mathrm{d}x)(8-\mathrm{d}y)B+(8-\mathrm{d}x)(\mathrm{d}y)C+(\mathrm{d}x)(\mathrm{d}y)D)/64) \tag{4-9}$$

式中:$\mathrm{d}x$、$\mathrm{d}y$分别为a相对A的水平和垂直距离(以1/8像素为单位的距离),取值范围是1～7。

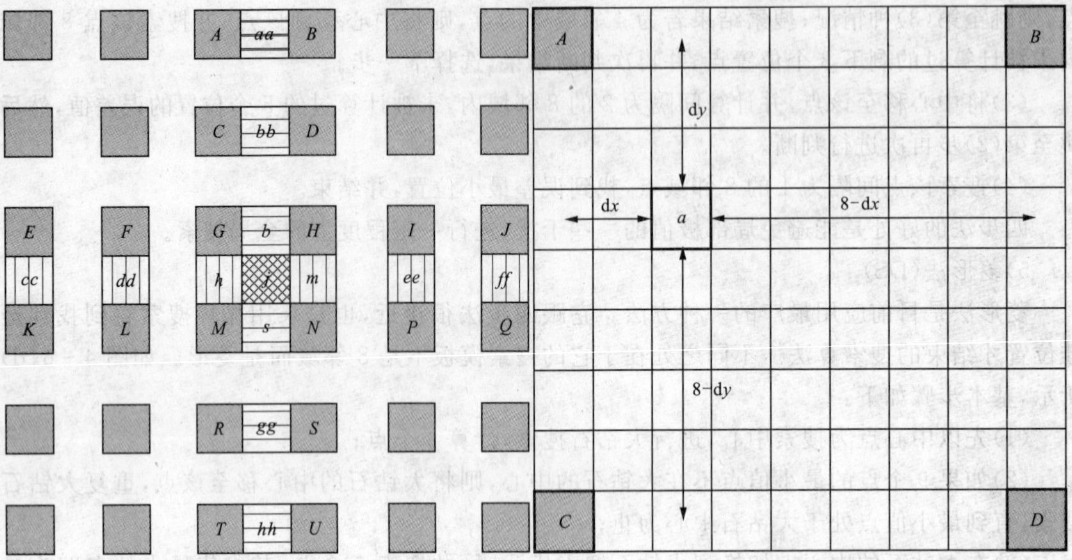

(a) 亮度亚像素插值　　(b) 色度 1/8像素插值

图 4-7　H.264 中的亚像素插值

四、整数变换与量化

把帧间预测后通过作差得到的残差数据进行整数离散余弦变换可以在一定程度上降低信号之间的相关性。数据经过 DCT 变换后，由时域转换到了频域，直流或低频信号的幅值较大，高频信号的幅值大多等于或近似等于 0。这样在编码的时候只要对变换后的系数进行编码就可以了，从而降低了码率。而之所以进行整数变换是为了使得 DCT 逆变换后的系数与 DCT 变换前的系数能够一一对应起来，避免失配的发生。整数离散余弦变换后的系数经过量化可以进一步减少编码时所用的比特数。

由于是一个幅度对应一个量化结果，所以 H.264 标准使用的量化属于标量量化。进行量化的目的是为了进一步减少编码所用的比特数，同时还要保证解码时重建图像质量不能变差。量化遵循以下的公式：

$$FQ=\text{round}\left(\frac{y}{Q_{\text{step}}}\right) \tag{4-10}$$

式中：y 表示要量化的数据；Q_{step} 为量化步长；FQ 是输出的量化值；量化结果要进行四舍五入，用 round()表示。

量化步长的大小和重建图像的质量好坏是相互矛盾的。如果量化步长设置得非常小，则量化值的动态范围就会很大，那么编码时就需要较多的比特数，从而导致视频压缩率很低，好处就是可以获得很好的重建图像质量。如果量化步长设置得非常大，则量化值的动态范围就会很小，那么编码时只需要很少的比特数，压缩率就很大，缺点就是会损失重建图像质量。H.264 编码器可以动态调整量化步长的大小，从而在码率和图像质量之间取得平衡。

五、熵编码

H.264 标准采用了基于上、下文的自适应可变长编码(Context - based Adaptive Variable - Length Coding,简称 CAVLC)和基于上、下文的自适应二进制算数编码(Context - based Adaptive Binary Arithmetic Coding,简称 CABAC)两种熵编码,在编码器中可以进行设置,任选其一。熵编码是将原始信息用最少的比特数表示出来,从而降低信息冗余度。熵编码可以将原始信息完整地表达出来,原始信息不会有丝毫丢失,所以这类编码是无损的。

CAVLC 就是高效利用之前的编码步骤生成的系数之间的相关性,赋予当前将要编码的数据一个合适的上、下文模型,以此来有效降低信息的冗余度。具体的编码过程如下:

(1)首先,要对拖尾系数以及不为 0 的系数的个数进行编码;

(2)对拖尾系数的正负号进行编码;

(3)编码余下非零系数的幅值;

(4)编码最后一个非零系数前零的广数;

(5)最后,对所有不为 0 的系数前面 0 的个数进行编码。

H.264 中,还有一种熵编码就是 CABAC。CABAC 同样要赋予当前编码的数据一个合适的上、下文模型。不过,这是一个概率模型。有了这个模型,就可以得到句法元素和相关句法元素之间的条件概率。正是利用此条件概率,才会大大降低冗余度,从而提高压缩比。与变长编码有所区别的是,CABAC 给符号分配的码字长度是一个小数。如此一来,编码长度就会非常近似于符号的熵。当符号的编码概率大于 0.5 时,CABAC 会表现出非常明显的优势。除此以外,为了更进一步提高压缩效率,CABAC 为每个语法元素提供的统计模型都是动态的。如此一来,对于不同的编码内容,编码器就可以自适应地调整句法元素的概率模型。

六、码率控制

通信信道的带宽是一种有限的资源,但是视频编码器可以产生可变的码流。为了充分利用信道带宽,可以在编码器和信道之间增加一个缓冲器,以此来实现对码率的控制。在比特率确定的前提下,码率控制的过程就是要确定合适的参数来得到最好的图像质量。在实际应用中,有以下几种方式来调整码率:

(1)通过选取量化参数来控制码率,如果想降低码率,那么量化参数就要选取得大一些,反之如果想要增加码率,量化参数则要选取得小一些;

(2)运动矢量、选取 Skip 宏块的标准、模式选择的算法和计算量、宏块的划分类型等都会影响到比特率的大小;

(3)在比特率大于信道容量的情况下,则要降低图像分辨率或者减小帧率,而在比特率小于信道容量的情况下,则要增大图像分辨率或者增大帧率。

七、去块效应滤波

块效应就是在视频图像中,方块边界处的图像内容不连续,视觉上类似于轻度的马赛克。这主要是由于视频图像在编码过程中是以块为单位进行处理的,对分块进行 DCT 变换后,大大减弱了块和块之间的相关性,再经过量化处理后,使得块效应更加明显。除此以外,在运动补偿过程中，如果紧挨着的块选择了不一样的参考帧，邻近块的匹配结果可能有很大的不同，这会使得块边界处的纹理细节间断现象愈加突出。

为了解决视频图像中的块效应问题，采用了在视频编/解码过程中添置一个环路滤波器的策略。实际上，视频中表现出的块效应程度是不尽相同的，在进行滤波时要根据强度的大小进行区分处理。之所以区分边界强度，是因为当边界强度不是很大时，如果进行了强度较大的滤波，会损失图像质量，影响主观视觉效果；当边界强度较大时，如果进行了强度较小的滤波，则块效应问题仍然存在。另外，还有一个要解决的问题就是真假边界。对于有些视频来说，有时物体的边界恰好处在块边界处，这时则不应该进行去块效应处理，而是在边界分析完成后，再把宏块作为基本的处理单元进行滤波运算。

第三节　HEVC 视频编码技术

一、HEVC 编码框架

在基于块的视频混合编码框架下，以往的编码标准对低分辨率、标清等视频，无论在视频压缩率还是视频的视觉质量等方面都取得了非常好的效果。但是随着数字视频的快速发展，高清、超高清视频的不断普及，二维视频到立体视频的转换以及人们对于视频视觉质量要求的进一步提高，压缩率、网络适应性和视觉质量的冲突在 H. 264 等标准下不断凸显。而 HEVC(High Effciency Video Coding)以 H. 264 为基础，并对相关技术进行了改进，从而使压缩率、编码质量和延时等之间的关系更加优化。其中最大的亮点是在相同带宽条件下，HEVC 仅用 H. 264 一半的比特率即可取得相似的视频质量。

但是 HEVC 仍然沿用了与 H. 264 相同的基于块的视频混合编码框架，即采用帧内预测消除图像的空间冗余，利用帧间预测消除视频的时间冗余，通过变换量化处理降低结构冗余，再经过算术编码进一步降低统计冗余，最后通过滤波处理降低编码图像失真。其中采用帧内预测的图像一般为位于视频的第一帧或者随机存取点处的 *I* 帧，仅利用图像自身的像素信息进行编码；对于视频中其他位置的图像，则通过使用参考图像信息实现帧间编码。

混合视频编码的流程是：

(1)将视频图像划分为基本的块单元，根据图像类型选择帧内预测或帧间预测对块单元进行预测，得到原始块与预测信号之差，即预测残差；

(2)对预测残差进行变换和量化处理，得到量化后的变换系数；

(3)经由熵编码得到编码数据，即压缩后的视频数据；

(4)通过反量化和反变换处理，得到残差的近似值，并同预测信号相加得到重构图像，重构图像经由环路滤波处理后最终送入参考图像缓冲区，作为后续图像编码的参考图像。

虽然采用了同以往编码标准相似的基于块的混合编码架构，但是 HEVC 的编码块结构要复杂得多。视频由一系列时间或空间相关的图像序列组成。每个图像序列可划分成多个图像组(Group of Pictures，简称 GOP)，编码时，不同的 GOP 之间可相互独立。GOP 由多个视频帧(frame)组成，每帧图像可划分成大小相同的编码树单元(Coding Tree Units，简称 CTU)，而 Slice/Tile 介于图像和 CTU 之间，由一个或多个 CTU 构成。为了更方便地理解 HEVC 编码，对以下名词进行简要说明。

CTU：HEVC 中，图像被分成编码树单元(CTU)，作为最大的编码单位。

Slice：一张编码图像可以划分为一个或若干个 Slice，不同的 Slice 彼此独立可并行编/解码。按照不同的编码方式，Slice 又可分为以下 3 类。

(1)*I* Slice。所包含的 CTU 只能通过自身图像空间域相邻已解码的参考像素进行帧内预测，而不能利用其他已解码参考图像的信息。

(2)*P* Slice。所包含的 CTU 可以利用已解码的图像作为参考进行单向帧间预测，最多包含一个前向运动补偿预测信号。

(3)*B* Slice。所包含的 CTU 不仅可以利用已解码的前向图像作为参考进行帧间预测，也可以将已解码的后向图像作为参考进行帧间预测，还可以同时包含两个方向的运动补偿预测信号。

Tile：除 Slice 外，HEVC 还引入了矩形结构的 Tile，Tile 间的编/解码相对独立，但并行化粒度比 Slice 更小。

帧：视频序列中一张完整的编码图像。一般情况下，一张编码图像中的 Slice 类型都相同。因此帧又可分为 *I* 帧、*P* 帧和 *B* 帧。

GOP：一组连续的图像，可包括多种不同类型的编码帧。

二、HEVC 关键编码技术

1. 编码结构

1)编码树单元(或树形编码单元)(CTU)

CTU 是 HEVC 标准新引入的概念。作为 HEVC 最基本的处理单元，CTU 类似于之前 H.264 标准采用的宏块(Macro Block，简称 MB)结构，但是相比于 16×16 尺寸的 MB，CTU 不仅支持块的四叉树分解，而且能够支持的编码尺寸最大达 64×64，更适合高清视频的编码。1 个 CTU 通常包含 1 个亮度编码树块((Coding Tree Block，简称 CTB)、2 个色度(CTB)以及相应的语法元素，其中亮度(CTB)和色度(CTB)的尺寸根据采样格式确定，如在 YC_bC_r 为 4∶2∶0 的视频中，如果亮度(CTB)的尺寸最大为 64×64，则对应的色度(CTB)尺寸为 32×32。

2)编码单元 CU

CU 是 HEVC 帧内/帧间预测、量化变换以及熵编码等环节共享的单位，由 CTU 划分得到，可支持的编码尺寸最大为 64×64，最小为 8×8。同 CTU 的构成类似，CU 也由亮度编码块(Coding Block，简称 CB)、色度编码块和附加的语法元素构成。CU 以 CTU 作为根节点，而 CU 又可作为 PU 树和 TU 树的根节点。

3)预测单元(Prediction Unit，简称 PU)

PU 通过 CU 分割得到，是帧内预测和帧间预测的基本单元。在帧内编码中，为了降低空间冗余，PU 根据图像空间中相邻的已解码像素，通过线性插值获得当前 PU 单元的预测值；在帧间编码中，为了降低时间冗余，PU 根据时间域中的参考图像获得当前 PU 的预测值。PU 根据预测模式和 CU 层，可支持的预测块大小由 64×64 到 4×4 不等。同之前 H.264 等标准中的预测模式相比，HEVC 编码中 PU 的预测模式更多，预测过程也更复杂，是 HEVC 降低空间和时间冗余，提高压缩率的关键因素。

4)变换单元(Transform Unit,简称 TU)

同 PU 类似,TU 也是以 CU 作为根节点进行划分。TU 是变换和量化的基本单位。无论帧内预测还是帧间预测得到的残差,经由量化变换后数据间的相关性可显著降低。同 H.264 中最大 8×8 的变换尺寸相比,TU 可对尺寸为 32×32 到 4×4 范围内的残差数据块进行离散余弦变换编码。HEVC 还专门为帧内预测 4×4 的亮度分量指定了另外一种整数变换——离散正弦变换((Discrete Sine Transform,简称 DST)。

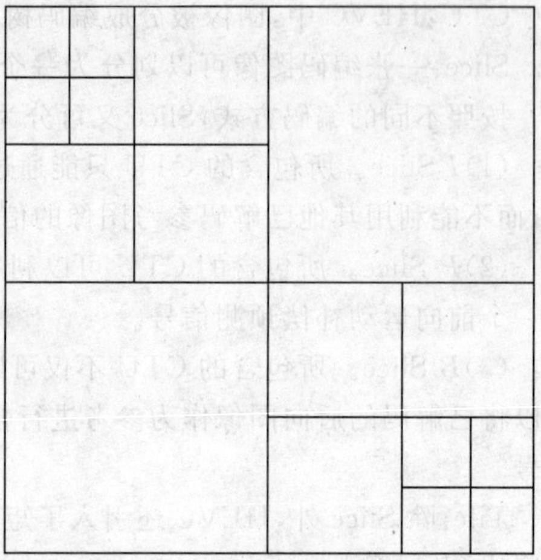

图 4-8 CU 的结构

5)CTU、CU、PU 和 TU 的关系

CTU 是编码的最大单元,可进一步划分为更小的 CU。如图 4-8 所示:在编码的过程中,根据图像的具体内容,每个 CTU 可以按照四叉树结构进一步划分为更小的 CU。其中四叉树深度为 0 的根节点是最大编码单元(Largest Coding Unit,简称 LCU),对应的亮度块的尺寸为 64×64。根据 HEVC,四叉树的最大划分深度为 4,因此相应的深度为 1~3 节点的 CU 尺寸分别为 32×32、16×16、8×8。图 4-9 显示了与图 4-8所示的 CTU 划分相对应的四叉树结构。

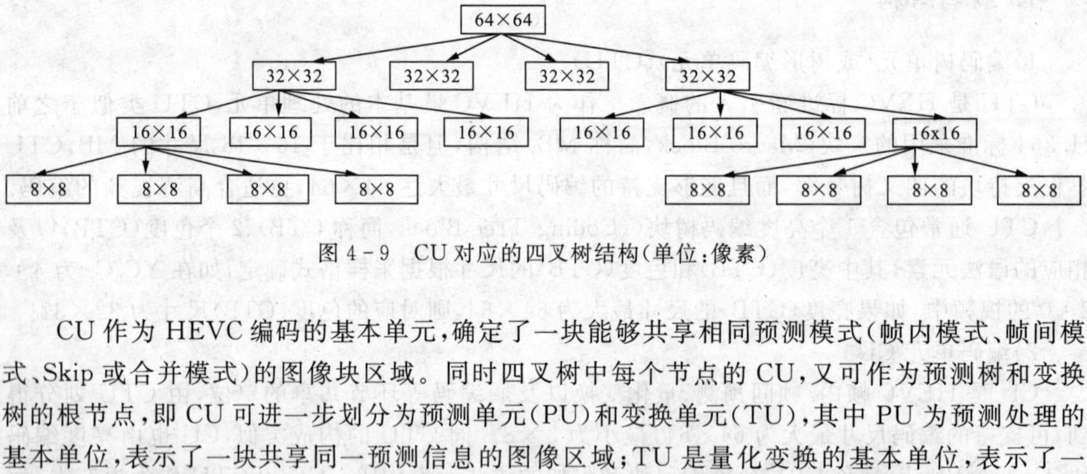

图 4-9 CU 对应的四叉树结构(单位:像素)

CU 作为 HEVC 编码的基本单元,确定了一块能够共享相同预测模式(帧内模式、帧间模式、Skip 或合并模式)的图像块区域。同时四叉树中每个节点的 CU,又可作为预测树和变换树的根节点,即 CU 可进一步划分为预测单元(PU)和变换单元(TU),其中 PU 为预测处理的基本单位,表示了一块共享同一预测信息的图像区域;TU 是量化变换的基本单位,表示了一块共享同一变换信息的图像区域。TU 和 PU 可以选择的尺寸很多,但是最大尺寸不能超出对应的根节点 CU 的尺寸。

2. 关键技术

1)帧内预测

虽然 HEVC 的帧内预测原理同 H.264 类似,但是 HEVC 能够支持的预测模式多达 35 种,其中包括 33 种预测方向,以及 Planar 和 DC 两种模式。

2)帧间预测

HEVC 引入了先进运动矢量预测(Advanced Motion Vector Prediction,简称 AMVP),通过空间域和时间域的相邻信息得到更高精度的候选数据。帧间预测中的运动矢量(Motion Vector,简称 MV)通过运动估计产生,用于表示当前 PU 相对于参考图像中对应块区域的偏移。HEVC 引入了合并编码模式,将时空域中相邻的、相同的 MV 合并以提高压缩率。相比 H.264,HEVC 还改进了 Skip 模式和 Direct 模式。HEVC 采用了比 H.264 更加有效的非整像素(1/2 像素和 1/4 像素)插值滤波,能够提供更多的参考帧。

3)变换量化

变换编码基于图像区域内像素间的相关性达到消除空间冗余的目的,而量化通过降低数据的精度从而减少需要编码的数据量。同 H.264 相比,HEVC 的系数变换矩阵和量化矩阵的尺寸更广,同时还采用了新的离散正弦变换(DST)。

4)熵编码

HEVC 放弃了 H.264 的基于上、下文自适应可变长编码(Context - based Adaptive Variable Length Coding,简称 CAVLC),但保留了其中更高效的自适应二进制算术编码(Context - based Adaptive Binary Arithmetic Coding,简称 CABAC),同时在速度、压缩率以及上、下文的存储需求方面作了优化。

5)去块滤波

HEVC 去块滤波器与 H.264 的环路滤波器类似,但使用 8×8 的采样网格,更适合并行化操作。同时对滤波强度的判定和滤波的处理过程进行了必要的简化。

6)采样自适应偏移(Sample Adaptive Offset,简称 SAO)

HEVC 新增了 SAO 来降低重构图像的失真。去块滤波之后,SAO 滤波器通过使用额外的参数以更好地重建原始信号。SAO 滤波器包括两种模式:边缘模式和带模式。

7)并行化编码工具

并行化架构处理是 HEVC 的一大优势,HEVC 提供了 3 种并行化处理工具,即 Slice、Tile 和 WPP,有利于实现编码从单核到多核并行方向的发展。

WPP:该模式同体系结构中的流水线相似,根据 CTU 的依赖关系,Slice 中不同的 CTU 可并行处理,HEVC 在第一行中的第二个 CTU 完成编码后,便开始处理第二行的 CTU,以此类推。WPP 的并行化程度高于 Slice 和 Tile。

三、HEVC 帧内编码技术

帧内编码利用了图像的空间相关性,根据已解码像素信息,通过插值计算得到当前预测单元 PU 区域的预测值,然后该区域像素的原始值同预测值之差(即残差信息)经过量化变换和熵编码处理,实现视频空间冗余的消除,从而达到压缩的目的。对于每个编码树单元(CTU),HEVC 需要遍历所有的 CU 尺寸以及对应的 PU 和预测模式,并通过计算和比较率失真(RD)代价来确定 CTU 的编码模式。复杂的帧内预测模式、模式选择以及对所有尺寸的 CU 进行深度优先遍历是造成 HEVC 帧内编码高复杂度的主要因素。

1. HEVC 帧内预测模式

复杂的帧内预测模式是造成 HEVC 帧内编码复杂度高的重要原因。在 HEVC 帧内预测中，预测单元(PU)有两种划分方式，即 $2N\times2N$ 和 $N\times N$，如图 4-10 所示。其中 $2N\times2N$ 对应于所属编码单元(CU)的尺寸，而 $N\times N$ 只存在于 8×8 的 CU 中，因为对于其他尺寸的 CU (16×16、32×32 或 64×64)，采用 $N\times N$ 模式等价于将 CU 按四叉树结构划分为 4 个子单元并分别采用 $2N\times2N$ 模式。

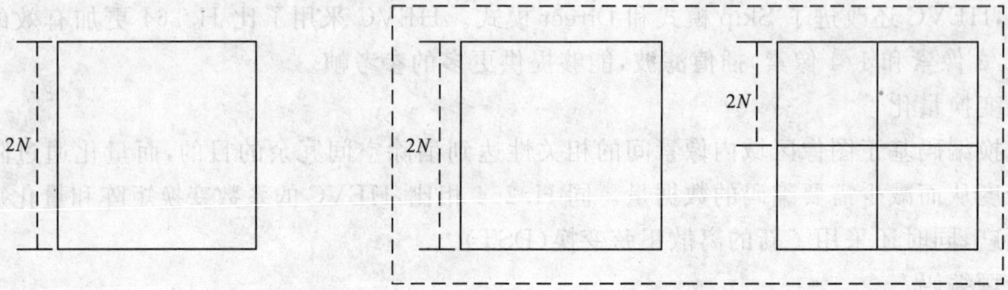

图 4-10 帧内预测中的 CU 及对应的 PU 划分

在帧内预测中，对于任意一个编码单元(CU)所包含的每个 PU 单元，HEVC 根据不同的预测模式，选择相应的已解码像素作为参考，通过插值算法计算得到当前 PU 块中像素的预测值。为了使每个 PU 得到最理想的预测值，HEVC 需要遍历 35 种预测模式，其中包括 33 种方向预测模式以及 DC 模式和 Planar 模式，如图 4-11 所示。对应地，H.264 中 4×4 尺寸的块单元的预测模式为 9 种，16×16 尺寸的块单元对应的预测模式只有 4 种，所以相比之下 HEVC 的帧内预测模式更加复杂。

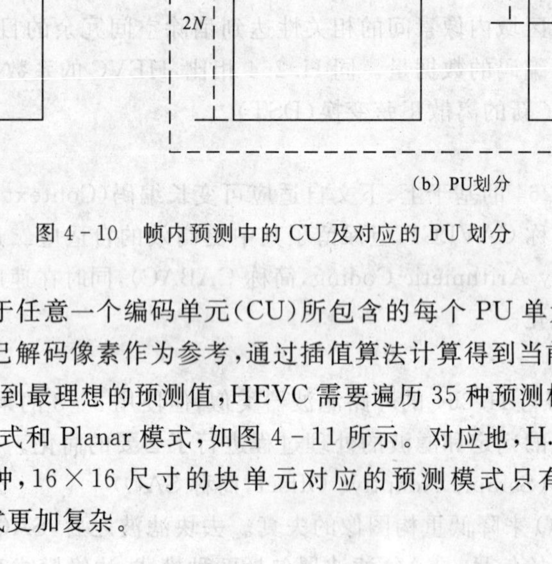

图 4-11 亮度块的帧内预测模式

2. HEVC 帧内编码过程

HEVC 从根节点最大编码单元(LCU)开始,通过深度优先方式遍历整个四叉树,确定最佳的 CU 划分及对应的 PU 和预测模式,如图 4-12 所示。

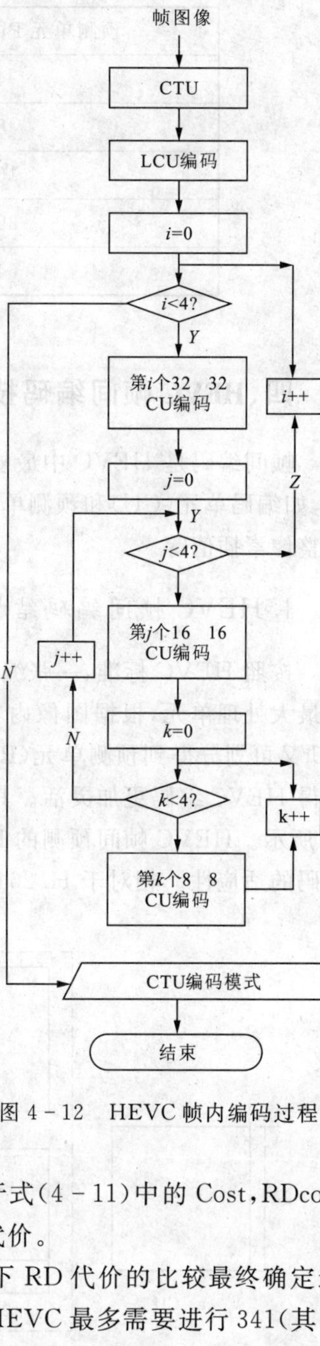

图 4-12　HEVC 帧内编码过程

在编码单元(CU)层上,HEVC 首先通过一个称为"模式粗选择"(Rough Mode Decision,简称 RMD)的过程,从 35 种预测模式中选择候选模式,然后通过率失真优化(Rate Distortion Optimization,简称 RDO)从候选模式中选择最佳的预测模式。

(1)RMD。对于任意一种帧内预测模式经过以下处理得到对应的代价:①根据预测模式确定相应的参考像;②根据参考像素通过插值计算得到当前预测单元(PU)的预测信号;③计算 PU 的原始信号和预测信号之间的差值,即残差信息;④对残差信号进行 Hadamard 变换,并通过拉格朗日公式(4-11)计算该预测模式对应的估计代价。

$$\text{Cost} = \text{HAD}(e) + \lambda \times R(\text{mode}) \qquad (4-11)$$

Hadamard 变换是一种广义 Fourier 变换,式中 HAD 是视频残差信号大小的衡量,表示残差经过 Hadamard 变换后的系数绝对值之和,λ 表示拉格朗日系数,R 表示对预测模式编码所需的比特数,因此 Cost 就是残差代价估计和预测模式编码代价估计之和。

(2)比较 35 种预测模式对应的代价,从中选择候选模式。

(3)RDO 选择。对于候选模式,HEVC 再根据 RDO 处理,通过比较率失真(RD)代价得到最佳的预测模式。RD 代价的简单定义为:

$$\text{RDcost}(B) = D(B) + \lambda \times R(\text{mode}) \qquad (4-12)$$

式中:B 是当前的块单元;D 是预测所造成的失真,表示当前 CU 单元与预测信号的残差平方和;λ 是拉格朗日因子;R 表示对所选块的尺寸、预测模式等参数编码所需的比特数。相对于式(4-11)中的 Cost,RDcost 的计算更加复杂,能够更加准确地表达预测失真和编码模式的代价。

当所有 CU 单元的帧内预测结束后,通过对不同编码模式下 RD 代价的比较最终确定最佳的 CU 划分方式和相应的预测模式。因此,在一个 CTU 中,HEVC 最多需要进行 341(其中每个 8×8 尺寸的 CU,根据 $2N\times 2N$ 方式划分为 4 个相同尺寸的 4×4PU 块)次模式选择计算,计算相当耗时。同 H.264 相比,HEVC 帧内预测模式增多,预测模式选择复杂,相应的计算复杂度也大幅增加(图 4-12)。

RMD 中候选预测模式的数目 N 同预测单元(PU)尺寸的关系如表 4-3 所示。

表 4-3　帧内 PU 尺寸及对应候选模式的数目

预测单元 PU 的尺寸(像素)	N(个)
4×4	8
8×8	8
16×16	3
32×32	3
64×64	3

四、HEVC 帧间编码技术

帧间编码是 HEVC 中最复杂的技术。其复杂性主要体现在两个方面：一是复杂的编码结构，如编码单元(CU)和预测单元(PU)；二是复杂的模式选择，涉及深度优先遍历、运动估计、非整像素插值等。

1. HEVC 帧间编码结构

按照 HEVC 标准，一张编码图像首先划分为一系列编码树单元(CTU)，然后将 CTU 作为最大处理单元，根据图像内容按照四叉树方式自适应地划分得到基本的编码单位(CU)。CU 又可划分得到预测单元(PU)和变换单元(TU)，分别作为预测和量化变换的基本单元，这使得 HEVC 编码更加灵活。其中，PU 是在 CU 的基础上按照不同的划分方式得到，如图 4-13 所示。HEVC 帧间预测的 PU 模式引入了非对称划分，以增强对具有不同纹理分布的图像编码的适应性。相对于 H.264 而言，HEVC 中 CU 支持的尺寸更广，帧间 PU 预测模式更多。

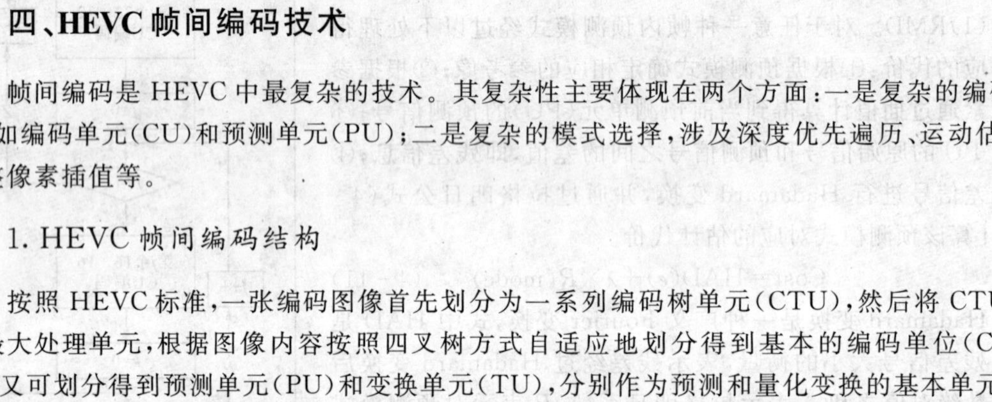

图 4-13　帧间预测中的 CU 及对应的 PU 划分

HEVC 在帧间预测中引进了一种称为 Merge 模式的合并方案，通过将共享相同帧间运动信息的相邻 PU 叶子节点合并成一个大的图像区域，对合并后的图像区域进行一次编码，从而代替对较小 PU 单元的多次编码，以此来降低编码的代价，提高视频的压缩率。

每个 PU 对应的最匹配块单元通过运动估计得到，每次运动估计都会产生一个运动矢量(MV)。HEVC 提出了先进运动矢量预测(AMVP)，由于相邻块的 MV 相关性强，所以为了提高匹配速度和精度，每个块首先根据如图 4－13 所示的相邻的已编码块进行预测，获得预测运动矢量(Motion Vector Prediction，简称 MVP)，以 MVP 为搜索的起点，然后在 127×127 的范围内通过相关搜索算法搜索最匹配的块单元。在此基础上分别对 1/2 像素和 1/4 像素进行插值，最终确定 MV。为了节省编码开销，当前运动矢量(MV)与预测运动矢量(MVP)的差值，即运动矢量差(Motion Vector Difference，简称 MVD)被编码和传输。

MVP 的产生通过以下过程得到。

如图 4－14 所示，HEVC 首先根据可用性分别从$\{a_0, a_1\}$和$\{b_0, b_1, b_2\}$中选择第一个和第二个空间候选 MV，如果从空间相邻块中得到的候选 MV 少于两个，则用时间候选 MV 补充，如果可用的候选 MV 仍不足，则将(0,0)加入候选 MV。

然后，HEVC 分别以候选 MV 为起点，通过运动估计得到相应的残差，并根据残差、MVP 和索引的编码量计算各自的代价，最后选择代价最小的候选 MV 作为 MVP。

此外，HEVC 通过预测模式竞争机制实现 Merge 模式。Merge 的候选模式从空间候选模式、时间候选模式和生成的候选模式中选取，图 4－14 和图 4－15 分别显示了空间候选的 5 种参考模式的位置及判断顺序，在确定候选模式的过程中依次检查$\{a_0, a_1, b_0, b_1, b_2\}$是否可用。

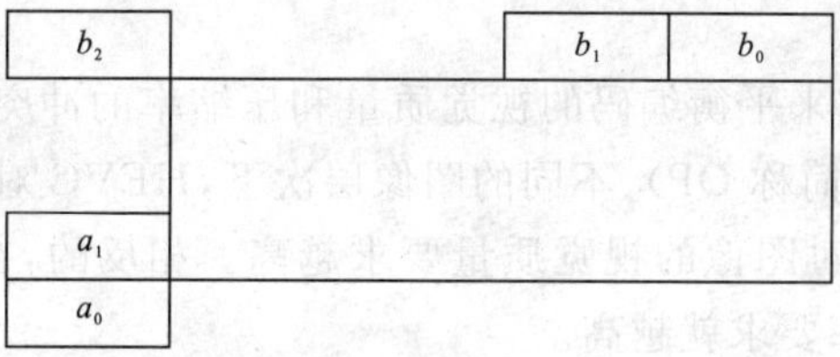

图 4－14　参考块单元的位置

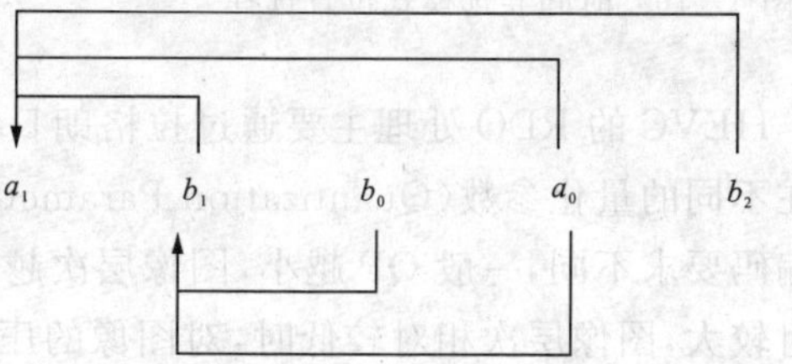

图 4－15　Merge 合并判断

选择候选模式时需注意如下情形：

(1)参考块的模式为帧内模式或参考块不在当前 Slice 或 Tile 中，则不可用；

(2)当前 PU 与候选模式所在 PU 属于同一个 CU，且两个 PU 的运动信息相同时，可直接利用对应的 $2N\times 2N$ PU；

(3)按图 4－15 所示顺序比较，当候选模式与之前的候选具有相同的运动信息时，需排除；

(4)对于时间候选模式，首先考虑图 4－16 参考图像中 C_0 块的模式，C_0 位于当前 PU 外的右下方，如果 C_0 无效，则考虑处于中心位置的 C_1 块的模式；

(5)如果空域候选模式和时域候选模式仍未满足设定的数目，则再考虑(0,0)。

综上所述，帧间编码不仅涉及到 CU 和 PU 等复杂的编码结构，而且其中所包含的预测模式更加复杂，这也使得 HEVC 帧间预测的难度和复杂度大大增加。

2. HEVC 帧间编码的过程

复杂的模式选择，涉及深度优先遍历、运动估计、非整像素插值等。

为了获得最佳的编码性能，HEVC 通过遍历四叉树中所有的 CU 节点确定编码模式。其中帧间预测的过程同帧内遍历相同，对于每个 CTU，HEVC 从四叉树的根节点 LCU 层开始，采用深度优先方式遍历所有的 CU(图 4-16)。不同的是：在每一层 CU 编码处理中，对所含的每种 PU 块，首先通过运动估计(图 4-17)从参考图像中搜索与之匹配的图像区域；然后经过像素插值确定帧间残差，再利用 RDO 算法根据残差和预测模式等信息得到每个 PU 模式的 RD 代价，并确定该 CU 中代价最小的 PU 模式；最后在帧间遍历从四叉树叶子节点(8×8CU)返回根节点的过程中，HEVC 通过对不同深度 CU 的 RD 代价的比较，选择合适的 CU 尺寸以及对应的 PU 模式。

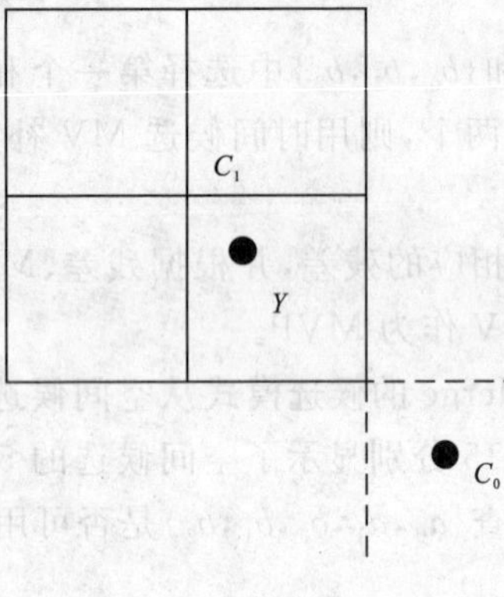

图 4-16　时间候选模式位置选择

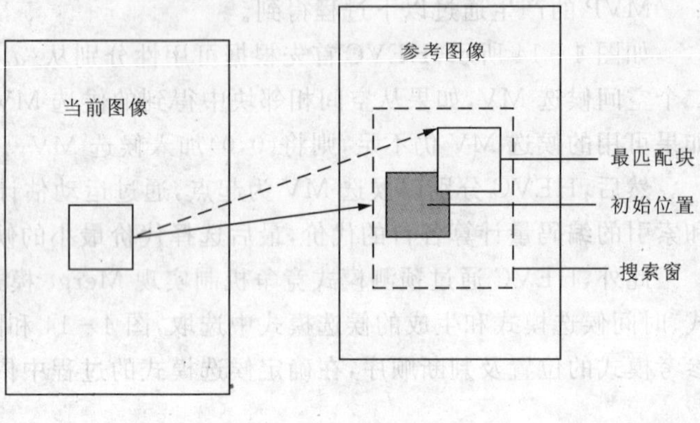

图 4-17　运动估计

HEVC 的 RDO 处理主要通过拉格朗日公式来平衡编码的视觉质量和压缩率的冲突。因为在不同的量化参数(Quantization Parameters，简称 QP)、不同的图像层次下，HEVC 对图像的编码要求不同，一般 QP 越小，图像层次越高，对图像的视觉质量要求越高。相反的，在 QP 相对较大，图像层次相对较低时，对图像的压缩率要求就越高。

因此每个 CTU 最佳的编码模式的最终确定需要对 64×64 到 8×8 范围内的所有 CU 及其对应的所有 PU 模式都进行 RDO 处理，这种方式虽然能够有效地消除视频编码的时间冗余，提高压缩能力，但也造成了巨大的计算代价。

第四节　AVS 视频编码技术

一、AVS 视频编码器概述

AVS 视频编码的结构如图 4-18 所示。在编码结构上，AVS 与 H. 264 比较相似，但在各模块的具体处理方法上，它与 H. 264 有许多不同。考虑到 MPEG 在数字视频产业的广泛应用，AVS 的语法结构与 MPEG-2 的语法结构类似。

在 AVS 编/解码过程中，基本处理单元是宏块。一个宏块包含一个 16×16 的亮度样值块和对应的色度样值块，当前 AVS 支持 4∶2∶2 和 4∶2∶0 两种图像格式。在各种处理之前，AVS 采用光栅扫描的方法将图像扫描为一个宏块序列。

每个宏块都需要通过预测，系统只对图像样值与预测值之间的残差进行变换编码。AVS

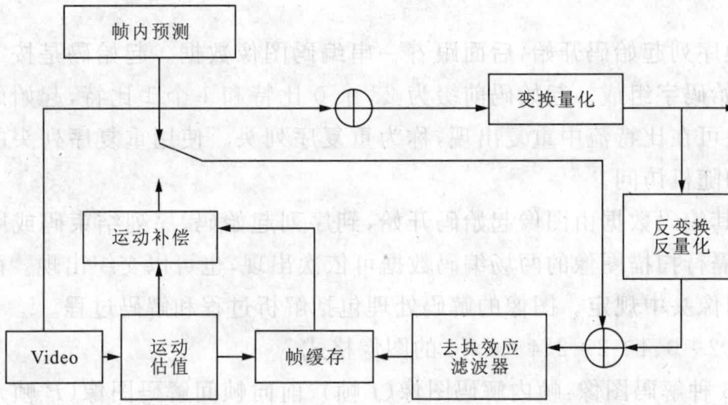

图 4-18 AVS视频编码器结构

采用帧内预测与帧间预测两种预测方法。帧内预测使用空间预测模式来消除图像内的冗余。帧内预测以当前帧中当前宏块左方和上方宏块的像素来预测当前宏块的像素值，AVS 帧内预测单元采用与整数变换同样大小的 8×8 块。帧间预测使用基于块的运动矢量来消除图像间的冗余，它以已解码的帧或场来预测当前帧的像素值，并支持 16×16、16×8、8×16、8×8 4 种大小的块作为预测单元。运动向量的精度达到 1/4 像素。

图像经预测后，由图像样值与预测值相减得到预测残差。系统对残差采用 8×8 的整数变换，并进行量化，量化后使用"之"字形(zig-zag)扫描方法对量化系数进行扫描。

AVS 使用一种自适应的变长编码技术对扫描后的系数进行熵编码。系统在对各种语法元素编码时从 4 种指数哥伦布码码表中选择一种。

在进行帧间预测的过程中，系统需要对用于参考的重建图像进行去块效应滤波。滤波器对重建图像的块边界进行平滑，降低图像的块效应，而对图像边界不进行滤波。考虑到不同图像区域和不同的码率，AVS 的去块效应滤波器是自适应的。AVS 的时间信息放在 I 帧的头信息中，因此可以将 I 帧作为编码后视频序列的随机访问点。

二、编码比特流结构

1. 码流组成的基本单元

视频序列是比特流的最高层语法结构。视频序列由序列头开始，后面跟着一个或多个编码图像，每帧图像之前应有图像头。编码图像在比特流中按比特流顺序排列，比特流顺序应与解码顺序相同。解码顺序可与显示顺序不相同。序列结束码表明了一个视频序列的结束。

标准支持两种序列：逐行序列和隔行序列。帧由 3 个样本矩阵组成，包括一个亮度样本矩阵($\boldsymbol{Y}$)和两个色度样本矩阵($\boldsymbol{C}_b$ 和 $\boldsymbol{C}_r$)。样本矩阵元素的值为整数。Y、C_b、C_r 三个分量与原始的(模拟)红、绿、蓝信号间的关系，包括原始信号的色度和转移特性等可在比特流中定义，这些信息不影响解码过程。场由构成帧的 3 个样本矩阵中相间的行构成，即帧样本矩阵的第一行、第三行、第五行……，以此类推，构成一个场，称为顶场；第二行、第四行、第六行……，以此类推，构成另一个场，称为底场。解码器的输出是一系列帧，两帧之间存在一个帧时间间隔。对隔行序列而言，每帧图像的两场之间存在一个场时间间隔。对逐行序列而言，每帧图像的两场时间间隔为0。

视频序列头由视频序列起始码开始，后面跟着一串编码图像数据。起始码是按字节对齐的，由起始码前缀和起始码字组成。起始码前缀为23个0比特和1个1比特，起始码字为一个字节的整数。序列头可在比特流中重复出现，称为重复序列头。使用重复序列头的主要目的是支持对视频序列的随机访问。

一幅图像是1帧，其编码数据由图像起始码开始，到序列起始码、序列结束码或图像起始码结束。在比特流中，隔行扫描图像的两场编码数据可依次出现，也可以交织出现。两场数据的解码和显示顺序在图像头中规定。图像的解码处理包括解析过程和解码过程。

AVS标准支持4∶2∶0、4∶2∶2、4∶4∶4的图像格式。

AVS标准定义了3种解码图像：帧内解码图像（*I*帧）、前向帧间解码图像（*P*帧）、双向帧间解码图像（*B*帧）。如果视频序列中没有*B*帧，解码顺序与显示顺序相同。如果视频序列中含有B帧，则解码顺序与显示顺序不同，解码图像输出显示前应进行图像重排序。图像重排序规则如下：

(1)如果当前解码图像是*B*帧，输出此*B*帧解码的图像；如果当前解码图像是*I*帧或*P*帧，且存在前一个*I*帧或*P*帧的解码图像，输出前一个解码图像；如果不存在前一个*I*帧或*P*帧的解码图像，则不输出任何解码图像。

(2)*P*帧或*B*帧最多可有两帧参考图像。*P*帧可参考前向的两帧。在1帧中，后解码的场还可参考当前帧的另外一场。*B*帧可参考一前一后两帧。运动矢量可以超出参考图像的边界，在这种情况下应使用距离运动矢量所指位置最近的图像内的像素进行边界扩展。对亮度样本矩阵，所有用于构造参考块的像素在水平和垂直方向均不应超出参考图像边界外16个像素。

条带是按光栅扫描顺序连续的若干个宏块行，条带内的宏块行不应重叠，条带之间也不应重叠。条带内宏块的解码处理不应使用本图像其他条带的数据。如果隔行图像的两场数据依次出现，这两场数据应属于不同的条带。条带边界扩展方法和参考图像边界扩展方法相同。条带结构参见图4-19。

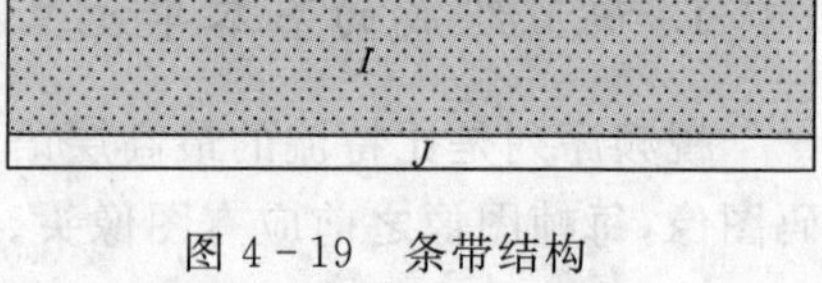

图4-19　条带结构

图像划分为宏块，宏块左上角的点不应超出图像边界。在比特流中，当隔行扫描图像的两场编码数据依次出现时，任意宏块的像素应来自同一场。AVS最小的图像单元为8×8块，在4∶2∶0的图像格式下，一个宏块包括4个8×8亮度块(*Y*)和2个8×8色度块（1个C_b、1个C_r）；在4∶2∶2的图像格式下，一个宏块包括4个8×8亮度块(*Y*)和4个8×8色度块（2个C_b、2个C_r）；在4∶4∶4的图像格式下，一个宏块包括4个8×8亮度块(*Y*)和8个8×8色度块（4个C_b、4个C_r）。

2. 码流的解析过程

最大的码流结构单元——视频序列解码过程：找到序列的32bit起始码后，进入解码图像组的循环，图像组可以包括多个 I、B、P 图像；图像组的解析过程首先读入序列头信息和用户扩展信息；在视频序列中插入该信息，将序列分割成多个图像组，增加序列的随机访问能力；再开始一次解析图像组中 I、P、B 图像，如果接下来32bit是视频编辑码，则读入该码，如果是 I 图像起始码，则读入 I 图像的图像头信息，否则读入 P、B 图像头的信息；读入1位的扩展和用户数据，再开始解码这一幅图像的数据；解码完后，判断32bit是否为视频编辑码或 I、P、B 图像的起始码，如果是则继续解码该图像组，否则结束该图像组的解码；判断32bit是否为序列结束标志，如果不是，则继续解码下一个图像组，否则结束该序列的解码。

序列头的解码过程：读入序列起始码档次和级别的标志、图像的帧场类型标志、图像的水平和垂直尺寸、色度编码格式、采样精度、帧率、比特率的上限和下限、参考解码器设定的比特流缓冲区的尺寸等信息。

扩展和用户数据解码：分别读取扩展数据和用户数据，扩展数据按位置在序列头后还是在图像头后，分为序列显示扩展、版权扩展、摄像机参数扩展、图像显示扩展或者用户保留字。

I 图像头信息解码过程：读入 I 图像起始码，读入16位无符号整数BBV延时bbv_delay，如果bbv_delay不等于0xFFFF，它规定了BBV从收到图像起始码的最后一个字节到开始解码图像之间要等待的时间；读入时间码标志，如果标志非零，则读入24位的时间码；读入图像距离参数，即当前图像在序列中显示顺序的编号；读入帧场图像类型标志progressive_frame；读入当前图像的两场出现顺序标志picture_structure，读入顶场在先标志和重复首场标志；读入固定图像QP标志和图像QP值，如果是场图像，而且两场依次出现，则读入跳过模式、图像加权预测标志，如果是加权预测，则读入亮度和色度的缩放参数和平移参数；读入宏块加权预测标志，决定是否所有非帧内预测宏块都应采用加权运动补偿；读入环路滤波器标志，决定是否使用滤波器，如果使用，则再读入判决门限表的偏移量参数。

P、B 图像头信息的解码过程大部分和 I 图像相同，不同之处在于：如果是两场图像依次出现，则要读入高级预测模式禁用标志；如果不是两场图像交替出现，或者图像的类型不是"10"，则要读入图像的参考标志，决定图像的每个宏块是否使用相同的参考图像；读入图像的统一预测权重标志，如果为1，则依次读入每个参考图像的尺度缩放及平移参数；读入Skip模式标志。

图像数据picture_data()的解码过程：依次解码该图像中的所有条带。

条带的解码过程：读取条带起始码，如果图像垂直显示尺寸大于2 800，则读入垂直位置扩展；如果图像固定QP标志为0，则读入条带固定QP标志，读入条带QP值；如果宏块的Skip标志为1，而且不是Intra图像或是场编码的底场，则读入宏块的Skip长度，依次解码条带中所含的宏块。

宏块的解码过程如下：

(1)如果不是Intra图像，或者是场图像的底场，则读入宏块类型。

(2)如果宏块类型不是 P 的Skip或者 B 的Skip类型，那么：

如果宏块类型为 $B\_8\times8$，则依次读入4个子块的类型；

如果宏块类型为 $I\_8\times8$，则依次读入4个亮度子块的预测模式标志，如果标志非零，则读入该亮度子块的帧内预测类型，再读入色度块的帧内预测模式；

如果是 P 图像，并且不是统一的宏块参考，或者如果不是 B 图像，并且为场图像，则按照参考图像的个数，依次读入各个宏块参考索引。

(3)依次读入指向每个参考图像的水平和垂直方向的运动矢量。

(4)如果宏块加权预测标志为 1，则读入该宏块的加权预测设置。

(5)如果宏块类型不是 I_8×8 或图像不是 B 图像，或者宏块类型为上前_下前预测且图像不是 B 图像，则读入 CBP 值。

(6)如果色度格式为"10"，则读入 cbp_422 值。

(7)如果宏块有非零编码系数且不是固定 QP，则读入 QP 的增量，依次解码 6 个块。

块的解码过程：首先通过 CBP 确认该块是否有非零编码系数，如果有则开始解码，依次解码得到每个熵编码(Run，Level)对的 VLC 编码值。如果编码值不小于 59，则为逃逸事件，继续解码 Level 的编码差值，直到解码得到块结束标志符 EOB，完成该块的解码。

三、AVS 的关键技术

1. 变换、量化技术

AVS 的变换和量化技术源自 H.264，因为 H.264 是第一个采用整数变换替代 DCT 的国际标准。两者最大的不同在于变换尺寸。H.264 选择 4×4 的块变换，因为它的最小运动搜索块尺寸为 4×4，变换块的尺寸不能低于搜索块，否则会明显降低变换性能。采用 4×4 变换的优势在于：采用整数变换设计，它的快速算法完全用加减法和移位实现，而不用乘法，计算复杂度很低；而且整数变换不存在浮点 DCT 的变换与反变换的失配问题，矩阵的数值小，减少了变换量化中间过程的数值动态范围，能够完全在 16bit 内实现，方便 16 位芯片的硬件实现。4×4 变换的缺点是变换块的尺寸小，去相关性不足。虽然 H.264 采用对宏块的 4×4 变换后的直流系数再次作哈达马变换的方法进一步去相关性，但性能仍然不如 8×8 变换。在 H.264 的发展过程中，出现过自适应块变换技术(ABT)，即选择最合适的变换尺寸来作变换，块的尺寸有 8×8、8×4、4×8、4×4，其中 4×4 变换矩阵即为标准中采用的变换矩阵。这种方法的变换性能明显优于固定尺寸的 4×4 变换，但是为了选择最优的变换方式，增大了计算时间，而且要增加多种相应的变换尺度模式编码，增加扫描和熵编码码表的存储开销，从而削弱了变换性能的增益，最终没有被标准采纳。

AVS 为了避开 H.264 的专利问题，选择了以往标准广泛采用的 8×8 变换尺度，而且验证 8×8 变换在高清晰电视这类应用中的性能不会比 4×4 变换差。

AVS 编码器的变换量化过程如下。

正变换：设变换矩阵为 $\boldsymbol{T}$，转秩矩阵为 $\boldsymbol{T}^T$，输入残差矩阵为 $\boldsymbol{X}$，输出为 $\boldsymbol{Y}$，则正变换表示为 $\boldsymbol{Y}=(\boldsymbol{TXT}^T)>>5$，右移 5 位是为了控制正变换数据范围。

量化：将正变换输出系数矩阵先与尺度缩放矩阵 $\boldsymbol{E}_8$ 的元素对应相乘，结果右移 19 位，再通过量化参数 QP 查找量化表得到 Q_Table[QP]，与尺度缩放后的结果相乘，再右移 15 位，保证量化输出结果在 16 位以内。不考虑近似取整处理，量化可以表示为 $\boldsymbol{YQ}_{(i,j)}=\{[(\boldsymbol{Y}_{(i,j)}*\boldsymbol{E}'_{8(i,j)})>>19]*Q\_\mathrm{Table}[\mathrm{QP}]\}>>15$，输出矩阵为 $\boldsymbol{YQ}$。其中 $\boldsymbol{E}'_8$ 是变换系数的尺度调整矩阵。

反量化：设反量化的输出矩阵为 $\boldsymbol{Y}'$，$\boldsymbol{Y}'_{(i,j)}=(\boldsymbol{YQ}_{(i,j)} * \mathrm{IQ\_Table}[\mathrm{QP}])>>\mathrm{Shift}[\mathrm{QP}]$，其中 IQ_Table 为反量化表，Shift 为 QP 对应的位移表。

反变换：反变换可以表示为 $\boldsymbol{X}'=\{\boldsymbol{T}^{T}[(\boldsymbol{Y}'\boldsymbol{T})>>3]\}>>7$。

2. 帧内预测

与 H. 264 类似，AVS 的帧内预测也采用了基于空域的帧内预测思路，采用代表空间域纹理方向的多种预测模式，利用与当前块相邻的左侧和上侧已解码块在环路滤波前的重建像素值作为当前块的参考，直接对每个系数作预测，更有效地去除相邻块的相关性，极大地提高了帧内编码效率。

与 H. 264 不同的是，AVS 兼顾高清视频的特点并且充分利用人眼的视觉掩盖效应，亮度和色度帧内预测都以 8×8 块为基本预测单元。由于预测块尺寸相对比较大，待预测样本与参考样本间的距离增加，相关性减弱，从而降低了空间预测精确度。因此，AVS 在 DC、Down_Left 和 Down_Right 预测模式中先用 3 抽头低通滤波器(1,2,1)对参考样本进行滤波。

AVS 的亮度帧内预测只有 5 种模式：Vertical、Horizontal、DC、Down_Left 和 Down_Right(图 4-20)，这使得方案更加简洁，大大地降低了帧内预测模式决策的计算复杂度，而性能降低不多。与 H. 264 采用 9 种模式相比，AVS 采用 5 种模式仅损失 0.05dB 的 PSNR 增益。色度帧内预测同 H. 264 一样，也有 4 种模式：DC 预测、水平预测、垂直预测和 Plane 预测。

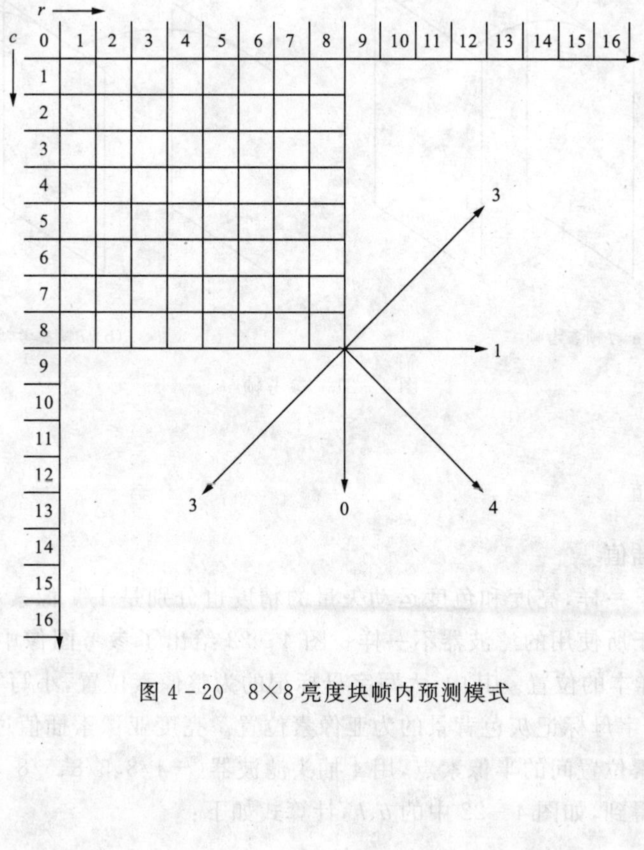

图 4-20　8×8 亮度块帧内预测模式

3. 帧间预测

帧间预测利用图像帧间的时间相关性，通过去除时间冗余，实现对图像数据的压缩。活动图像的时间相关性往往比空间相关性还要大。帧间预测主要包括运动估计、运动补偿两大技术。从早期的 MPEG-1 标准开始，帧间预测就选用压缩数据。

宏块划分是提高运动预测精度的有效手段。划分的块越小则块内残差能量也就越小，残差块的编码量随之减小。但相应的用以确定参考块模式和运动矢量的信息量增大，直接导致编码量增大。MPEG-2 标准的运动预测选用 16×16 的宏块进行，MPEG-4 标准在它的基础上添加 8×8 块划分模式。H.264 标准中进一步添加更小块的划分模式。AVS 标准为了兼顾预测精度和搜索时间，没有选用小于 8×8 块的运动预测模式。模式的减少带来整体性能的降低(2%～4%)，获得收益让编码复杂度大大降低(30%～40%)。因此 8×8 块成为 AVS 中的最小宏块划分。

同样出于降低编码复杂度的考虑，AVS 将 H.264 选用 15 帧的参考帧数减少为参考 2 帧。帧数的减少使得运算量减少，极大地降低了编码的复杂度，同时基本保证了编码图像的质量。其中，P 帧参考的方式是通过前向参考。已完成重构的两帧图像作为前向参考帧，如图 4-21(a)所示。AVS 标准规定，B 帧同样参考 2 帧图像。不同于 P 帧，邻近 1 帧的前向帧和后向帧作为参考帧图像，如图 4-21(b)所示。

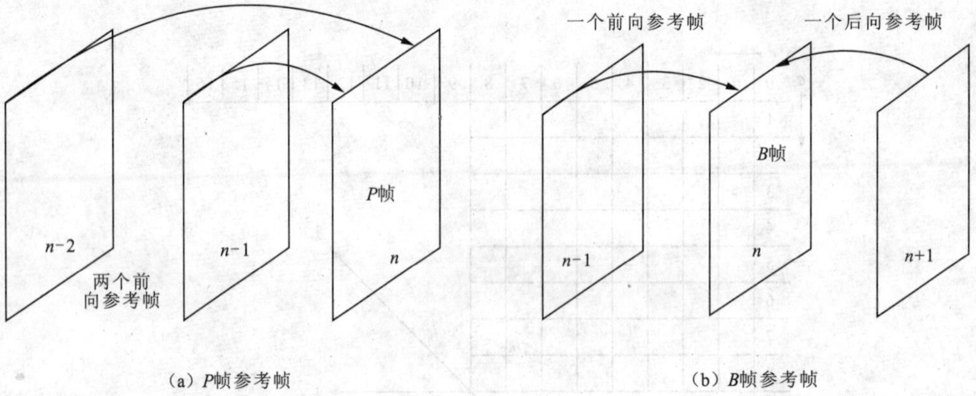

图 4-21　参考帧

4. 亚像素插值

1)亮度亚像素插值

AVS 和 H.264 一样，亮度和色度运动矢量的精度也分别是 1/4 像素和 1/8 像素。两者插值的最大不同在于所使用的滤波器不一样。图 4-22 给出了参考图像中整像素、半像素和亚像素(1/4 像素)样本的位置。其中，大写字母标记的为整像素位置，小写字母标记无填充的为半像素位置，小写字母标记灰色背景的为亚像素位置。亮度亚像素插值过程如下。

首先产生整像素位置间的半像素点，用 4 抽头滤波器(−1/8、5/8、5/8、−1/8)对相邻整像素位置的样本插值得到，如图 4-22 中的 b、h，计算式如下：

$$b = \mathrm{round}((-C+5D+5E-F)/8)$$
$$h = \mathrm{round}((-A+5D+5H-K)/8) \qquad (4-13)$$

第二步产生其他的半像素点，用 4 抽头滤波器(−1/8、5/8、5/8、−1/8)对相邻半像素位置或整像素位置的样本插值得到，如图 4-22 中的 j，插值公式为：

$$j = \mathrm{round}((-n+5h+5m-o)/8) \qquad (4-14)$$

第三步产生与整像素和半像素同行或同列的亚像素点，用 4 抽头滤波器(1/16、7/16、7/16、1/16)对相邻整像素或半像素样本插值得到，如图 4-22 中的 a、d 和 i，其中 a、d 计算式如下：

$$a = \mathrm{round}((e+7D+7b+E)/16)$$
$$d = \mathrm{round}((f+7D+7h+H)/16) \qquad (4-15)$$

第四步产生整像素或半像素对角位置的亚像素点，用双线性滤波器(1/2、1/2)对相邻整像素或半像素样本插值得到，如图 4-22 中的 s、t、p 和 r，其中 s 的计算式为：

$$s = \mathrm{round}((D+j)/2) \qquad (4-16)$$

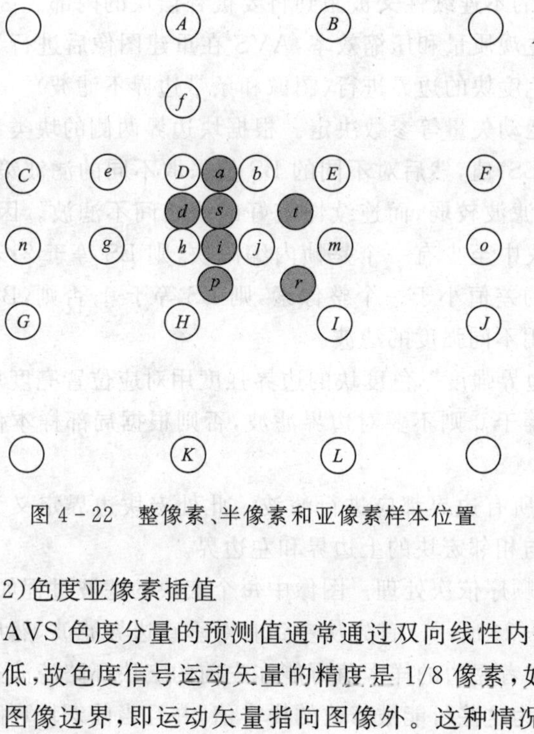

图 4-22　整像素、半像素和亚像素样本位置

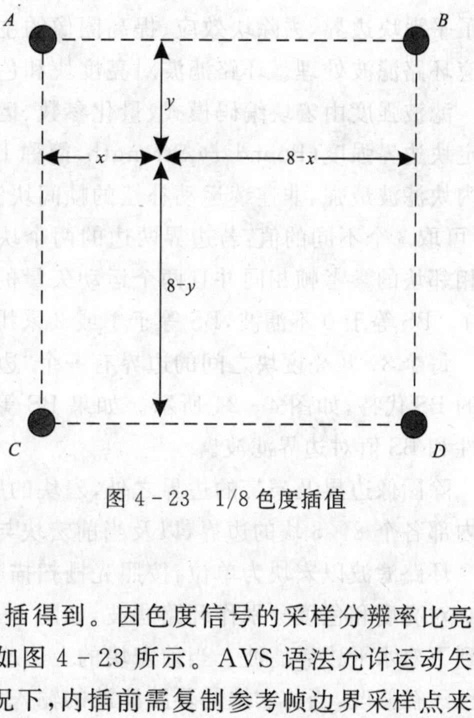

图 4-23　1/8 色度插值

2)色度亚像素插值

AVS 色度分量的预测值通常通过双向线性内插得到。因色度信号的采样分辨率比亮度分量低，故色度信号运动矢量的精度是 1/8 像素，如图 4-23 所示。AVS 语法允许运动矢量超出图像边界，即运动矢量指向图像外。这种情况下，内插前需复制参考帧边界采样点来扩边。

插值时使用与亮度块的运动矢量 $MVE(MVE\_x, MVE\_y)$ 对应的运动矢量 $MVC(MVC\_x, MVC\_y)$ 来进行，为 1/8 像素精度。如果是 4∶2∶0 格式的图像，$MVC=MVE$；如果是 4∶2∶2 格式的图像，$MVC\_x=MVE\_x$，$MVC\_y=MVE\_y\times 2$。

预测样本矩阵的元素 $\mathrm{pre}Mx[x,y]$ 根据式(4-17)计算：

$$\mathrm{pre}Mx[x,y] = \mathrm{Clip1}(((8-x)\times(8-y)\times A + x\times(8-y)\times B + (8-x)\times y + x\times y\times D + 32) >> 6) \qquad (4-17)$$

式中：$x=MVC\_x\ \&\ 7$；$y=MVC\_y\ \&\ 7$；A、B、C、D 为被插值样本周围的整像素点。

最后使用式(4-18)将插值样本饱和在(0,255)之间：

$$\text{Clip1}=\begin{cases}0 & x<0\\ 255 & x>255\\ x & \text{其他}\end{cases} \tag{4-18}$$

5．环路滤波

基于块的视频编码，特别是在低码率的情况下，有一个显著缺点就是重建图像存在块效应。一般来说，这是由于把像素块当作单个整体分别编码，编码过程中并未考虑相邻块间的相关性，因而在重建图像中可能看到块边界。较大的量化步长，更容易在相邻像素块间出现醒目的"台阶"，甚至出现"伪边界"。在 AVS 视频编码标准中，块效应有两种来源：最显著的一个是在 Intra 和 Inter 帧预测残差编码中的整数 8×8 变换，对变换系数的粗量化会导致可见的块间边缘不连续。第二个来自运动补偿预测。预测从可能的不同参考帧中把内插像素数据拷贝出来形成运动补偿块，由于几乎没有正好合适的数据，被拷贝块的数据引起的边缘不连续性会加剧。另外，在拷贝过程中参考帧中存在的不连续性又被搬到将要被补偿块的内部。因此，为了平滑块边界、去除块效应、提高图像的主观质量和压缩效率，AVS 在重建图像后进行了自适应环路滤波处理。环路滤波对亮度块和色度块的边界进行(图像和条带边界不滤波)。

滤波强度由宏块编码模式、量化参数、运动矢量等参数决定。根据块边界两侧的块类型先确定块边界强度(Boundary Strength，简称 BS)值，然后对不同的 BS 值采取不同的滤波策略。帧内块滤波最强，非连续运动补偿的帧间块滤波较弱，而连续性较好的块之间不滤波。因此，BS 可取 3 个不同的值：若边界两边的两个块中至少有一个是帧内编码块，则 BS 等于 2；若两个相邻块的参考帧相同并且两个运动矢量的差值小于一个整像素，则 BS 等于 0；否则，BS 等于 1。BS 等于 0 不滤波，BS 等于 1 或 2 采用不同强度的滤波。

每个 8×8 亮度块之间的边界有一个"边界强度"，色度块的边界强度用对应位置亮度块边界的 BS 代替，如图 4-24 所示。如果 BS 等于 0 则不要对边界滤波，否则根据局部样本值的特性和 BS 值对边界滤波。

除图像边界及条带的边界之外，宏块的所有边界都应进行滤波。此处宏块边界定义为宏块内部各个 8×8 块的边界，以及当前宏块与相邻宏块的上边界和左边界。

环路滤波以宏块为单位，按照光栅扫描顺序依次处理。图像中每个宏块的滤波过程如下。

对亮度和色度分别作环路滤波，如图 4-24 所示。首先从左到右对垂直边界滤波，然后从上到下对水平边界滤波。当前宏块的上边或者左边的样本值可能在先前的宏块环路滤波过程中已经被修改，当前宏块的环路滤波的输入为这些可能被修改的样本值，并且当前宏块环路滤波可能进一步修改这些样本值。当前宏块垂直边界滤波过程中修改的样本值作为水平边界滤波过程的输入。帧内预测使用环路滤波前的重建图像样本值。

6．熵编码

AVS 采用基于指数哥伦布码的自适应变长编码技术。在 AVS 熵编码过程中，所有的语法元素和残差数据都是以指数哥伦布码的形式映射成二进制比特流。

AVS 定义了 4 种由指数哥伦布码映射到码流并从码流中解析的语法元素，即使用 K(=

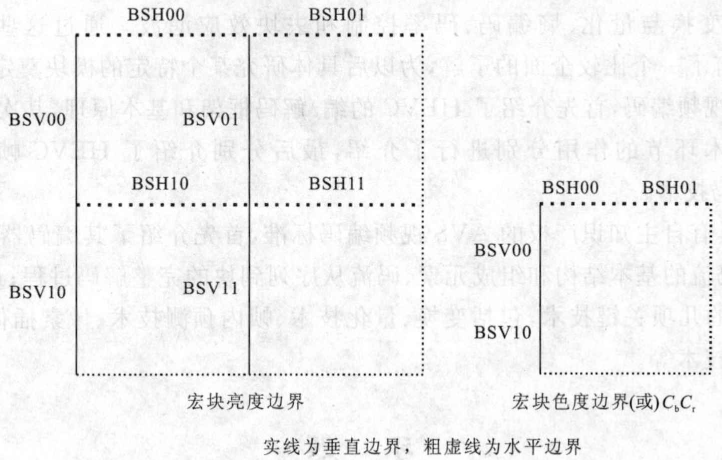

图 4-24　4∶2∶0 格式宏块中需要滤波的边界示意

0,1,2,3)阶指数哥伦布码。宏块模式、运动矢量等用 0 阶指数哥伦布编码，量化系数使用全部 4 种指数哥伦布码。

AVS 使用的指数哥伦布码的比特分为前缀和后缀两部分，码字的构造格式是：[Mzeros][1][INFO]。对于 0 阶指数哥伦布码：M 是 0 的个数，后面跟一位 1，然后是 M 位信息位，整个码字的编码长度是 $2M+1$ 位。码字的编码方式为：

$$\text{CodeNum}=2^M+\text{INFO}-1 \tag{4-19}$$

对于 K 阶指数哥伦布码：信息位由 $M+K$ 个比特构成，整个码字长度是 $2M+K+1$ 位。码字的编码方式为：

$$\text{CodeNum}=2^M+\text{INFO}+2^K \tag{4-20}$$

采用指数哥伦布码的优势在于：一方面，它的硬件复杂度比较低，可以根据闭合公式解析码字；另一方面，它可以根据编码元素的概率分布灵活地确定以 K 阶指数进行哥伦布码编码，若 K 的选择恰当，则编码效率可逼近信息熵。

在编码 8×8 变换系数时，AVS 采用了基于上、下文的 2D_VLC 编码。所谓基于上、下文就是指根据已编码的系数来确定 VLC 码表的切换。2D_VLC 将(Run,Level)对看作一个事件进行联合编码。对于预测残差的块变换系数，经 zigzag 扫描后的一维(Level,Run)序列中的 Level 和 Run 不是独立事件，而存在很强的相关性，Level 值呈现减小的趋势，Run 值呈现增大的趋势，这种趋势是有用的上、下文信息。AVS 充分利用上、下文信息，在不同的统计情况下编码变换块用到多张不同的 VLC 表，编码当前(Level,Run)的码表由最近编码的 Level 值来决定。这种编码方法总共用到 20 张 VLC 表，约 1kB 字节的存储空间。

本章小结

笔者首先介绍了视频编码的基础知识：编码的必要性、编/解码的基本过程和主要的视频编码标准。其次依次详细介绍了 H.264/AVC、HEVC 和 AVS 视频编码技术。

在 H. 264/AVC 方面，主要介绍了编/解码器的基本原理及几个关键技术，包括帧内预测、帧间预测、整数变换与量化、熵编码、码率控制和去块效应滤波。通过这些内容让读者对 H. 264 /AVC 有了一个比较全面的了解，为以后具体研究某个特定的模块奠定了基础。

对 HEVC 视频编码，首先介绍了 HEVC 的编/解码框架和基本原理，其次对 HEVC 标准中各个关键技术环节的作用分别进行了介绍，最后分别介绍了 HEVC 帧内编码技术和 HEVC 帧间编码技术。

对于我国具有自主知识产权的 AVS 视频编码标准，首先介绍了其编码器的整体概况；其次介绍了编码码流的基本结构和组成元素、码流从序列到块的完整解码过程；最后详细介绍了 AVS 视频标准的几项关键技术，包括变换、量化技术、帧内预测技术、像素插值与帧间预测技术、环路滤波器技术等。

习　题

1. 视频主要的编码标准有哪些？分别由什么机构制定？我国具有自主知识产权的视频编码标准是什么？

2. 在 H. 264/AVC 帧内预测中，亮度预测模式有哪些？色度预测模式有哪些？

3. 在 H. 264/AVC 帧间预测过程中，一般包含哪些步骤？

4. 在 H. 264/AVC 帧间预测过程中，常见的运动估计算法有哪些？各算法的基本原理是怎样的？

5. H. 264/AVC 提供了哪两种熵编码方案？它们各有什么特点？

6. HEVC 帧内编码的预测模式有多少种？

7. 请简述 HEVC 对 H. 264 在视频编码技术上的改进。

8. 请简述 AVS 与 H. 264/AVC 这两种视频编码技术的区别。

第五章 基于内容的多媒体信息检索技术

第一节 多媒体信息检索概述

多媒体信息已成为计算机信息处理系统的主要数据资源，如何对这些信息关联度大、结构复杂、媒体处理要求高的多媒体数据进行有效管理和使用，成为多媒体信息系统的一大技术难题。多媒体信息系统主要面临以下问题：①数据量大，且媒体差异极大，从而影响信息系统的组织和存储方式；②媒体种类的增多增加了数据处理的难度；③多媒体不仅改变了数据库的接口，使它声、文、图并茂，而且也改变了数据的操作形式，其中最重要的是查询机制和查询方法；④传统的事务一般都短小精悍，但多媒体数据不能满足这个要求，如从动态视频库里提取并播放一部数字化影片；⑤版本控制问题，即在具体应用中往往要涉及到处理对象的不同版本的记录和处理问题。

早在 1983 年第九届国际超大规模数据库会议上，D. Tsichritzis 等就提出了多媒体数据库(multimedia database)的概念。由于多媒体信息的特殊性，在信息的搜集、存储、检索、管理、处理、传输、表现等方面都需进行新的研究，采用新的技术和方法。国内外已有很多机构从事多媒体信息检索系统的开发工作，如 IBM 公司开发了基于内容的图像检索（Query By Image Content，简称 QBIC）系统和国内中国科学院计算技术研究所及国家图书馆开发了多媒体信息检索系统(Multimedia Information Retrieval System，简称 MIRES)等。

QBIC 系统是 IBM Almaden 研究中心开发的基于内容的图像检索系统，它可以对图像、视频、文本、声音进行检索。该系统主要由数据库生成部分和查询部分组成。在数据库生成时，每一个图像对象和视频对象的内容特征，包括颜色、纹理、形状以及摄像机和对象的移动等，都被提取出来并存入数据库中。当查询时，数据库查询部分把用户利用图形化方法提供的对象特征与数据库中存储的对象内容特征进行比较匹配，寻找出具有相似特征的图像和视频。

中国科学院计算技术研究所和国家图书馆已成功地研制了基于特征的多媒体信息检索系统 MIRES。此系统基于 Internet 的多媒体信息检索系统，可以实现对图像、视频、声音的基于内容的检索和对文本的全文检索。系统组成包括基于形状的图像信息检索、基于全局纹理特征的图像检索、基于多特征与相关反馈的图像信息检索、文本信息检索、基于主体技术的并行信息检索等。搜索引擎可将用户的要求进行分解，把相应的查询请求发送到具有特定功能的服务主体，然后把从各个主体返回的结果进行综合，展现给用户。

可见，多媒体信息检索技术是针对用户对数值、文本、图形、图像、动画、声音等各种形式信息的全方位需求而提供的信息查找技术。当前的多媒体信息检索主要包括基于文本的检索(text - based retrieval)和基于内容的检索(content - based retrieval) 两种方式。

1. 基于文本的检索

基于文本的多媒体信息检索的基本原理是通过对多媒体信息的分析找出要表达的内容，并根据信息的内容给出文字描述，通过检索描述文字进而找到所需的多媒体信息。例如：通过人工标注的方法给数据库中每个图像标注一个或多个关键字属性，用户通过关键字的匹配对图像或视频进行检索。从本质上来说，基于文本的多媒体信息检索是对关键词的检索。这种检索方式的优点在于：一是技术简单、标引和检索方便；二是元数据和数据挖掘的研究将会大大加强文本信息检索的查准率和查全率，使得信息检索的效率大大提高，接近理想的检索效果。

基于文本的检索方式的局限性在于：

(1)很难真正揭示多媒体信息的内容。这种检索途径使用文本来表达图像的内容，检索对象的不一致决定了在这种信息传递过程中必定会有大量信息的丢失，这样就不可能完全反映信息的内容。

(2)多媒体信息是一种抽象程度很大、随意性很强的信息，缺乏一般意义上的规范性。对于这种信息，不同的人有不同的理解，这样便使得在用文字形式描述多媒体信息时，不同的人对同一多媒体信息的描述会有差异。

(3)不能实现对实时广播流媒体的处理。同时，文本不能有效地表示视频数据的时序特征，也不支持语义关系。

(4)基于文本的检索方式中，多媒体信息是人工标引，相对当前数量庞大的多媒体信息而言，是很不现实的。

2. 基于内容的检索

基于内容的检索是当前多媒体信息检索研究的主要方向。它的实现方式是利用媒体自身属性，对多媒体信息进行直接检索。实现原理主要是对多媒体内容进行分析，提取媒体特征并进行量化，表示成向量空间之后建立索引库，再将用户提问也转化为需求向量，并将需求向量与索引库中的向量空间进行相似度匹配计算，最后根据相关性排序后返回给用户。需要使用到的主要技术包括图像处理、模式识别、计算机视觉、图像理解等。

基于内容的多媒体信息检索具有如下特点：

(1)直接对图像、视频、音频等媒体内容进行分析，抽取特征和语义建立索引，进行检索。

(2)放弃常规数据库检索中的精确匹配方法，而采用相似性匹配的方法逐步迭代求精获得检索结果。

(3)能对大型多媒体数据库进行快速检索。

(4)采用多种检索手段。除提取多媒体内容特征进行检索外，还提供了其他检索手段，如通过提供样本图像进行相似性检索，或通过人机交互进行浏览检索。

常见的多媒体信息主要包括图像、音频和视频 3 种形式。图像的媒体特征主要包括颜色、纹理、形状、目标关系等，音频的媒体特征主要包括时域特征、频域特征、时频特征等，视频的媒体特征主要包括镜头、场景、镜头的运动等。

第二节　基于内容的图像检索

基于内容的图像检索(CBIR)的核心技术主要包含了 3 个模块，即特征的提取、相似度的计算和查询结果的评价。

一、基于内容的图像检索基本原理

CBIR 的基本原理的形式化定义为：对于任意给定的一幅用于查询的图像 f，首先提取特征向量 $\boldsymbol{F}=(F_1,F_2,\cdots,F_n)$，其中 F_i 为图像的第 i 种特征，然后利用相似性度量算法检索图像特征索引库中与 $\boldsymbol{F}$ 距离最小的特征向量 $\boldsymbol{F}'$，则 $\boldsymbol{F}'$ 所对应的图像即为与图像 f 最相似的图像。图 5-1 给出了一般的 CBIR 系统的基本框架结构图。

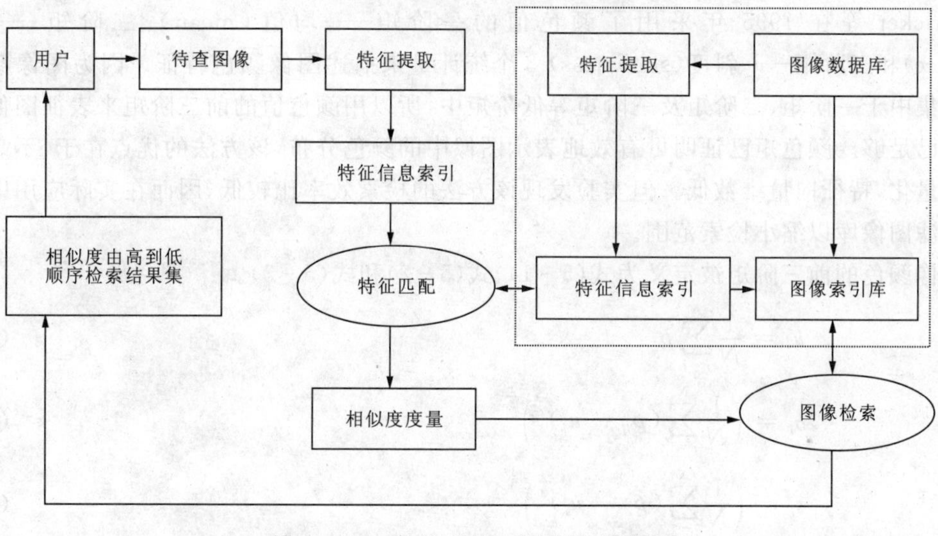

图 5-1　一般的 CBIR 系统框架结构图

从图 5-1 中可以看出，系统主要包括 3 个模块：用户查询接口、图像检索和图像信息存储。其中图像特征索引技术和相似度度量技术是系统的核心部分，直接影响到系统检索的查准率和查全率。其中检索部分和信息存储部分都需要对图像进行特征的提取和计算，所不同之处在于存储的索引库是采用离线的方式生成的，而查询检索部分是要实时在线计算的。相似度度量是两幅图像之间相似性程度的一种衡量，它决定了图像的检索结果，是图像检索中比较核心的一块。另外，图像检索还需要用户的交互和干预，应用反馈技术模型可增强系统的理解能力，从而提高系统的查准率。

二、图像特征提取方法

1. 颜色特征提取方法

颜色是图像最直观的一种特征，相较于其他特征，颜色特征不仅稳定，还具有旋转、尺度以及平移等不变性。常用的颜色特征描述方法主要有颜色直方图、颜色矩、颜色聚合向量和颜色相关图 4 种。

1)颜色直方图

颜色直方图特征由 Swain 等在 1991 年首次提出来,主要用作图像内容的索引特征。这种直方图是基于统计学的,描述了各种颜色在图像中的出现次数,即图像中包含了多少不同的颜色,这些颜色在图像中所占比重有多大。对于一幅图像,以颜色值为横坐标,与颜色值相对应的像素点数目为纵坐标,以此绘制出的图形就是颜色直方图。为增加尺度不变性,常将直方图进行归一化处理,详细计算方法请参见本书第二章第一节。

颜色直方图反映的是图像在灰度值上的分布情况,对于彩色图像的直方图,则只需要在将彩色图像分解为 R、G、B 图像后,分别对每一个分量进行统计颜色分布,这样就得到了彩色图像的 R、G、B 灰度直方图。

2)颜色矩

Stricker 等在 1995 年采用了颜色值的一阶矩——均值(mean)、二阶矩——方差(vairance)和三阶矩——斜度(skewness) 3 个统计量来描述图像颜色特征。因为图像颜色信息主要集中于一阶矩、二阶矩及三阶矩等低阶矩中,所以用颜色值的前三阶矩来表征图像的颜色信息已足够。颜色矩已证明可有效地表示图像中的颜色分布,该方法的优点在于:不需要颜色空间量化,特征向量维数低。但实验发现该方法的检索效率比较低,因而在实际应用中往往用来过滤图像库以缩小检索范围。

图像颜色的前三阶矩被定义为式(5-1)、式(5-2)和式(5-3)。

$$u_i = \frac{1}{N}\sum_{j=1}^{N} p_{ij} \tag{5-1}$$

$$\sigma_i = \left(\frac{1}{N}\sum_{j=1}^{N}(p_{ij} - u_i)^2\right)^{\frac{1}{2}} \tag{5-2}$$

$$s_i = \left(\frac{1}{N}\sum_{j=1}^{N}(p_{ij} - u_i)^3\right)^{\frac{1}{3}} \tag{5-3}$$

式中:p_{ij} 表示图像中第 j 个像素中的第 i 个颜色分量;N 表示图像中的像素个数。由于每个像素上有 3 个颜色分量,每个分量上需要 3 个低阶矩,因此图像的颜色矩共需要 9 个分量。

3)颜色聚合向量

颜色直方图和颜色矩均是对图像整体颜色信息的统计,忽视了图像颜色的空间位置分布。为克服这一缺陷,Pass 提出了图像的颜色聚合向量(color coherence vector)。它是在颜色直方图的基础上所作的一种演变。主要变化在于把直方图中每个 bin 中包含的像素一分为二。划分原则是:设定一个阈值,若某 bin 中的一些像素所包括的连续区域面积大于这个阈值,则该区域内的像素作为聚合像素,否则为非聚合像素。设 α_i 为颜色直方图的第 i 个 bin 中聚合像素个数,β_i 代表非聚合像素的个数,则该图像的颜色聚合向量可以表达为:$\langle(\alpha_1,\beta_1),(\alpha_2,\beta_2),\cdots,(\alpha_N,\beta_N)\rangle$。而$\langle(\alpha_1,\beta_1),(\alpha_2,\beta_2),\cdots,(\alpha_N,\beta_N)\rangle$也表示该图像的颜色直方图。由此可以看到,颜色聚合向量加入了颜色分布的空间信息,相比颜色直方图取得了更好的检索效果。

4)颜色相关图

1998 年,Huang 等提出了颜色相关图的概念,它结合了图像中的颜色与空间信息,利用不同颜色或相同颜色之间的量化距离来构建直方图。颜色自相关图(color auto correlogram)是更加特殊的颜色相关图，优点在于能够很好地降低空间复杂度。

设图像 T 中共有 m 种颜色，对于图中的某一个像素点 p，令 $T_C=\{p|C(p)=c\}$，T_{C_i} 表示颜色值为 C_i 的所有像素。

颜色空间关系的描述。假设已知选取的一个像素 p_1 的颜色为 C_i，选取下一个像素 p_2，求像素 p_2 的颜色为 C_j 的概率。颜色的空间位置关系通过概率反映，颜色相关图的公式表示为：

$$r_{i,j}^{(k)}=\Pr_{P_1\in T_{C_i},P_2\in T_{C_j}}[|p_1-p_2|=k] \tag{5-4}$$

式中：$i,j\in[1,N]$；$k\in[1,d]$（d 表示像素间的最大距离）；$|p_1-p_2|$ 表示像素点 p_1 与 p_2 之间的距离。

2. 纹理特征提取方法

纹理特征也是一种重要的图像视觉特征，反映了所有物体表面共有的内在特性。纹理特征的本质是刻画图像像素的领域灰度空间的分布规律。纹理特征表示了图像像素灰度级或颜色的某种变化，同时包含了关于图像表面的纹理及纹理之间的关系。图像的纹理特征已经被广泛运用于图像处理和分析、图像检索领域，用户可以提交一幅包含纹理特征的图像，从数据库中检索到纹理结构相似的图像。

图像的纹理特征可以用纹理基元和基元的排列两个要素来描述。对相同的纹理基元，按照不同的排列顺序，将得到不同的纹理图案。基元排列的疏密程度、周期性、方向性也将对人的视觉感知产生影响。同时，如果两幅图像具有相同的纹理基元排序，但基元不同，也将产生不同的纹理效果。

纹理特征的提取方法主要分为统计法、结构法、频谱法以及他们的组合方法。统计法主要使用直方图的各阶矩或区域灰度共生矩阵，以分析图像中全局或者局部的颜色与像素对应的统计关系，从而获取特征数据。统计法反映了颜色的概率特性、能量特性等一系列统计特征，比较适合遥感图像分析。结构法是以颜色的结构关系如位置、区域等为目标的特征提取形式，它依赖于纹理基元以及基元的排列顺序。

1978 年，Tamura 等提出了对纹理特征的表达，并将纹理特征划分为 6 个分量，分别为粗糙度、对比度、方向度、线性度、规则度和平滑度等，并给出了对应的相似数学表达。同时，粗糙度、对比度和方向度对图像检索来说非常重要，也是基于纹理特征的图像检索技术中广泛使用的特性。

1）粗糙度（coarseness）

粗糙度是纹理特征中最本质的特征。一般而言，当两幅图像只是纹理基元的尺寸不同时，纹理基元尺寸越大的图像给人的感觉越粗糙。同时，对纹理结构不同的图像，纹理基元重复次数越多的图像给人的感觉也越精细。因此，粗糙度可以说是纹理颗粒状态的一种表现。

粗糙度的计算，可采用以下 3 个步骤。

（1）计算图像活动窗口中像素的平均强度。

假设图像的活动窗口中包含 $2^k\times2^k$ 个像素，则图像的平均强度 $A_k(x,y)$ 可表示为：

$$A_k(x,y)=\sum_{i=x-2^{k-1}}^{x+2^{k-1}-1}\sum_{j=y-2^{k-1}}^{y+2^{k-1}-1}g(i,j)/2^{2k} \tag{5-5}$$

式中：$k=1,2,\cdots,5$；$g(i,j)$ 是位于 (i,j) 的像素灰度值。

(2)计算图像活动窗口中像素的平均强度差。

对图像活动窗口中每一个像素，分别计算它在水平方向上的平均强度差和在垂直方向上的平均强度差，计算公式分别如式(5-6)和式(5-7)所示：

$$E_{k,h}(x,y)=|A_k(x+2^{k-1},y)-A_k(x-2^{k-1},y)| \tag{5-6}$$

$$E_{k,v}(x,y)=|A_k(x,y+2^{k-1})-A_k(x,y-2^{k-1})| \tag{5-7}$$

其中，对于图像中每一个像素，可以通过式(5-8)求得使平均强度差 $E_{k,h}(x,y)$ 和 $E_{k,v}(x,y)$ 得到最大值的 k 值，并将 k 值用来设置最佳尺寸：

$$S_{\text{best}}(x,y)=2^k \tag{5-8}$$

$$E_k=E_{\max}=\max(E_{1,h},E_{1,v},\cdots,E_{5,h},E_{5,v}) \tag{5-9}$$

(3)计算粗糙度 F_{crs}。粗糙度 F_{crs} 可以利用式(5-10)，通过计算整幅图像中 S_{best} 的平均值来得到，即：

$$F_{\text{crs}}=\frac{1}{M\times N}\sum_{i=1}^{M}\sum_{j=1}^{N}S_{\text{best}}(i,j) \tag{5-10}$$

2)对比度(contrast)

对比度是对图像像素强度分布情况的统计，计算方法为：

$$F_{\text{con}}=\frac{\sigma}{(\alpha_4)^n},\alpha_4=\frac{\mu_4}{\sigma^2} \tag{5-11}$$

式中：μ_4 是四阶矩；σ^2 是灰度方差；n 的取值为 8、4、2、1、0.5、0.25 或 0.125。

3)方向度(directionality)

Tamura 等(1978)提出了计算方向度的快速方法，该算法分为如下步骤。

(1)计算目标图像卷积，使用图 5-2 所示的 3×3 模板，将分别得到水平方向和垂直方向上的变化量 Δ_H 和 Δ_V。

-1	0	1		1	1	1
-1	0	1		0	0	0
-1	0	1		-1	-1	-1

图 5-2 3×3 模板

(2)计算每个像素处的梯度向量。该梯度向量的模 ΔG 和方向 θ 可由式(5-12)得到：

$$|\Delta G|=\frac{|\Delta_H|+|\Delta_V|}{2},\theta=\tan^{-1}\left(\frac{\Delta_V}{\Delta_H}\right)+\frac{\pi}{2} \tag{5-12}$$

(3)计算并构造方向角局部边缘概率直方图 $H_D(k)$。这是 Tamura 方法的核心。

$$H_D(k)=\frac{N_\theta(k)}{\sum_{i=0}^{n-1}N_\theta(i)} \tag{5-13}$$

式中：$N_\theta(k)$是当$|\Delta G|\geqslant t,\frac{(2k-1)\pi}{2n}\leqslant\theta\leqslant\frac{(2k+1)\pi}{2n}$时像素的数量；$t$ 为给定的阈值。

(4)通过计算直方图中峰值的尖锐程度来计算图像总体的方向性 F_{Dir}，F_{Dir} 的计算方法为：

$$F_{\text{Dir}}=1-rn_p\sum_{p}^{n_p}\sum_{\varphi\in\omega_p}(\varphi-\varphi_p)^2H_D(\varphi) \tag{5-14}$$

式中：ω_p 表示直方图中峰值两侧谷底距离；n_p 表示直方图中峰值的个数；φ_p 表示直方图中波

峰中心位置；r 表示归一化因子。

3. 形状特征提取方法

使用基于颜色特征的检索，可能存在两幅相同颜色特征的不同图像，它们在纹理和形状上各不相同。在计算机视觉中，相对于颜色、纹理等低层特征而言，形状特征属于图像的层次较高的特征，是刻画图像最本质的特征。图像的形状特征可用全局和局部特征来表示，全局特征包括图像的周长、面积、圆形度、离心率、分形维、曲率等。

与其他两种特征不同，提取图像形状特征首先需要对图像进行分割，由于现在技术水平还没有能力实现对图像精确分割，所以在图像检索中，形状特征仅适用于一些特定的场景。目前CBIR技术里对于形状特性提取方式包括两种：以轮廓为研究对象提取和以区域为研究对象提取，前者特征向量提取以边缘信息为基础，而后者特征向量提取以区域内灰度分布信息为基础。前者重点关注物体外边界；后者重点是区域分割，之后提取图像内容中用户关注的物体，适合区域颜色分布比较平均的图像和区域能够被准确分割出来的图像，提取方式关注重点是整个对象所在的区域范围。下面介绍常用的3种形状特征提取的方法：傅立叶形状描述子、形状无关矩和基于内角的形状特征。

1)傅立叶形状描述子

傅立叶形状描述子是物体形状边界的傅立叶变换系数，但若要傅立叶描述子用来描述物体的形状特征并且不随着图像的移动、缩放以及旋转而发生变化，则需要先对它进行归一化处理。

傅立叶形状描述子进行形状特征提取的思想是：假设图像中物体的形状是一条封闭的曲线，动点 $P(l)$ 沿着曲线边界的坐标变化 $x(l)+iy(l)$ 是一个以形状边界的周长为周期的函数。这个周期函数可依傅立叶级数的形式进行展开，傅立叶级数中的所有系数项均与物体的边界曲线形状直接相关，称为傅立叶级数描述子。将傅立叶级数的系数项阶次取到足够低，通过这些低阶的系数项便可把物体的形状信息提取出来。

物体边界上的点 (x,y) 相当于复平面上的点 $(x+iy)$，边界点序列可以写成复数列，如：

$$Z_k = x_k + iy_k, k=0,1,2,\cdots,N-1 \tag{5-15}$$

式中：N 表示形状边界点的个数，这样，边界就可以表示为以 N 为周期的周期序列。

傅立叶描述子定义如下：

$$A(k) = \frac{1}{N}\sum_{j=0}^{N-1} Z_j \mathrm{e}^{-\frac{i2\pi kj}{N}} k = -\frac{N}{2},\cdots,-1,0,1,\cdots,N-1 \tag{5-16}$$

逆变换为：

$$Z_j = \frac{1}{N}\sum_{k=0}^{N-1} A(k)\mathrm{e}^{\frac{i2\pi kj}{N}} i = 0,1,\cdots,N-1 \tag{5-17}$$

由于可用来表示图像的边界轮廓的信息主要集中在傅立叶系数的低阶次部分，因此，用较少的系数便可对图像物体的形状边界进行描述。首先通过快速傅立叶变换(FFT)计算 $A(k)$，然后计算归一化的傅立叶检测子，计算过程为：

$$\mathrm{FD}s\left(\mathrm{NFD}(k), k=-\frac{N}{2},\cdots,-1,0,1\cdots,N-1\right)$$

$$\text{NFD}(k)=\begin{cases} A(0) & k=0 \\ \dfrac{A(k)}{A(1)} & k=1,2,\cdots,\dfrac{N}{2} \\ \dfrac{A(k+N)}{A(1)} & k=-1,-1,\cdots,-\dfrac{N}{2}+1 \end{cases} \tag{5-18}$$

由傅立叶变换结果可以看出，$A(0)$是恒定的，为常量，是物体边界曲线围成的区域的质心，其余的系数比较复杂，都是复数。若将 $A(0)$置为 0，则傅立叶描述子就与位置无关。另外，除 $A(0)$外，其余的傅立叶系数中 $A(1)$或 $A(-1)$的模最大，因此将所有的系数除以 $\|A(1)\|$或$\|A(-1)\|$ 可归一化到 0～1 之间，且独立于图像的位置和尺寸。采用归一化得到的傅立叶描述子可用来描述目标形状的轮廓特征。因此，通常用傅立叶描述子来提取图像中物体的形状轮廓，并对它进行归一化处理来表示图像的形状特征，以此来进行图像检索。

2)形状无关矩

矩是一种线性特征，用矩进行形状特征表征时具有旋转、平移、缩放等空间几何不变性，因此可用矩来描述图像物体的形状。常用的描述形状特征的矩是形状无关矩，形状无关矩是基于区域的。

图像的 $p+q$ 阶矩定义为：

$$m(p,q)=\sum_i\sum_j I(\bar{i},\bar{j})i^p j^q \tag{5-19}$$

$$\bar{i}=\frac{m(1,0)}{m(0,0)},\bar{j}=\frac{m(0,1)}{m(0,0)} \tag{5-20}$$

式中：$(\bar{i},\bar{j})$表示区域形心的位置。低阶矩可表征目标图像的基本几何性质，如零阶矩表示目标的面积，一阶矩确定目标的形心等。

图像的 $p+q$ 阶中心矩定义为：

$$\mu_{p,q}=\sum_i\sum_j I(i,j)(i-\bar{i})^p(j-\bar{j})^q \tag{5-21}$$

为满足图像中物体缩放无关的性质，需要对它进行归一化处理，见式(5-22)。根据各阶中心矩而定义的 7 个无关矩如式(5-23)所示。

$$\eta_{p,q}=\frac{\mu_{p,q}}{\mu_{0,0}^{\gamma}},\gamma=\frac{p+q}{2}+1 \tag{5-22}$$

$$\begin{aligned}
\phi_1&=\mu_{2,0}+\mu_{0,2}\\
\phi_2&=(\mu_{2,0}-\mu_{0,2})^2+4\mu_{1,1}^2\\
\phi_3&=(\mu_{3,0}-3\mu_{1,2})^2+(\mu_{0,3}-3\mu_{2,1})^2\\
\phi_4&=(\mu_{3,0}+\mu_{1,2})^2+(\mu_{0,3}+\mu_{2,1})^2\\
\phi_5&=(\mu_{3,0}-3\mu_{1,2})(\mu_{3,0}+\mu_{1,2})[(\mu_{3,0}+\mu_{1,2})^2-3(\mu_{0,3}+\mu_{2,1})^2]\\
&\quad+(\mu_{0,3}-3\mu_{2,1})(\mu_{0,3}+\mu_{2,1})[(\mu_{0,3}+\mu_{2,1})^2-3(\mu_{3,0}+\mu_{1,2})^2]\\
\phi_6&=(\mu_{2,0}-\mu_{0,2})[(\mu_{3,0}+\mu_{1,2})^2-(\mu_{0,3}+\mu_{2,1})^2]+\\
&\quad 4\mu_{1,1}(\mu_{3,0}+\mu_{1,2})(\mu_{0,3}+\mu_{2,1})\\
\phi_7&=(3\mu_{2,1}-\mu_{0,3})(\mu_{3,0}+\mu_{1,2})[(\mu_{3,0}+\mu_{1,2})^2-3(\mu_{0,3}+\mu_{2,1})^2]+\\
&\quad(\mu_{3,0}-3\mu_{2,1})(\mu_{0,3}+\mu_{2,1})[(\mu_{0,3}+\mu_{2,1})^2-3(\mu_{3,0}+\mu_{1,2})^2]
\end{aligned} \tag{5-23}$$

Zernike 在形状无关矩的基础上提出了 Zernike 矩，这种矩可以恢复原始信息的编码。另外，由于形状无关矩的计算和图像的大小是相关的，因此，在应用无关矩法进行图像检索前，应先对图像尺寸作统一化调整。

3)基于内角的形状特征

基于内角的形状特征提取的思想是用多边形形式来近似刻画图像的物体形状，然后将多边形内角的多个性质作为形状的特征向量来进行识别。多边形的内角可以表示为：

$$\text{inagl}=\{\alpha_1,\alpha_2,\cdots,\alpha_n\} \tag{5-24}$$

可以明显地看出，形状的缩放、平移以及旋转都不会影响基于内角的形状描述，因此将它应用于图像检索系统很合适。通过对多边形内角性质的研究，可提取出一些表征多边形形状的特征向量，进而当作表征物体形状特征的向量。

(1)多边形顶点数。多边形的顶点数与形状的复杂度是紧密相连的，一般来说，顶点数越多，形状就越复杂。因此，如果两个多边形的顶点数差距较大，就可认为它们所表征的形状差异很大。

(2)多边形内角平均值。多边形的内角平均值 $\alpha_v=\sum_{i=0}^{n}\alpha_i/n$ 在一定程度上也可以来表征多边形的形状特性，比如内角平均值为60°的三角形与内角平均值为90°的四边形之间有较大的差距。

(3)多边形内角标准方差。多边形的内角标准方差为：

$$\delta=\sqrt{\sum_{i=0}^{n}(\alpha_i-\alpha_v)^2} \tag{5-25}$$

该标准方差 δ 从总体上反映了多边形内角的分布特征。对于比较规则的多边形，各内角度数相差不大，方差 δ 就比较小。因此，可以用 δ 来判断多边形的规则度，从而判断物体形状的规则度。

(4)多边形凹点。凹点是指多边形中内角大于180°的点，凹点的有无可以说明多边形是否为凸多边形，从凹点的角度也可以度量形状的一部分特征。利用内角可以统计多边形中的凹点个数，这个特征量可用来区分有着明显差别的形状。

(5)多边形内角直方图。所谓多边形内角直方图指的是将0°～360°划分为若干个等距或不等距的 k 个区间，然后统计内角中落在各个区间上的个数(图5-3)。内角直方图对多边形内角的总体分布特性进行了描述。

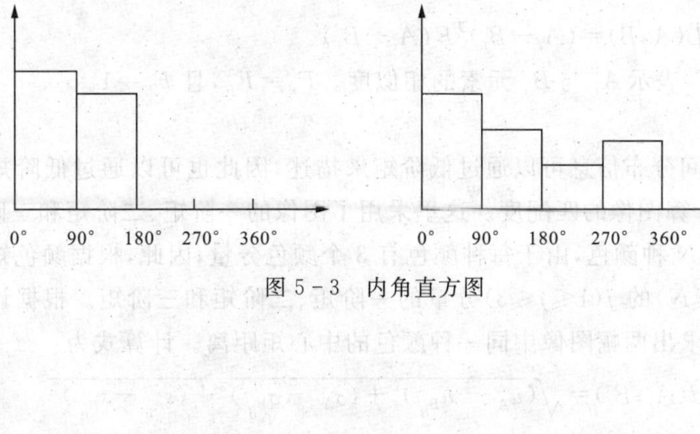

图5-3　内角直方图

三、相似性度量函数

在数据模型上，不同图像特征间的相似性度量方法主要可以分为两类：一种是几何矩阵模型，另一种是集合理论模型。其中几何矩阵模型最为常用，理论基础是向量空间模型，它将两幅图像的特征向量看作是特征空间中的两个点，衡量这两幅图像的相似性可以通过计算空间中这两个点之间的距离来实现，该类方法在图像检索中得到了广泛的应用。设 $\boldsymbol{A}$ 和 $\boldsymbol{B}$ 分别代表两幅图像的特征向量，它们的第 i 个分量分别为 $\boldsymbol{A}_i$ 和 $\boldsymbol{B}_i$，常用的相似性度量方法依次如下。

1)明氏(Minkowsky)距离

明氏距离是欧式距离的扩展形式，概括性地描述了多种距离度量公式。表达式如下：

$$L_p(A,B)=\left(\sum_{i=0}^{N-1}|A_i-B_i|^p\right)^{\frac{1}{p}} \tag{5-26}$$

当 $p=1$，$L_1(A,B)$ 为城市街区(city-block)距离：

$$L_1(A,B)=\sum_{i=0}^{N-1}|A_i-B_i| \tag{5-27}$$

当 $p=2$，$L_2(A,B)$ 为欧式距离：

$$L_2(A,B)=\left(\sum_{i=0}^{N-1}|A_i-B_i|^2\right)^{\frac{1}{2}} \tag{5-28}$$

当 $p=\infty$，$L_\infty(A,B)$ 为 Chebychv 距离：

$$L_\infty(A,B)=\max\left(\sum_{i=1}^{\infty}|A_i-B_i|\right) \tag{5-29}$$

2)直方图相交距离

直方图相交距离主要通过统计两幅图像直方图在给定量化区间上共同拥有的像素的数目来计算，计算式如下：

$$L_h(A,B)=1-\frac{\sum_{i=0}^{N-1}\min(A_i,B_i)}{\sum_{i=0}^{N-1}B_i} \tag{5-30}$$

3)χ^2 距离

该方法主要度量了对给定的一个向量分布，另一个向量与它相比在分布上有多大的不同，表达式如下：

$$L(A,B)=(A_i-B_i)^T F(A_i-B_i) \tag{5-31}$$

设 $F=[F_{ij}]$，F_{ij} 表示 A_i 与 B_j 元素的相似度。$F_{ij}=F_{ji}$，且 $F_{ii}=1$。

4)中心矩距离

图像颜色的空间分布信息可以通过低阶矩来描述，因此也可以通过低阶矩来计算颜色的中心矩距离，进而计算图像的匹配度。这里采用了图像的一阶矩、二阶矩和三阶矩来计算。

设图像中含有 N 种颜色，由于每种颜色有 3 个颜色分量，因此，根据颜色矩中的公式可以求出颜色 $C_i(1\leqslant i\leqslant N)$ 的 $j(1\leqslant j\leqslant 3)$ 分量的一阶矩、二阶矩和三阶矩。根据计算出的颜色各分量的三阶矩可以求出两幅图像中同一种颜色的中心矩距离。计算式为：

$$d(A_i,B_i)=\sqrt{(u_{A_{ij}}-u_{B_{ij}})^2+(\sigma_{A_{ij}}-\sigma_{B_{ij}})^2+(s_{A_{ij}}-s_{B_{ij}})^2} \tag{5-32}$$

式中：$d(A_i,B_i)$表示图像 A 和图像 B 中颜色 i 的中心矩距离；$u_{A_{ij}}$、$\sigma_{A_{ij}}$ 和 $s_{A_{ij}}$ 分别表示图像 A 中颜色 i 的 j 分量的一阶矩、二阶矩和三阶矩。

将图像中每种颜色的中心矩距离累加，即可得到两幅图像的中心矩距离，计算公式为：

$$L(A,B)=\sum_{i=1}^{N}d(A_i,B_i) \tag{5-33}$$

5）余弦距离

由余弦定理可知，余弦距离度量的是两个向量方向的分离程度，也就是图像的相似程度，定义如下：

$$A\cdot B=|A|\cdot|B|\cos\theta$$

$$d_{\cos}(A,B)=1-\cos\theta=1-\frac{A\cdot B}{|A|\cdot|B|} \tag{5-34}$$

式中：$|A|=\sqrt{A^TA}$；$|B|=\sqrt{B^TB}$。

四、检索性能评价准则

目前，图像检索方法种类繁多且新的方法层出不穷，为获得更好的检索效果，在选择图像检索方法前需要对各种检索方法进行性能评价。对图像检索算法进行评价，主要考虑 3 个方面：有效性、效率和灵活性。其中，有效性用于评价检索与查询图像相关图像的成功概率，效率主要用于评价图像检索算法的检索速度，灵活性用于评价图像检索算法对不同应用的适应性。目前常用有效性来衡量检索算法的性能，即主要看检索结果的正确与否。

1. 检准率与检全率

目前常用检准率（precision）和检全率（recall）衡量图像检索算法的性能。检准率指的是对于一幅检索示例图像，检索结果中相关图像数目占检索输出图像总数的比例。检全率则是指检索结果中相关图像数目占图像库中相关图像总数的比例。检准率和检全率的表达式依次如式(5-35)所示。其中，A 代表检索结果中相关图像数目，B 代表检索结果中不相关图像数，C 代表未检索出的相关图像数目。

在计算具体图像检索算法的检准率和检全率时，常将分母设置为固定值。如在计算检准率时将分母设置为 16，即返回前 16 幅图像作为检索结果图像，然后统计其中相关图像所占的比例。计算检全率时，将分母设置为 100，则返回 100 幅图像作为检索结果输出，统计其中相关图像所占的比例。

$$\text{precision}=\frac{A}{A+B}$$

$$\text{recall}=\frac{A}{A+C} \tag{5-35}$$

在实际应用中所说的检准率和检全率指的是平均检准率和平均检全率。对于任何一种图像检索算法，检准率和检全率越高，都代表着算法的检索效果越好。

2. ANMRR

考虑到检索结果中相似图片的排序在评价检索性能中同样起着重要的作用，MPEG－7

推荐了一种新的性能评价准则：平均归一化检索秩(Average Normalized Modified Retrieval Rank，简称 ANMRR)，定义如下：

$$\text{ANMRR} = \frac{1}{Q}\sum_{i=1}^{Q}\frac{\sum_{k=1}^{N(q_i)}\frac{\text{rank}(k)}{N(q_i)} - 0.5 - 0.5\times N(q_i)}{K + 0.5 - 0.5\times N(q_i)} \tag{5-36}$$

式中：$N(q_i)$表示检索结果中与检索示例图像 q_i 相似的图像数目，$i=1,2,\cdots,Q$；K 表示截断参数，计算式为 $K=4\times N(q_i)$，$2\times$GTM，GTM 表示所有查询请求中最大的相关图像数目；rank(k)表示图像库中的相关图像在检索结果图像中的排列序号，取值如下：

$$\text{rank}(k) = \begin{cases} k & k \leqslant K \\ k+1 & k > K \end{cases} \tag{5-37}$$

不管是对于何种图像检索算法，ANMRR 取值越小，算法的检索性能越好。

第三节　基于内容的音频检索

一、基于内容的音频检索概述

1. 基于内容的音频检索过程

基于内容的音频检索技术涉及多领域的知识，包括语音识别、模式识别、统计学习、神经网络和数字信号处理等。在基于内容的音频信息检索过程中，需要经过预处理、特征提取、音频分类和音频检索这几个关键步骤(图 5-4)。

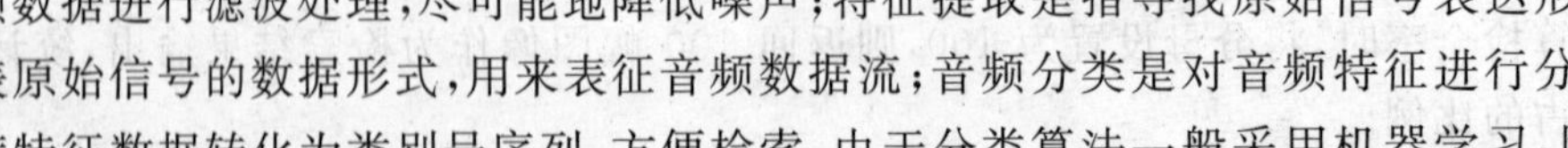

图 5-4　基于内容的音频检索过程

其中，预处理使音频数据具有相同的格式，包括采样频率、声道、文件格式等，同时预处理还对音频数据进行滤波处理，尽可能地降低噪声；特征提取是指寻找原始信号表达形式，提取出能代表原始信号的数据形式，用来表征音频数据流；音频分类是对音频特征进行分类，从而使多维度特征数据转化为类别号序列，方便检索，由于分类算法一般采用机器学习，因而在海量数据下，训练分类器和进行有效分类都存在一定的困难；最后一步音频检索就是对分类识别出的音频类建立索引，进行检索。

2. 基于内容的音频检索主要应用

在检索中根据不同的检索对象，采用不同的检索技术。目前，研究比较多的是语音检索和音乐检索。语音检索就是采用语音识别等技术，在语音数据(如广播新闻、会议录音等)中搜索关键词，从而完成检索。很多智能终端都带有语音识别模块，可以很方便地进行语音检索。

音乐检索可以采用录音、哼唱、节拍拍打、演奏输入、乐谱录入等多种方式提交查询请求进行检索。其中，演奏输入和乐谱录入两种检索方式采用文本检索技术很容易实现，但对用户的音乐技能要求较高；基于内容的检索方式由于对用户要求低、实用简便、能比较准确地表达检索要求，是目前最主要的音乐检索方式。虽然检索对象不同，但处理方法是相同的，本书检索系统主要针对音乐检索系统。

3. 音频检索评价指标

音频信息检索的评价是音频信息检索领域中的一项重要工作，通过比较各种检索技术的优劣，对改进现有检索系统的性能以及开发新的应用领域和研究方向等都发挥着不可替代的作用。

基于内容的音频信息检索系统通常采用如下两个指标来评价系统检索的成功率。

(1)查全率。查全率是衡量系统在实验某一检索任务时检出相关文件能力的一种测度描述，定义为：

$$\text{recall}=\frac{N_{\text{found}}\cap N_{\text{true}}}{N_{\text{true}}}\times 100\% \tag{5-38}$$

(2)正确率。正确率(precisionrate)，也称为准确率，是衡量系统在实验某一检索任务时，检索精确度的一种测度指标，定义为：

$$\text{precisionrate}=\frac{N_{\text{found}}\cap N_{\text{true}}}{N_{\text{found}}}\times 100\% \tag{5-39}$$

随着数据规模的不断扩大，相对于某主题的数据集合所占的比例不断缩小，查全率和正确率都会受到影响。一般是查全率上升了而正确率却大大下降。在现实中，正是由于检索系统无法达到理想的状态，因此检索者一般会比较强调某一个方面，而对另一方面的要求很低。

(3)当检出率和正确率的值较为接近时，不太方便比较不同方法的整体性能，此时可采用综合性能 F 测度(F-measure)作为评价指标，该指标定义为：

$$F\text{-measure}=\frac{2\times\text{recall}\times\text{precisionrate}}{\text{recall}+\text{precisionrate}} \tag{5-40}$$

此外，检索速度也是参与衡量检索性能的重要指标之一，它通过检索时长反映检索系统，查找用户所需要的音频数据的效率，是检索技术是否符合实际应用的关键。

二、音频特征分析

音频信号是时间和幅度都连续变化的一维模拟信号，尽管形式多种多样，但用现代信息技术手段进行处理的第一步都是对信号进行数字化处理及特征分析。

数字化处理主要是对音频信号进行采样和量化，将它变成时间及幅度离散的数字信号。将信号数字化后，为了能用传统方法对它分析，一般假设它在几十毫秒的时间内是短时平稳的，因此需要加窗操作获取短时平稳特性。而在窗函数滑动的过程中对音频信号进行了重叠分帧，没有重叠的部分即称为帧移。之后就可以对窗内的信号进行特征计算。

常用的音频信号特征包含两方面内容：一是时域音频特征，二是变换域音频特征。前者主要有信号的短时能量、过零率、频谱特征、短时自相关函数、平均幅度差函数、基频、响度等；后者一般包括梅尔频率倒谱系数(MFCC)，以及线性预测倒谱系数(LPCC)、Chroma 旋律特征、音频指纹特征等。

1. 时域音频特征

1)短时能量

音频信号的能量随时间变化比较明显，而在短时间内对短时能量分析是对这种幅度变化的一个比较合适的描述方法。短时能量可表示为：

$$E_n = \sum_{m=n}^{n+N-1} x_w^2(m) \tag{5-41}$$

式中：E_n 表示从音频信号的第 n 点开始加窗时的能量；$x_w^2(m)$ 表示 $x(m)$ 经过加窗处理后的信号；N 表示窗函数的长度。

短时能量能够对信号的幅度大小进行有效判断，对音频信号的有声、无声判定非常重要，但它对信号进行平方运算，增加了高低信号之间的差异，在一些应用场合不大适用。要解决这个问题有两个方法：一是采用对数能量，二是采用短时的平均幅值来表示能量的变化。如式(5-42)所示：

$$M_n = \sum_{m=n}^{n+N-1} |x_w(m)| \tag{5-42}$$

这里，用绝对值之和代替平方和，能够使运算进一步简化。

2)短时过零率

短时过零率指的是每帧信号通过零值的次数，是信号分析中比较简单的一种特征。对连续信号而言，它代表时域波形通过时间轴的情况，而对离散信号而言，它代表采样点符号的变化次数，在一定程度上能够反映音频帧的频谱性质。短时过零率的计算公式为：

$$Z_n = \frac{1}{2}\sum_{m=n}^{n+N-1} |\mathrm{sgn}[x_w(m)] - \mathrm{sgn}[x_w(m-1)]| \tag{5-43}$$

式中：$\mathrm{sgn}[x_w(m)] = \begin{cases} 1 & x_w(m) \geqslant 0 \\ -1 & x_w(m) < 0 \end{cases}$ 为符号函数。

3)短时自相关函数

相关函数常用于计算两个信号在时域上的相似度，根据两个信号的相关性分为自相关函数和互相关函数。如果两个信号的波形完全不同，表示这两个信号相互独立，则互相关函数几乎为零；如果二者波形相同，则互相关函数会在超前和滞后处显现峰值，以此求得相似度。而自相关函数倾向于信号自身的周期性、同步性。

短时自相关函数就是通过将自相关函数进行加窗获得，即：

$$R_n(k) = \sum_{m=n}^{n+N-k-1} x_w(m)x_w(m+k) \tag{5-44}$$

4)短时平均幅度差函数

短时自相关函数由于乘法运算量大，时间消耗太多，即使简化也无法避免乘法运算，通常采用与自己有类似作用的函数，如短时平均幅度差函数来降低运算复杂度。它的思想是：对于一个以 P 为周期的单纯的周期信号作差值，周期信号的差值计算公式为：

$$d(n) = x(n) - x(n-k) \tag{5-45}$$

则在 $k=0, \pm p, \pm 2p, \cdots$ 时，式(5-45)将为零。换句话说，当 k 值正处于信号周期时，短时平均幅度差值通常很小，计算短时平均幅度差函数为：

$$\gamma_n(k) = \sum_{m=n}^{n+N-k-1} \left| x_w(m+k) - x_w(m) \right| \tag{5-46}$$

对于周期性的信号，$\gamma_n(k)$也呈现周期性。由此可知，短时平均幅度差函数在计算上比短时自相关方法简单得多。

5)基频

通常将语音和音调性音乐等标准周期信号的最低频率定义为基频，即基频的倒数为信号周期，它能够对发声体振动引起的周期性特征进行描述。在音频信息检索应用中，基频估计的好坏直接作为系统最终性能的判定。因此，针对纯净音频，众多研究人员相继提出了不同的基频估计方法，但是在噪声条件下，基频估计可靠性还有待进一步提升。

传统的基频估计方法通常分为时域估计法、频域估计法和时域频域联合估计法。而时域估计法计算效率比较高，在语音与音乐信号的检测中应用广泛。其中，平均幅度差函数法(Average Magnitude Difference Function，简称 AMDF)与自相关函数法(Auto Correlation Function，简称 ACF)在准确度以及鲁棒性方面都具有良好的性能，被广泛应用于语音与音频编码系统中。近年来，有学者在此基础上分别利用循环 AMDF、加权 ACF 来改善传统时域基频估计的准确性。而 Cheveigne 等(2002)根据累积幅度差函数提出了 YIN 方法，在附加不同噪声成分的条件下降低了基频估计的总错误率。

6)响度

人耳对音调的感知特性在语音处理中广泛使用，但响度特征应用较少。响度在人耳感知效果上线性可加，k 次谐波的响度计算式为：

$$L(k) = 2^{\left(20\lg\frac{P}{P_{\mathrm{ref}}}-40\right)\times 0.1} \tag{5-47}$$

式中：P 表示声压有效值；P_{ref} 为参考声压，一般取 2×10^{-5} Pa，这个数值是人耳所能听到的 1kHz 声音的最低声压，低于这一声压，人耳就无法觉察出声波的存在了。

2. 变换域音频特征

1)线性预测倒谱系数(LPCC)

倒谱特征是用于说话人个性特征表征和说话人识别的最有效的特征之一。语音信号是声道频率特性和激励信号源共同作用的结果，后者对于某帧而言常带有一定的随机性，而说话人的个性特征在很大程度上取决于说话人的发音声道，因此要将二者进行有效的分离。由于语音信号是激励信号与声道频率两者卷积运算的结果，因此可通过对信号作适当的同态滤波，将相卷积的两个部分分离。滤波的关键是先将卷积处理化为乘积，然后作对数处理，使之化为可分离的相加成分。

线性预测倒谱系数可由 LPC 特征进行推导，基于 LPC 系数分析的倒谱存在一种非常简单有效的递推求解方法，线性预测系数所应用的基本概念是：一个语音信号能够用过去若干个语音抽样的线性组合来逼近，通过使实际语音抽样和线性预测抽样之间的差值的平方和达到最小值，能够决定唯一的一组预测系数。LPCC 参数比较彻底地去掉了语音产生过程中的激励信息，主要反映声道特性，而且只需十几个倒谱系数就能较好地描述语音的共振峰特性，计算量小。它的缺点是对辅音的描述能力较差，抗噪声性能也较弱。

图 5-5 为 LPCC 算法流程图。首先，对音频文件进行分帧，一般在 30ms 左右，且具有较高的重叠率，用于防止查询帧和目标帧严重错位。其次，根据每帧音频字列生成自相关序列。

最后，通过自相关序列和音频序列计算出自相关矩阵，并根据自相关矩阵推导出倒谱系数。

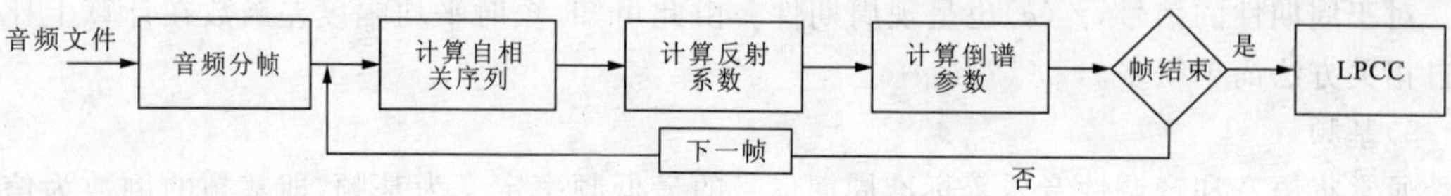

图 5-5 LPCC 算法流程图

2)梅尔频率倒谱系数(Mel Frequency Cepstrum Coefficient，简称 MFCC)

梅尔频率倒谱系数(MFCC)是将各帧的频谱成分经过 Mel 刻度的滤波器组滤波后形成一组子带合成频谱能量系数，再经过对数压缩和 DCT 变换获得的。这个处理过程的特点是：首先，语音的时频演化特性通过观测向量序列各成分的变化表现出来；其次，Mel 滤波器组近似地表现了人耳的听觉特性；最后，对数变化压缩了幅度谱的动态范围，均匀了各子带能量对识别的贡献。

MFCC 特征是目前使用最广泛的语音特征之一，具有计算简单、区分能力和抗噪声能力好等突出的优点，因而常常成为许多实际识别系统的首选。参数考虑到人耳对不同频率的感受程度，因此特别适合用在语音辨识上。

根据人的听觉机理的研究发现，人耳对不同频率的声波有不同的听觉灵敏度。从 200Hz 到 5kHz 之间的语音信号对语音的清晰度影响最大。低音掩蔽高音容易，反之则困难。在低频处的声音掩蔽的临界带宽较高频端小。据此，人们从低频到高频这一段频带内，按临界带宽的大小，由密到稀安排一组带通滤波器，对输入信号进行滤波。将每个带通滤波器输出的信号能量作为信号的基本特征，对此特征经过进一步处理后就可作为语音的输入特征。由于这种特征不依赖于信号的性质，对输入信号不作任何的假设和限制，又利用了听觉模型的研究成果，因此，这种参数与基于声道模型的 LPCC 相比具有较好的鲁棒性，更符合人耳的听觉特性，而且当信噪比降低时仍然具有较好的识别性能。

MFCC 是在 Mel 标度频率域提取出来的倒谱参数，标度描述了人耳频率的非线性特性，它与频率的关系可近似表示为：

$$\mathrm{Mel}(f)=2\ 595\times\lg\left(1+\frac{f}{700}\right) \tag{5-48}$$

式中：f 是频率，单位为 Hz。MFCC 提取流程如图 5-6 所示。

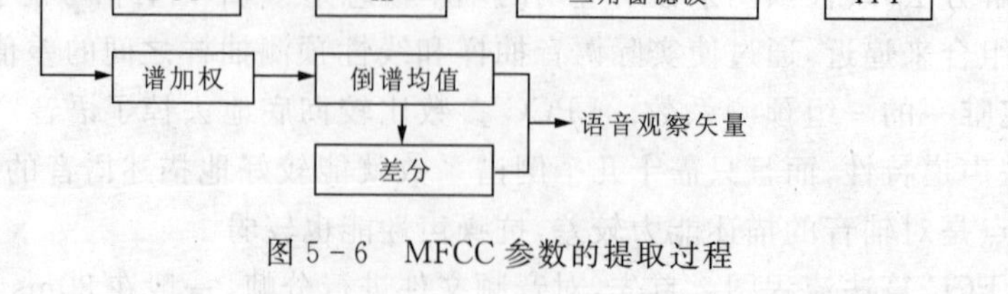

图 5-6 MFCC 参数的提取过程

3)Chroma 旋律特征

Chroma 特征是一个非常强大且很有趣的音频特征，它将整个频谱分成 12 个频段，相当于八度音阶中 12 个不同的半音，认为相隔一个八度音阶仍然相似，即使它们没有相同的频率。同时，Chroma 特征还考虑了音频节拍，能有效地对音频数据进行分割。

图 5－7 给出了 Chroma 特征的算法流程图。首先，对音频文件进行重采样，一般有多个采样频率，并对每个采样后的音频进行特征提取。由于采样频率的不同，12 个频段范围将发生变化。根据采样定理，音频的最大有效频率为采样频率的一半，而在有效频率范围内，划分 12 个频段。因此，音频采样频率越低，各频段范围越窄，即粒度越细。其次，计算节拍点，即频谱曲线中变化较厉害的点，并参考节拍点对音频进行分帧。再次，通过带通滤波器组提取各频段的有效数值。最后，计算各频段方均能量作为该频段的特征，合并不同采样频率下特征数据作为该音频的特征。

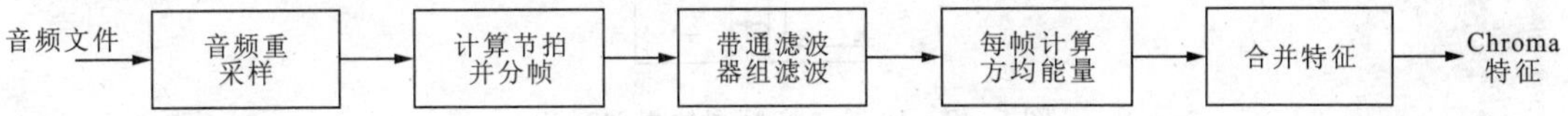

图 5－7　Chroma 特征算法流程图

4)音频指纹特征

音频指纹特征是对音频原始信号重要声学特征的一种简洁表征。音频指纹是通过一个指纹函数将音频映射到有限位的数据上，它是一种基于内容的音频检索的核心技术。使用音频指纹可以实现不通过音频元数据即可对音频内容进行识别，有助于在互联网数据库大数据环境下对一个未知信息音频剪辑的检索和数字音乐版权的保护等。

现有的音频指纹主要分为以下两类：

(1)基于非语义特征的指纹是指可以通过某种计算和变换获取、但人类听觉系统不能理解的一些物理音频特征，频谱能量、频谱特点等特征均属于非语义特征；

(2)基于语义特征的指纹是指人类听觉系统可以直接感知并获取到的一些音频声学相关特征，音乐演奏的风格、节拍韵律、感情色彩等属于基于语义的特征。

由于基于语义特征的音频指纹提取计算复杂度巨大，并且基于语义的特征掺杂了一定的主观性，因而对于同一个音频，不同的人也许会有不同的语义理解，某种语义特征不一定具有普适性，所以目前的音频指纹研究主要是围绕基于非语义特征的音频指纹进行。本书的研究也是针对基于非语义特征的音频指纹建立高效检索机制。

音频指纹的提取是指对与音频听觉感知相关的声学特征进行提取后再加工，最终以数字或字符的形式进行描述的过程。音频指纹的提取一般要做到以下几点：①音频指纹首先必须能够代表或描述人类听觉系统感知的声学特征；②保证音频信号在一定程度的衰减后所提取的指纹与原音频指纹仍具有较大的相似性；③音频指纹的提取速度要在能够保证召回率和准确率要求的前提下尽量加快；④指纹的数据量要尽可能地简洁，同时又具备较强的区分能力，避免音频数量过多后产生的错误相似判定。

以上要求需要在音频指纹的计算量、数据量、区分度、鲁棒性等方面寻求平衡点。音频指纹提取的方法较多，Philips 音频指纹提取算法是一种经典的高鲁棒性音频指纹，并已运用到商业领域。下面简单介绍一下 Philips 音频指纹提取算法。

Philips 音频指纹提取算法对每间隔 11.6ms、长度为 0. 37s 的音频片段提取 32 位的子指纹，指纹块包含 256 个子指纹作为检索的依据，即指纹尺寸(粒度)仅在 3.33s 左右。Philips 音频指纹的提取过程如图 5-8 所示。

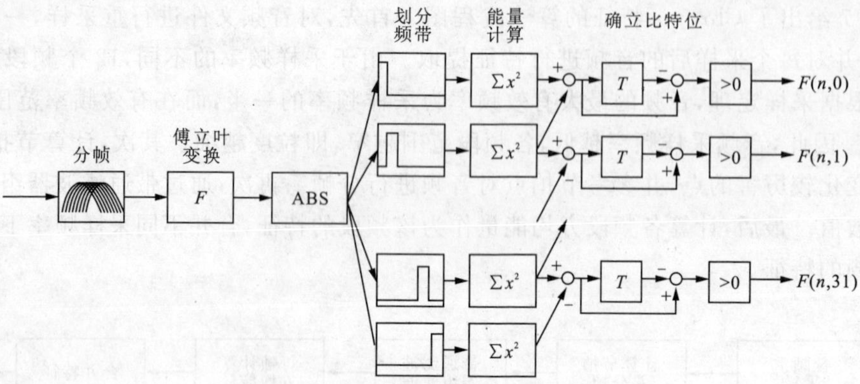

图 5-8 Philips 音频指纹提取过程

(1)分帧。对每隔 11.6ms、长度为 0.37s 的音频片段进行加 Harming 窗分帧，将该时间段的频域能量进行集中便于获取准确的频谱信息。间隔 11.6ms 意味着相邻帧之间的重叠率为 31/32，指纹对比最坏的情况也只有 5.8ms 不对齐。

(2)傅立叶变换。对单帧的音频进行快速傅立叶变换，将帧的时域信息转换为频域信息，获取帧频谱。

(3)绝对函数值(ABS)。由于傅立叶变换对帧边界敏感，而人类听觉系统(HAS)对此并不敏感，因此只需要保留频谱的绝对值。

(4)划分频带。由于人类听觉系统只对 300～2 000Hz 的声音敏感，为了通过频谱能量差获取 32 位指纹，因此将该频率段划分为 33 个对数间隔的不重叠的频带。对数间隔的选取遵循人类听觉系统 Bark Scale 规律。

(5)能量计算。对不同帧的不同频带分别计算频带的能量值。频带 n 的能量计算公式为：

$$E(n)=\sum_{f(n)}^{f(n+1)}|X(i)|^2 \tag{5-49}$$

式中：$X(i)$为傅立叶变换后获取的频谱信号；$f(n)\sim f(n+1)$为频带 n。

(6)确立比特位。即获取指纹，假设 $E(n,m)$表示音频第 n 帧在第 m 频带的能量，$F(n,m)$表示第 n 帧的子指纹的第 m 个比特：

$$F(n,m)=\begin{cases}1 & E(n,m-1)-E(n,m)-(E(n,m)-E(n,m+1))>0\\0 & E(n,m-1)-E(n,m)-(E(n,m)-E(n,m+1))<0\end{cases} \tag{5-50}$$

Philips 指纹的提取是对音频内容数据量的高度压缩，以 1 帧的数据为例，0.37s 的音频指纹数据为 32 位，即 4 个字节，而同样长度的 44.1kHz 采样率、16 位编码的双声道音频数据量为 65 268 个字节，压缩比率高达 16 317 倍。

Philips 算法提取的音频指纹数据是一系列数量与音频内容长度成正比的 32 个比特位组

成的集合,常采用比特误差率(BER)评价指纹间的相似度。由于有很高的重叠率,相邻两帧的指纹很相似,帧指纹随时间缓慢变化,因而避免了发生音频片段的指纹与待命中指纹出现时域不对齐的现象,有利于音频片段的检索定位,并且对随机剪切的音频片段的检索具有鲁棒性,对版权保护和音频监控等具有重要的意义。

三、基于内容的音乐检索

音乐是最常见的一种音频,下面介绍一个基于内容的音乐检索过程,以便读者对音频的检索过程有一个整体的认识。在这个示例中,基于内容的音乐检索过程主要包括预处理、特征提取、索引和精匹配 4 个部分,如图 5－9 所示。对于数据库中每首歌,通过预处理和特征提取,将特征保存于特征库中,用于建倒排索引和精匹配;对于查询片段,作相同的预处理和特征提取,其特征用于查询和精匹配。

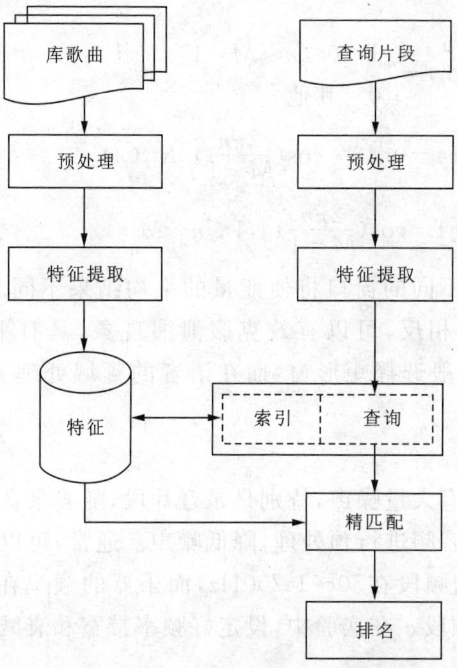

图 5－9　基于内容的音乐检索过程

1. 预处理

音频文件格式较多,采样频率、声道等有所不同,需要作一些处理来统一格式。采样频率通常同时转化成单声道音频文件。一般查询片段含有大量噪声,可通过以下几种操作来降低噪声,包括预加重、音频加窗、滤波等。

1)预加重

预加重(pre－emphasis):将语音讯号 $s(n)$ 通过一个高通滤波器。

$$H(z)=1-a*(z-1) \tag{5-51}$$

式中：系数 a 介于 0.9～1.0 之间。若以时域的表达式来表示，预强调后的讯号 $s'(n)$ 为：

$$s'(n)=s(n)-a*s(n-1) \tag{5-52}$$

这个目的就是为了消除发声过程中声带和嘴唇的效应，来补偿语音信号受到发音系统所压抑的高频部分。

对于音频信号的频谱，通常是频率越高幅值越小，在音频信号的频率增加两倍时，功率谱的幅度下降 6dB。因此必须对高频进行加重处理，一般是将音频信号通过一个一阶高通滤波器，即为预加重滤波器。它的目的是滤除低频干扰，特别是 50Hz 到 60Hz 的工频干扰，将对音频检索更为有用的高频部分进行频谱提升。在计算短时能量之前将音频信号通过预加重滤波器还可起到消除直流漂移、抑制随机噪声和提升清音部分能量的效果。

2)音频加窗

为了保持语音信号的短时平稳性，利用窗函数来减少由截断处理导致的吉布斯(Gibbs)效应。使用最多的 3 种为矩形窗、汉明窗(Hamming)和汉宁窗(Hanning)，窗函数如下，式中的 M 为窗长，一般等于帧长。

(1)矩形窗：$$\omega(n)=R_M(n)=\begin{cases}1 & 0\leqslant n\leqslant M-1\\ 0 & \text{其他}\end{cases} \tag{5-53}$$

(2)汉明窗：$$\omega(n)=[0.54-0.46*\cos(\frac{2\pi n}{M-1})]R_M(n) \tag{5-54}$$

(3)汉宁窗：$$\omega(n)=0.5[1-\cos(\frac{2\pi n}{M-1})],1\leqslant n\leqslant M \tag{5-55}$$

窗口的选择非常重要，不同的窗口将使能量的平均结果不同。矩形窗的谱平滑，但波形细节丢失；而汉明窗则刚好相反，可以有效克服泄漏现象，具有平滑的低通特性。因此，在语音的时域处理方法中，一般选择矩形窗，而在语音的频域处理方法中，一般选择汉明窗或汉宁窗。

3)滤波

一般，查询片段通常含有大量噪声，特别是录音片段，随着录音设备和录音环境的不同，噪声变化较大。因此，需要对音频进行预处理，降低噪声。通常，可以设计一个带通滤波器，只提取有效的音频频段。人声的频段在50～1 200Hz，而乐器的频率在 10kHz 以下，可以取 50～10kHz 或者更窄作为有效频段。在实验中，设定好频率带宽和衰减系数，可由 MatLab 自动生成滤波器系数。

2. 特征提取

首先，对音频序列 $X=\{x_1,x_2,\cdots,x_L\}$ 进行分帧，帧之间有较高的重叠率，共分成 M 帧。其次，对每一帧进行快速傅立叶变换，取 N 个点，处理完所有帧后，将得到 N 维的频谱矩阵 $\boldsymbol{S}[N\times M]$。对频谱矩阵进行平滑处理，使得后续的阈值变化较为平缓，计算公式如下：

$$\boldsymbol{S}(i,j)=\lg(\max(\text{ABS}(S(i,j)),1e^{-5}))\quad i=1,2,\cdots,N;j=1,2,\cdots,M \tag{5-56}$$

然后，在 $\boldsymbol{S}$ 中选取极大值点，即 $\boldsymbol{S}(i,j)>\boldsymbol{S}(i,j-1)$ 且 $\boldsymbol{S}(i,j)>\boldsymbol{S}(i,j+1)$ 作为特征点，并根据阈值来筛选特征点。用向量 ***thresh*** 表示各维阈值，通常取前几帧各维最大值来初始化各维阈值。顺序扫描所有特征点，若该点值大于对应维度的阈值，则保留该特征点，否则删除该特征点，同时更新阈值向量 ***thresh***：

$$\boldsymbol{thresh}_k=\begin{cases}\boldsymbol{thresh}_k\times 0.97 & k=1,2,\cdots,N\\ \max(\boldsymbol{thresh}_k,\boldsymbol{thresh}_k\times \mathrm{e}^{\frac{-(k-i)^2}{1\,000}} & 其他\end{cases}\tag{5-57}$$

从公式中可以看出，若该点为特征点，则提高该维度及邻近维度阈值，否则衰减各维度阈值。通过这次筛选，特征点的数量会下降 10 倍左右。从最后一个特征点开始，逆序扫描所有特征点，按相同原则遴选特征点和更新阈值。通过第二次筛选使得在某一较小区域，特征点的个数尽可能少，通常只有一个。

对于每一个特征点，可用它与邻近区域的每个特征点组成一个特征。很多时候，邻近区域内特征点较多，为了减少特征个数，选取与它最相邻的 3 个点组成 3 个特征，如图 5-10 所示。图中，点 $A(t_0,f_0)$ 为要表示的特征点，矩形为它的邻近区域，区域中最相邻的 3 个特征点与点组成 3 个特征，即图中 3 个箭头。由于使用一个查询片段来进行检索，而非整首歌，且对于时间维度，只需要两相邻点的时间差，它们的频率差比较小，所以用第一个点的频率 F_1、第二点与第一个点的频率差 ΔF 及它们的时间差 Δt 来表示一个特征。为了便于后续检索，对特征进行哈希(Hash)计算，公式如下：

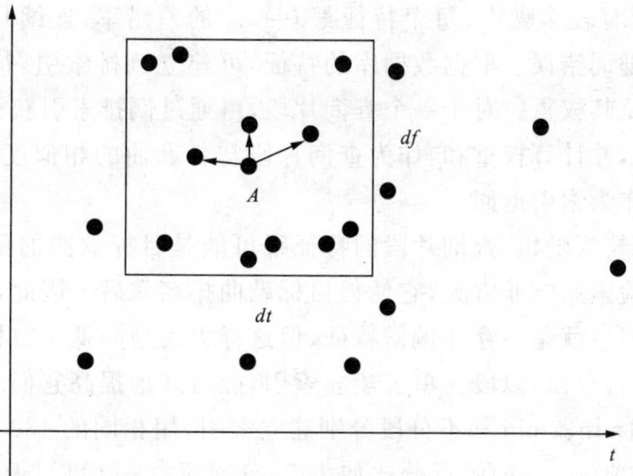

图 5-10　特征的表示

$$\text{Feature}=F_1<<(f_0+t_0)+\Delta F<<t+\Delta t\tag{5-58}$$

式中：f_0 表示频率差，单位为 bits；t_0 表示时间差，单位为 bits；Feature 为特征值。当 f_0 或者 t_0 较小时需要进行取模运算。一个 Hash 值便是一个音频指纹特征，可以用 2～3 个字节来表示，而一首歌的特征个数有几千个，因此特征文件非常小。算法流程如下：

(1)音频分帧；

(2)对每帧进行短时傅立叶变换，得频谱矩阵 $\boldsymbol{S}$；

(3)对矩阵 $\boldsymbol{S}$，按式(5-56)进行处理；

(4)用前 10 帧各维最大值初始化阈值；

(5)扫描频谱矩阵，并更新阈值，同时记录那些大于阈值的极大值点；

(6)反向筛选一记录点,并更新阈值,若记录点值大于阈值,则为特征点;

(7)用点对表示特征;

(8)计算 Hash 值。

由于每一帧的特征个数并非固定的,可以有零个或者多个,为了将特征序列和音频文件对应起来,需要在特征序列中,按一定的时间间隔,插入时间标记。这些时间标记不参与索引和精确匹配,而是用于确定该标记前后的特征在音频文件中的具体位置。通常,时间间隔设为1s,每个标记需要记录该标记在原音频中的具体秒数。为了统一格式,时间标记采用与特征相同的位数表示,且(f_0+t_0)bits 位已经足够表示对应的秒数。因为每个特征的频率大于零,所以把 F_1 为零时的 Hash 值作为时间标记,其数值为对应的秒数。

3. 索引

基于音频指纹的音乐检索系统通常采用 Hash 表来作查询,当数据库中歌曲增多时,Hash 冲突也随之增多;当数据规模较大时,某些特征的冲突会非常多,影响系统性能。倒排索引是一种文本检索技术,对于海量数据的查询,有相应的查询系统可以直接使用,并且具有较快的查询速度。

在建立索引时,关键词的选择非常重要,可以将一个特征或者连续的几个特征组成关键词。若查询片段带有较多噪声,每个特征都有一定的差错率,连续几个特征则将会扩大差错率,很可能导致关键词错误。根据数据库的特征,可建立倒排索引,每一个特征作为一个索引项,记录相关歌曲及其权重。对于一个查询片段,可通过倒排索引获得查询片段中每个特征与库中各歌曲的权重,并计算权重和,作为查询片段与各歌曲的相似度。根据权重和,可对各歌曲排序,并将结果作为索引返回。

由于查询片段较为随机,查询片段的特征很可能是目标歌曲的偏僻特征。当查询片段较短时,偏僻特征对检索影响非常大,它使得目标歌曲排名靠后。因此,在建索引时,应把所有特征的权重设为相等,也就是不存在偏僻特征,但这样大大地降低了目标歌曲与其他歌曲的区分度。通过对歌曲进行分段,以段为单位建立索引,能有效地提高它们之间的区分度。用 1 万首歌,根据段长 30s、1min、2min 和不分段分别建立索引,用相同的 130 个查询片段进行分析,目标歌曲出现在前 k 项(top－k)的百分比如表 5－1 所示。分段后,返回结果明显优于分段前,随着分段长度的减小,结果越来越好;取分段时间长度为 1min 较合理,短于 1min 时,结果改进不大。

表 5－1　分段后索引结果

段长(mm)	Top－10(%)	Top－30(%)	Top－50(%)
0.5	86.2	93.8	93.8
1	87.7	91.5	93.1
2	76.9	84.6	86.9
不分段	73.8	80.8	80.8

1)实现简单倒排索引

倒排索引是目前全文检索系统中最常用也是最有效的一种索引类型。倒排索引的出现满足了根据查询词即可快速定位文档集的需求。它其实可以看成是字符串到文件的映射。

倒排索引由两部分组成,第一部分叫作词典(dictionary),即词项,是一系列字符串的集合,它包含文档集在经过分词处理后所得到的所有的字符串,词典在索引中通常是以词典序列存储。另一部分是包含某个字符串的文档编号的集合,称之为倒排链表(posting list)。每一个字符都会指向一个属于自己的倒排链表,如图 5-11 所示。在具体应用中,可以在倒排链表中增加需要的附加信息,比如该字符串在文档中出现的频率、位置甚至权重等。当要进行查询时,通过快速定位并取出查询词的倒排链表,将它进行相应的并、交操作之后可得出最终的结果集。一个文档集合的倒排索引常常和文档集本身大小相差无几,而且建立过程也相对缓慢,但是倒排索引的优点在于一次建立即可实现多次查询,而且因链表结构,新文档信息的加入也十分方便。

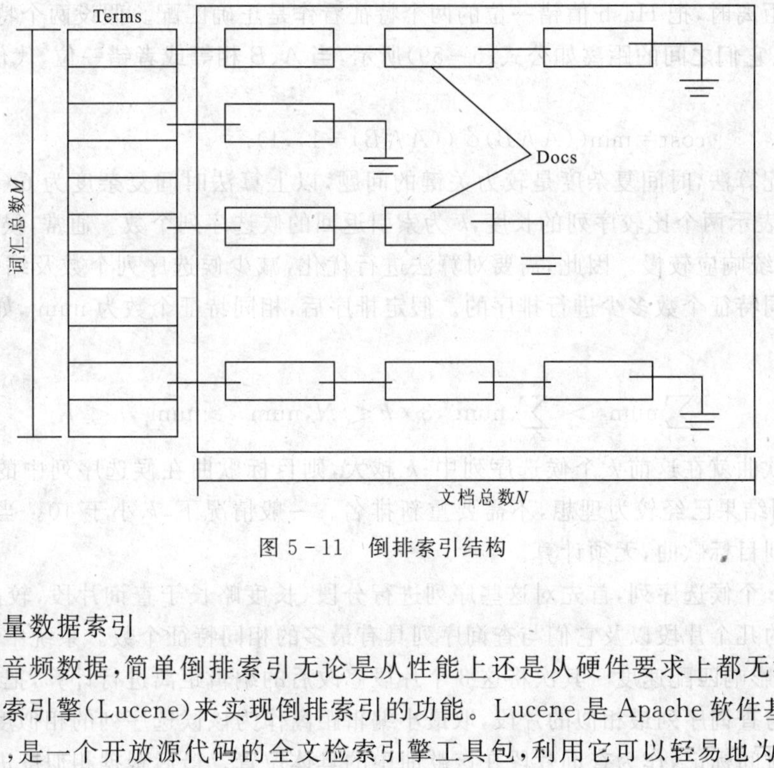

图 5-11　倒排索引结构

2)实现海量数据索引

对于海量音频数据,简单倒排索引无论是从性能上还是从硬件要求上都无法满足要求。可采用全文搜索引擎(Lucene)来实现倒排索引的功能。Lucene 是 Apache 软件基金会项目组的一个子项目,是一个开放源代码的全文检索引擎工具包,利用它可以轻易地为 Java 软件加入全文搜寻功能。Lucene 的最主要工作是替文件的每一个字作索引,索引让搜寻的效率大大提高。Lucene 提供了一组解读、过滤、分析文件、编排和使用索引的应用程序编程接口(API),它的强大之处除了高效和简单外,最重要的是让使用者可以随时对需求自订功能。

在建索引时,音频数据已经结构化表示了,它的关键词是一个整数。无论是经过 Hash 运算后的值还是分类后的类别号,由于整数较大,一般使用对应整数的字符串来表示该关键词,处理过程和文本检索处理过程是一致的,可以使用现有的 API 建立索引和进行查询。在建倒排索引时,关键词的权重是一致的,即不考虑词频数,而 Lucene 在查询时,返回结果是按权重和大小来进行排序的，需要重载打分函数，使之不再计算权重和而是计算出现相同关键词个数。

4)精匹配

倒排索引忽略了特征之间的时序关系，在噪声较大或者查询片段较短的情况下，导致目标歌曲很难与相似歌曲区分，这就需要进一步计算，找到目标歌曲。另外，索引对歌曲进行了分段处理，需要还原成歌曲名排序，并去除重复曲目，通过匹配算法来精确计算查询特征序列与候选特征序列的相似度，从而根据相似度来优化索引返回的结果。

一般音频序列的匹配采用动态时间归整(DTW)，但特征已经过 Hash 计算，各维度权重差别非常大，并不适用。可采用两个序列的编辑距离作为它们的相似度。编辑距离，又称 Levenshtein 距离，是指两个字串之间，由一个转成另一个所需的最少的编辑操作次数，值越小，越相似。编辑操作包括将一个字符替换成另一个字符，插入一个字符，删除一个字符，可用于 DNA 分析、语音辨识、拼字检查、相似度计算等。通常用动态规划(DP)解决该问题。

在较大噪声下，查询序列和原序列出入比较大，这就要求匹配时，有一定的容错能力，因此在计算编辑距离时，把 Hash 值错一位的两个特征看作是正确匹配。假设两个特征的 Hash 值为 A、B，那么它们之间的距离如公式(5-59)所示，当 A、B 相等或者错一位，代价 cost 为 0，否则为 1。

$$\text{cost}=\min((A \wedge B) \& ((A \wedge B)-1),1) \tag{5-59}$$

对于匹配算法，时间复杂度是较为关键的问题，以上算法时间复杂度为 $O(k*n*m)$，其中 n、m 分别表示两个比较序列的长度，k 为索引返回的候选序列个数。通常，候选序列较多且长度较长，系统响应较慢。因此，需要对算法进行优化，减少候选序列个数及缩短长度。初次查询是按相同特征个数多少进行排序的。假定排序后，相同特征个数为 num_i，如果存在一“拐点”，使得：

$$\sum_{i=1}^{k}\text{num}_i > \sum_{j=K+1}^{3*k}\text{num}_j, 3*k \leqslant N, \text{num}_i \geqslant \text{num}_j, i<j \tag{5-60}$$

则认为目标歌曲就在这前 k 个候选序列中；k 越大，则目标歌曲在候选序列中的概率越低；如果 $k=1$，表明结果已经较为理想，不需要重新排名。一般情况下，k 小于 10。当 k 不存在时，表明无法找到目标歌曲，无须计算。

对于前 k 个候选序列，首先对这些序列进行分段(长度略长于查询片段，较高重叠率)，找出最为相似的几个片段以及它们与查询序列具有最多的相同特征个数。系统中只选取 3 个片段，过多反而影响匹配速度。其次将这 3 个片段修改后的编辑距离进行计算，把最小编辑距离的片段作为与查询序列最相似的片段，取最小编辑距离作为该候选序列的相似度，并记录该片段中第一个时间标记，作为查询片段在该歌曲中的具体位置。最后根据相似度进行排序，得到最终的检索排名及在相应歌曲中的具体位置，如果某首歌在排名中出现多条记录，只保留第一条记录。

第四节　基于内容的视频检索

一、基于内容的视频检索概述

1. 视频数据的结构化

视频承载着多媒体信息，含有丰富的数据。为了能从数据库中高效可靠地检索出所需要的视频对象，需要对视频数据采用合理的结构进行有效组织，通常可以采用一种自上而下的多级结构模型来使视频结构化，结构化后的视频从高到低依次可划分为4个层次：视频流、场景、镜头和图像帧(图5-12)。

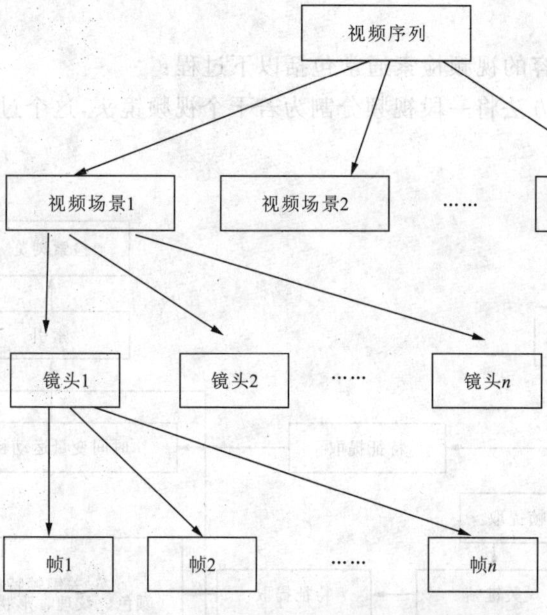

图5-12　视频的层次结构图

一般来说，一段视频是由一些描述独立的故事单元的场景(scene)构成的，一个场景是由一些语义相关的镜头(shot)组成的，一个镜头是由摄像机从开机拍摄到停止拍摄所记录下的一些连续的视频帧序列，帧(frame)是视频的最基本的单元。场景和镜头是视频检索中最常使用的两种单元。

对它们的具体介绍如下：

(1)视频。视频的最高层次，即一个视频文件，例如体育视频、新闻视频等。

(2)场景。由一组表达同一个主题和语义相关的镜头所组成，这些镜头在时间上不一定是连续的，但是它们都从不同的角度描述了发生在同一时间或者是同一地点的一个或多个并行的事件，它们共同描述了一个高层的语义概念。如"考试"这个场景就可以由"考生进考场""发试卷”“学生答题”“收试卷”“考试离场”等多个镜头组成。所有的镜头组合成的场景表达了一个符合人们思维的语义。

(3)镜头。摄像机从开机到关闭所拍摄的一段连续的图像帧序列。在这个时间段内,摄像机可以有各种运动,如平移、伸缩、变焦等,但是摄像机的信号并没有中断。由此来看,一个镜头内的视频内容是不会有很大变化的。镜头是视频的物理组成单元,也可以作为视频数据最基本的索引单元。

(4)帧。帧是组成视频的最小的视觉单位,是指视频中空间上独立但时间上相关的静态图像。空间上独立是指帧可以从视频中被单独地抽取出来作为一副静态的图像进行相应的分析和处理。时间上相关是指同一镜头内的相邻帧在低层特征或高层语义上具有某种相似性和相关性。

视频结构化以后,就可以在不同的层次上对视频进行分析和处理。

2. 基于内容的视频检索过程

1)视频检索过程

如图 5-13 所示,基于内容的视频检索通常包括以下过程:

(1)镜头分割。利用某种方法将一段视频分割为若干个视频镜头,这个过程就是视频的镜头分割。

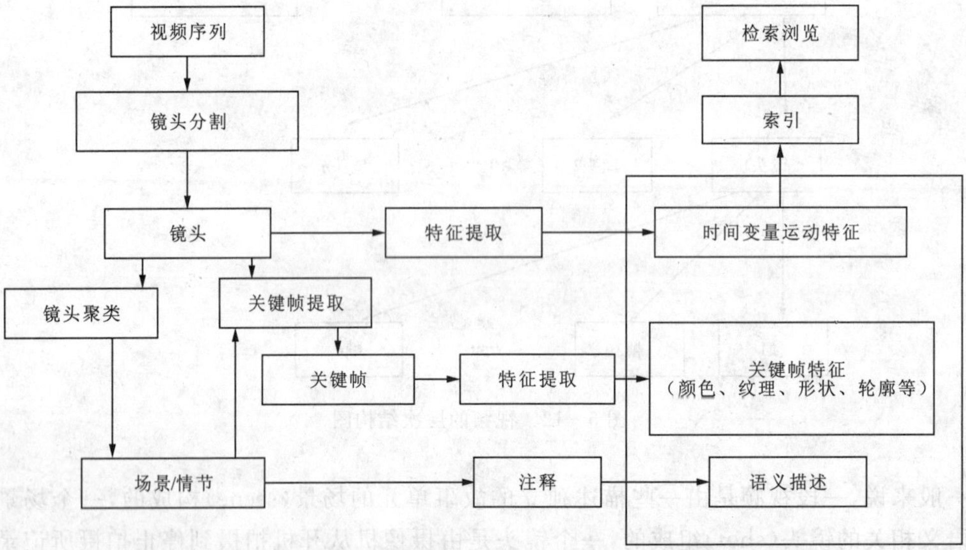

图 5-13　基于内容的视频检索的基本过程

(2)关键帧提取。镜头分割完成以后,需要在每个镜头中选取若干图像帧来代表该镜头的主要视觉内容,即关键帧提取的过程。

(3)特征提取。在镜头分割和关键帧提取的基础上,可以对视频进行特征提取,从而形成对镜头内容的描述和表达。一方面,可以在镜头和关键帧层次上进行特征提取。对镜头的特征提取一般是提取镜头中的运动信息(物体的运动或镜头的运动)。对关键帧的特征提取,一般是提取关键帧的视觉特征(颜色、纹理、形状、轮廓等)信息。另一方面,可以在提取的镜头特征与关键帧特征的基础上,对镜头进行聚类,从而形成较高层次的视频描述,即场景。

(4)形成索引。这些特征可以存入到检索系统的特征数据库中形成索引。

(5)查询。系统最后根据用户提交的查询要求形成对视频的描述与表达,从而和视频数据库中的视频进行相似性比较,并按相似程度由高到低提交给用户。同时用户也可以向检索系统反馈,最终得到比较满意的查询结果。

2)视频检索系统结构

一般来说,视频检索系统主要由 5 个模块组成:查询模块、描述模块、匹配模块、提取模块和反馈模块,图 5－14 是典型的基于内容的视频检索系统结构图。

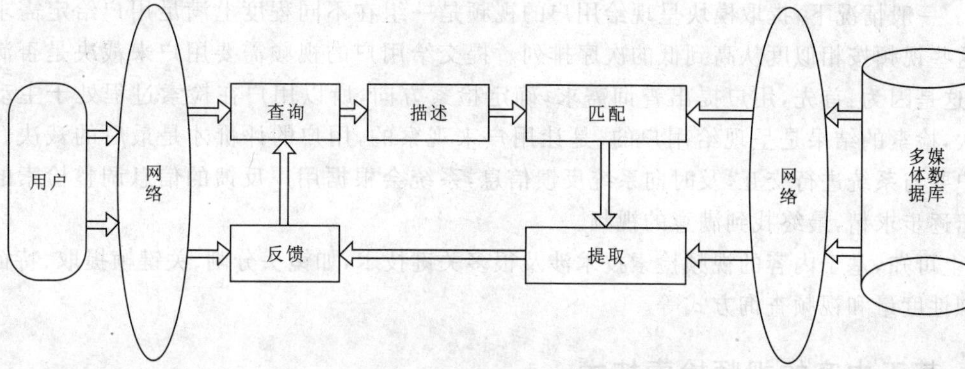

图 5－14　基于内容的视频检索系统结构图

(1)查询模块。查询模块的主要功能是向用户提供多种查询方式,支持用户根据不同的方式和自身的需求进行视频的查询检索。通常情况下,用户很难精确、恰当地用语言来描述他们的查询需求,因此提供适当的、可视化的用户输入视频方式是非常必要的。友好的人机界面能够大大地提高视频检索的效率,一般情况下,可以采用 3 种方式:视频示例输入方式、模板选择输入方式和提交特征样板的输入方式。

(2)描述模块。描述模块即特征提取模块,主要功能是进行视频特征的提取。一方面在视频进入数据库时提取视频特征,另一方面将用户提交的查询要求转化为对视频内容的描述。特征提取包括对镜头、关键帧的低层特征(颜色、纹理、形状等)提取和高级语义的提取等。利用这些特征,通过视频的相似性度量,就可以实现视频的检索。

(3)匹配模块。匹配模块的主要功能是在视频数据库中按照一定的匹配原则检索所需的视频。数据库中的视频特征描述由描述模块在视频入库时就已经建立,只需对用户提交的视频特征描述与视频数据库中的视频特征描述进行比较,就能够检索出相似的视频。匹配之后的结果会传送给提取模块,并由提取模块呈现给用户。

总之,视频的匹配就是利用视频特征之间的距离函数(相似性度量函数)来进行相似性的比较。相似性度量函数的好坏直接影响到检索系统的性能,因此在检索系统中必须包含一个较为有效而且可靠的相似性度量的函数集。

(4)提取模块。提取模块的主要功能是自动地将匹配后满足用户给定条件的视频从数据库中提取出来呈现给用户。由于视频数据的特殊性和复杂性,传统的索引方法不再适用,为了避免按顺序扫描数据库耗费大量的时间，需要建立有效的视频索引，提高检索效率。从选取的索引内容来看，一般情况下视频索引包括3类：基于注释的索引、基于特征的索引和基于特定领域的索引。

基于注释的索引是指利用与视频片段相关的语义概念集对视频片段进行注释，然后利用这些注释产生对应的视频索引。这种索引通常会在计算机的辅助下进行手工操作。基于特征的索引是指根据提取的视频特征建立索引，一般是：通过分割视频镜头，提取关键帧；并从镜头或关键帧中抽取重要的特征，如颜色、纹理、运动对象等；然后根据这些视频特征，自动地建立索引。基于特定领域的索引是指专门针对某个领域(如新闻领域)而建立的索引，它们的模式一般是固定的。

(5)反馈模块。反馈模块的主要功能是通过用户的反馈，实现人机的交互，逐步得到满意的结果。一般情况下，提取模块呈现给用户的视频是一组在不同程度上满足用户给定需求的视频，这些视频按相似度从高到低的次序排列。提交给用户的视频需要用户来裁决是否满足要求。这是因为：首先，用户提出查询需求，确定检索方向，所以用户在检索过程处于主动地位；其次，检索的结果是呈现给用户的，是让用户来观察的，用户的评价才是最后的裁决。为此，用户要与系统进行交互，及时向系统反馈信息，系统会根据用户反馈的信息调整检索的相关策略，逐步求精，最终找到满意的视频。

综上可知，基于内容的视频检索技术涉及很多关键技术，如镜头分割、关键帧提取、特征提取、相似性度量和视频查询方式等。

二、基于内容的视频检索技术

1. 视频特征提取

视频特征提取是在对视频进行分析和处理中最基本的一步。视频的特征是视频数据本身所具有的物理特性，可以从多个角度去反映视频内容。由于视频的特殊性，视频特征一般包括视觉特征和运动特征。

1)视觉特征

视频的视觉特征提取一般是针对视频序列中的一帧图像，是一种静态特征，可以采用图像处理的方法。主要包括颜色特征、纹理特征、形状特征等。

颜色是描述视频内容最基本的特征。它的计算相对比较简单，而且对图像本身的尺寸、方向和视角的依赖性比较小，有很强的鲁棒性，因此颜色特征应用较为广泛。主要的颜色特征有颜色直方图、颜色矩、颜色熵等。

纹理特征是一种反映图像同质现象的视觉特征，表现了图像灰度空间分布的某种规律性，是所有物体表面都具有的特性。与其他特征相比，纹理特征包含了图像的表面信息及其周围环境的关系，同时兼顾了图像的宏观和微观结构，因此纹理特征也成为一种非常重要的特征。常用的纹理特征有Tamura特征、灰度共生矩阵、Gabor滤波器等。

形状特征相对于颜色和纹理等特征来说，是刻画视频图像中物体和区域特点的重要特征，是描述视频中目标、对象的有效特征，而目标、对象对获取视频的语义信息是非常重要的。常用的形状特征有无关矩、傅立叶描述符等。

2)运动特征

运动特征是视频区别于一般静态图像的特有特征,视频中的运动通常可以分为摄像机运动(如平移、伸缩等)、产生的全局运动和视频中对象物体运动而产生的局部运动。运动特征不是直观的,它通常隐藏在其他的视觉特征中,如颜色、纹理、形状等特征的变化中,需要运用特定的方法将它们提取出来。主要的运动特征提取方法有基于光流方程的方法,基于块、像素递归的方法和贝叶斯方法等。

2. 镜头分割

镜头是视频数据的基本物理单元,是摄像机一次从开机到关机连续拍摄得到的视频片段。视频检索中镜头分割的好坏直接影响到更高层次视频结构的构造,直接影响到后面对视频数据的分析和处理,以及视频的浏览和检索等。因此,视频分割是非常关键的一步。

理想的镜头分割是将视频数据按照语义概念进行分割,但是由于现有的视频分析算法无法对视频进行精确的语义概念描述,所以大部分镜头分割算法是利用视频帧之间视觉特征(如颜色、形状、纹理等)的差异程度来进行视频镜头的分割。

在同一个镜头内,视频内容一般不会发生很大的变化,当两个镜头发生转化时,视频内容就会发生较大的变化。镜头分割的基本思路就是检测出视频图像中内容不连贯、发生较大变化的地方。可以用视频内容的特征差异(帧间距离)来表示这种不连贯。因此,镜头分割的基本方法就是计算视频的帧间距离,并将距离与一定的阈值比较,从而判定镜头边界。

一般的视频都是在后期制作时由多个镜头拼接起来形成的,在进行视频分析处理时要将这些镜头分割开。根据视频后期编辑手段的不同,镜头间的转换可分为突变和渐变。

镜头突变是通过将两个镜头直接拼接形成的,镜头间的转换不作任何编辑。镜头渐变是在镜头连接时加入了一些特殊的编辑手段,使镜头的连接比较自然、缓慢,通常有淡入和淡出等。

对于突变,镜头切换附近的帧在内容上会发生极其明显的变化,分属于两个镜头的相邻帧的特征会相差很大。由此得出:可以设定某一个阈值,当视频相邻帧特征间的距离大于阈值时,则可判定存在镜头的突变。对于渐变,视频内容变化比较平缓,没有发生急剧变化,因此视频帧特征的变化也是比较平缓的,需要两个阈值用来判定渐变的开始和结束。

现有的镜头突变检测方法主要有:

(1)像素比较法。通过相邻视频帧对应像素的亮度差或色度差来判定。

(2)直方图比较法。通过相邻视频帧的直方图差值判定。

(3)块匹配法。将每帧视频图像分为 $n \times n$ 个图像块,然后将相邻图像帧对应的图像块进行比较,统计差值超出设定阈值的图像块的数目,如果数目超过阈值,可以认为镜头在此处发生了突变。

(4)基于边缘的方法。通过相邻视频图像帧边界的变化程度来确定。

现有的渐变镜头检测方法主要有两种。

1)双阈值比较法

首先设置两个阈值 T_b 和 T_s,当视频的帧间差大于 T_b 时,说明镜头发生了突变。当帧间差大于 T_s 而小于 T_b 时,说明镜头存在渐变。下面是检测渐变镜头的具体做法:当相邻帧差超过 T_s 时,该段连续帧的首帧即为渐变镜头的起始帧,计算相邻帧的帧间差 F_d 和间隔 L 帧

的两帧之间的差 F_{dL}，从渐变起始帧开始逐渐增加 L 的值，间隔帧的帧差随 L 的增加而增加，当间隔帧的帧间差累计超过 T_b 而相邻帧的帧间差 F_d 低于 T_s 时，这一帧便为镜头渐变的终止帧。

2)基于模型的方法

此方法是基于视频后期编辑时使用的渐变效果的数学模型来检测镜头。要点是针对不同的镜头渐变效果，建立不同的镜头渐变数学模型，然后根据不同的模型来判断视频渐变镜头。

3. 关键帧提取技术

由于每个镜头都是在摄像机开始摄像到关闭这一段时间拍摄的，同一个镜头中的视频内容不会发生很大变化，所以有非常多的冗余信息。在实际应用中，用户浏览一个镜头中所有帧非常耗时，关键帧能够反映出一个镜头的主要内容，因此可以使用关键帧技术实现视频的快速浏览。

另外，用关键帧作为视频流的索引，比用原始的视频数据要有效得多，同时也为检索和浏览视频提供了一个有效的组织框架。由于一般情况下，一个镜头内的视觉特征基本保持不变，因此用关键帧来表示一个镜头更有意义。

首先，由于视频数据量巨大，在存储容量有限的情况下，可以只存储视频镜头的关键帧，来达到数据压缩的效果。其次，用关键帧来代表镜头，作用类似于文本检索中的关键词，从而可以用图像检索的有关技术对视频镜头进行分析和处理。最后，在进行镜头的相似性度量和聚类形成场景时，可以直接利用从关键帧中提取出的颜色、纹理、形状等低层特征作为镜头的特征。

综上可知，关键帧在视频数据存储和镜头描述方面都发挥着极其重要的作用。因此视频关键帧的提取在视频分析与处理中占有非常重要的地位，理应受到广泛关注。

4. 相似性度量

基于内容的视频检索系统需要将用户提供的视频与视频库中的视频进行比较，最终将符合要求的视频呈现给用户。在这个过程中就涉及到视频的相似性度量问题。相似性度量直接关系到视频检索的结果是否准确。

1)视频相似性度量内容

视频相似性度量主要包括以下 3 个方面：

(1)特征相似性。特征相似性指的是用户输入的查询视频示例的特征与数据库中视频的特征的相似程度。这是目前视频检索系统中应用最广泛的一种相似性度量准则。

(2)顺序相似性。顺序相似性是基于视频数据的时间特性而考虑的，主要是针对用户提交的视频是由多个镜头组成的情况。例如，用户输入的查询视频示例包含 3 个镜头，顺序为 ABC，而通过检索，查询到了一个含有 BCA 顺序的视频片段。在这种情况下就需要判断这两个视频是否是相似的。

(3)时间跨度性。时间跨度性是指在视频检索中，当两个视频的特征和时间顺序性都相似时，也可能存在不同。在后期的编辑制作过程中，由于使用了一些编辑手法，使同一视频片段在时间轴上的播放速度不同，导致了播放时间不同，即时间跨度不同。通常在有慢镜头和快镜头存在的情况下，要对视频进行时间跨度性的分析。

2)视频相似性度量方法

根据对视频的结构化，视频相似性度量可以在不同的视频结构层次上进行。下面是两种在不同层次上的相似性度量方法，一种是在视频帧的层次上定义的，另一种是在镜头层次上定义的。

(1)帧的相似性度量。帧的相似性度量是在帧的层次上定义视频的相似性。基于块的颜色直方图来进行帧的相似性度量是一种基本的方法。具体步骤如下：视频中的每一个帧被分成 B 个子块，通过比较两帧对应图像子块的颜色直方图来度量相似性。帧 f 和帧 g 的相似性定义为：

$$s(f,g)=\frac{1}{2P}\sum_{b=0}^{B-1}\sum_{l=0}^{L-1}\left|H_f(b,l)-H_g(b,l)\right| \tag{5-61}$$

式中：B 表示视频图像帧子块的个数；L 表示图像帧颜色直方图的级数；P 表示视频图像中帧像素的总数(这里假定两幅图像帧的像素总数是相等的)；$H_f(b,l)$ 和 $H_g(b,l)$ 表示视频帧 f 和视频帧 g 在各自子块 B 和颜色直方图 L 级上的值。通过改变图像子块数 B 和直方图级数 L，能够得到不同的视频帧相似性的度量。视频帧的相似性度量值，即视频帧之间的距离 $s(f,g)$ 的值在 0～1 之间，值越接近于 0，表示两视频帧的相似度越大。

(2)镜头的相似性度量。镜头的相似性度量是在镜头层次上来描述视频的相似性。在基于内容的视频检索中，镜头的相似性定义要困难得多。一般情况下，可以根据关键帧的低层特征、镜头运动或对象特征来实现镜头相似性的度量，也可以将 3 种方式相结合。

在利用关键帧低层特征比较的方法进行镜头的相似性度量时，两个镜头的关键帧集之间的相似性即可定义为两个镜头间的相似性。假设两个镜头分别用 S_i 和 S_j 表示，两个镜头的关键帧集分别表示为 $K_i=\{f_{i,m}\mid m=1,2,\cdots,M\}$ 和 $K_j=\{f_{j,n}\mid n=1,2,\cdots,N\}$，则 S_i 和 S_j 镜头间的相似性定义为：

$$\begin{aligned}S(S_i,S_j)=\max\{&S_K(f_{i,1},f_{j,1}),S_K(f_{i,1},f_{j,2}),\cdots,S_K(f_{i,1},f_{j,N}),\cdots,\\&S_K(f_{i,m},f_{j,1}),S_K(f_{i,m},f_{j,2}),\cdots,S_K(f_{i,m},f_{j,N})\}\end{aligned} \tag{5-62}$$

式中：S 为镜头 S_i 和 S_j 两个镜头之间的相似性度量；S_k 为两个关键帧集的基于特征的相似性度量，可以计算出 $M\times N$ 个这样的相似性度量值。最后，最大的那个将被作为两个镜头的相似性的度量。

另一种基于关键帧的镜头相似性定义为：

$$S(S_i,S_j)=\frac{1}{M}\sum_{m=1}^{M}\max\{S_K(f_{i,m},f_{j,1}),S_K(f_{i,m},f_{j,2}),\cdots,S_K(f_{i,m},f_{j,N})\} \tag{5-63}$$

两个镜头的关键帧集合中那些关键帧对的相似性之和决定了两个镜头之间的相似性。

当在查询中，查找的是镜头中的一个或多个对象时，所要查询的镜头和视频数据库中镜头之间的相似性，就可以定义为镜头中关键对象之间的相似性。假设两个镜头的关键对象集为 $K_i=\{Q_{i,m}\mid m=1,2,\cdots,M\}$ 和 $K_j=\{Q_{j,n}\mid n=1,2,\cdots,N\}$，则两个镜头的相似性定义为：

$$S(S_i,S_j)=\frac{1}{M}\sum_{m=1}^{M}\max\{S_K(Q_{i,m},Q_{j,1}),S_K(Q_{i,m},Q_{j,2}),\cdots,S_K(Q_{i,m},Q_{j,N})\} \tag{5-64}$$

同理，这种定义认为两个镜头之间的相似性是由两个镜头中那些对象对的相似性之和共同决定的。

5. 视频查询方式

为了实现有效的基于内容的视频检索,除了对视频进行镜头分割、关键帧提取、镜头聚类以及对各种视觉特征和语义特征的提取和合理组织外,设置恰当方便的查找手段也是极为重要的。一个比较实用的基于内容的视频检索系统,应该重视对用户视频查询需求恰当的描述和表达。

视频检索系统可以有多种不同的查询方法,按查询层次来分有基于语义信息的查询、基于元信息(关于视频的一些基本信息:出品人、导演等)的查询、基于视频的视觉特征的查询。按提交查询的形式分类有基于图像的查询、基于运动特征的查询、基于声音的查询和基于文本的查询。下面介绍一些在用户接口方面比较常见的视频查询方式。

1)视频浏览

视频浏览是视频检索系统中最基本的查询方式。当用户无法确定自己所要查询的视频或不知如何有效地描述所需视频时,就需要进行视频数据的浏览。另外,当用户想要了解视频所包含的具体内容时,往往也需要进行快速的视频浏览。

视频检索系统中的视频浏览应支持两种不同方式的浏览查询:基于类别和结构的视频导航和随机的浏览。此外,视频浏览的粒度也有多种方式可以选择:基于关键帧的视频浏览、基于镜头的视频浏览和基于视频数据库的浏览等。

2)基于示例的查询

一般来说,基于示例的查询应该是基于内容的视频检索系统不可缺少的查询方式。在此方式中,用户选择、提交的查询示例或查询模版可以是一个关键帧、一个镜头、一个场景或者是一个视频概要,也可以是整幅图像或者仅是图像中某个特定的目标。此种方式使用起来比较简单。

3)基于属性和特征描述的查询

基于内容的视频检索系统可以通过指定的视频属性进行相应的查询。例如,基于视频基本结构的检索、基于视频运动特征的检索。基于视频运动特征的检索是根据视频对象的运动或者是镜头的运动、时间特征来检索的,如查询摄像机的移动和伸缩等操作,以及用运动方向或运动强度等特征来查询检索目标对象等。

用户也可以提交关键帧的图像属性,按照图像检索的方法检索出数据库中的视频。或者也可以直接提交视频内容或主题的关键词,然后查询系统的文本数据库,最后通过文本数据库与视频数据库的映射来找出合适的视频。

基于属性和特征描述的查询和基于视频的示例查询方式结合起来可以获得更好的效果。

一般来说,在基于内容的视频检索系统中,用户准确地描述和说明一个查询视频是比较困难的,所以,检索系统的人机接口需要提供适当的、必要的、多种的查询方式,以方便用户进行有效的检索。

三、关键帧提取技术

1. 非压缩域关键帧提取算法

1)基于镜头的关键帧提取

基于镜头的关键帧提取是一种简单快速的关键帧提取方法,包括基于镜头边界的方法、帧平均法和直方图平均法。基于镜头边界的方法是当镜头检测完成之后,将每个镜头的首帧或末帧、中间帧作为镜头的关键帧。

帧平均法首先计算镜头中所有帧在某个位置上像素的平均值,构造一个新的帧,称作平均值帧,然后将镜头中与构造的平均值帧距离最近的帧作为关键帧。直方图平均法是首先对镜头中所有帧的统计直方图求平均,形成一个平均直方图,然后选取与该平均直方图距离最近的帧作为关键帧。这些方法实现起来比较简单易行,但是无论镜头的内容如何变化,提取的关键帧的数量都是一定的(1 帧或 2 帧、3 帧),会丢失很多重要的视频信息,无法准确描述内容发生较大变化的镜头,而且这种方法非常依赖于镜头边界的检测结果。

2)基于运动特征的关键帧提取

基于运动特征的关键帧提取是从视频帧中提取出视频的运动特征,然后根据视频序列中包含的运动信息来进行关键帧的提取。一般来说,视频的运动包括视频中物体的运动(局部运动)和摄像机的运动(全局运动),因此可以根据物体的运动或摄像机的运动,如平移、伸缩等,来提取关键帧。基于视频内物体运动的关键帧提取方法有:Wolf(1996)用光流法对视频进行分析,计算出镜头的运动量,并在运动量局部最小值处选取关键帧;Liu(2003)等提出了感知运动能量的三角模型,在运动加速和减速的转折点提取关键帧;Ma(2008)等提出了根据视频序列中运动物体的加速度来提取关键帧,在加速度改变时即物体运动状态改变时提取关键帧。基于摄像机运动的关键帧提取方法有 Guironnet(2007)等提出的算法,首先进行摄像机运动的检测,然后根据镜头运动方式的不同排列次序制定关键帧提取策略。基于摄像机运动的关键帧提取方法依赖于摄像机运动类型的检测,这是一个有难度的工作。基于运动特征的方法在分析视频中的运动时,所需的计算量较大,对于实时性的关键帧提取有一定的限制。

3)基于图像低层特征的关键帧提取

这种方法是根据视频中每一帧的颜色、纹理,形状等视觉特征的变化来提取关键帧。当这些低层特征有明显变化时,当前的视频帧就可作为关键帧。最常见的一种思路是首先把镜头的第一帧作为关键帧,其次依次计算剩余的视频帧与前一个关键帧之间的距离,如果距离大于某一设定的阈值,则把当前帧选为关键帧,最后依次计算。基于图像低层特征的方法可以根据镜头内容的变化程度选择相应数目的关键帧,但缺点是选取的关键帧有时不一定具有代表意义。而且当视频有物体快速运动时,就容易选取过多的关键帧。此外,图像的低层特征的选择也影响着关键帧提取的结果。

4)基于视频聚类的关键帧提取

聚类算法是一种被广泛应用在模式识别、视频分析和信息检索、图像处理领域中的非常有效的技术。聚类方法可以应用在视频层次上,即镜头聚类,把内容相近的帧组合起来,形成镜头,然后在镜头中提取关键帧。另一种方法是在镜头的层次上聚类,将镜头中的帧序列分到各个簇后,形成子镜头,再选取视频关键帧。现在越来越多的研究者根据不同聚类的特性,采用不同的聚类方法进行关键帧提取，取得了较好的效果。

2. 压缩域关键帧提取算法

以上是常见的非压缩域中关键帧提取方法，下面简单介绍一下压缩域中的关键帧提取方法。

目前，很大一部分算法都是在非压缩域内进行关键帧提取，即解压后的视频流，这种方法需要对视频文件进行解压，需要一定的时间，所以在实时性上有所限制。随着越来越多的视频数据以 JPEG、MPEG 等压缩的形式存储，直接利用压缩视频数据中的某些特征分析处理视频，也是一种很重要的方法。通常利用 MPEG 压缩视频流中已有的离散余弦变换(DCT)的 DC 系数和运动矢量(MV)等 MPEG 描述符来提取关键帧。朱映映于 2003 年提出了利用 DC 系数和运动矢量在 MPEG 压缩域中提取关键帧。杨胜等(2001)通过利用 DC 系数确定宏块互异系数的方法来提取关键帧。李永刚等(2011)利用压缩域中 I 帧图像来进行关键帧提取。这种方法的优点是无须对视频解压，降低了计算的复杂性，但缺点是在压缩域中所能利用的特征较少。

3. 基于数学理论和智能算法的关键帧提取算法

除了以上常用方法，以及多种改进和延伸的方法外，还有很多学者将一些数学理论、智能算法等应用到关键帧提取中，也取得了不错的效果。如：基于 QR 分解(它是将矩阵分解成一个正交矩阵 $\boldsymbol{Q}$ 与上三角形矩阵 $\boldsymbol{R}$，所以称为 QR 分解法)的关键帧提取，利用 QR 分解对视频进行分析，从而来衡量镜头的动态性；基于粗糙集的关键帧提取，通过对视频进行分析，形成一个视频的信息系统，再利用粗糙集的不可分辨关系、属性约简等理论对视频信息进行数据挖掘；基于模糊推理算法的关键帧提取，提取不同的视频特征，并根据模糊理论的相关知识，在分析视频的基础上，制定相关合理的推理规则，从而根据规则提取关键帧；基于神经网络的关键帧提取，通过选取有效视频特征进行神经网络训练，反过来再通过训练好的神经网络提取视频的关键帧；基于遗传算法的关键帧提取，通过分析视频，制定合适的适应度函数和目标函数，利用遗传算法找出最优的能代表视频的关键帧；基于支持向量基的关键帧提取；等等。这些方法将一些数学方法和理论，以及一些智能优化算法应用到关键帧提取中，取得了非常好的效果。

4. 特殊视频的关键帧提取

视频数据一个很大的特点就是种类繁多。对于某些特殊的视频，比如监控视频、会议视频、讲座视频、体育竞赛、新闻视频、动画视频等，都有各自的特点，对于关键帧的选取，也会有所不同。例如，交通监控视频，摄像机几乎是静止的，所以视频图像的背景比较稳定，关键帧提取时会比较注重视频中人物或车的行为；讲座视频可能会出现较多的幻灯片镜头；足球体育竞赛视频中有很多镜头的运动(平移、缩放等)，关键帧提取时会比较注重射门、进球等镜头；新闻视频播放模式比较固定，编辑手段也是有限制的，关键帧提取时比较注重新闻内容。所以针对这些特殊视频的特点，一般视频的关键帧提取方法可能具有局限性，研究基于特殊视频的关键帧提取也是很有必要的，如图像表情关键帧的提取、基于文字和图像信息的新闻视频的关键帧提取、监控视频的关键帧提取、足球竞赛视频中的关键帧提取、动画视频的关键帧提取、生活日志视频的关键帧提取等。

5. 关键帧提取结果的评价

到目前为止,并没有统一的标准和一致的框架来系统地评价关键帧提取算法的性能。对关键帧提取结果的评价,主要涉及两个方面:一是提取的关键帧要具有代表性,抽取出的关键帧应该能够很好地表现原始视频的内容;二是尽量避免关键帧的冗余。关键帧是能够代表镜头主要内容的静态图像帧,而判断关键帧是否代表了镜头的内容主要依靠人为的判断,因而判断一个关键帧提取算法是否有效,主观评价标准占主要部分。

1)客观评价标准

(1)压缩比。压缩比=视频段的帧数/所提取的关键帧数。

压缩比越大,一般来说,实际中进行检索的运算量和对视频特征数据进行存储的存储量就越小,实用性也就越强。但是绝不能单纯地追求较低的压缩比,这也要以所提取的关键帧能较好地代表视频镜头的主要内容为前提。

(2)视频检索率。这主要是指在基于关键帧的视频检索中,根据提取的关键帧形成的索引判断视频检索结果的好坏来间接地评价关键帧提取算法。

(3)效率。从算法复杂度的角度来说,就是关键帧提取算法的时间复杂性。关键帧提取算法的效率是指提取某一镜头的关键帧所花费的时间。尤其在实时性要求较高的场合中,效率显得尤为重要。

(4)视频抽样差异(VSE)。根据关键帧的定义,选取关键帧的标准应该保证提取的关键帧能够最大限度地准确表达原始视频的主要内容。视频抽样差异的定义如下:

$$\mathrm{VSE}(f,K)=\sum_{i=1}^{k}\sum_{j=1}^{fnum}d^2(f(i),K(j)) \tag{5-65}$$

式中:k 表示镜头中关键帧的数目;$K(j)$表示提取的关键帧;$f(i)$表示一个镜头的第 i 帧;d 表示一种距离测量,如欧式距离等。由公式的定义可知:VSE 越小,说明提取的关键帧越能代表原始视频的内容信息。

(5)保真度。保真度也是用来比较抽取出的关键帧序列与原始视频段之间的内容差异的测量方法,定义如下:

假设 $f(t)$为一个视频镜头,$t=1,2,3,\cdots,fnum$,其中 $fnum$ 为镜头的总帧数。$\mathrm{Key}(i)$为提取的此镜头的关键帧,$i=1,2,3,\cdots,knum$,$knum$ 为关键帧的数目。视频镜头 $f(i)$中的第 t 帧与关键帧 $\mathrm{Key}(i)$的距离为:

$$\mathrm{dist}(t)=\min\{\mathrm{Diff}(f(t),\mathrm{Key}(j))\mid j=1,2\cdots knum\} \tag{5-66}$$

式中:$\mathrm{Diff}(f(t),\mathrm{Key}(j))$为一个合适的帧间距离测度,例如欧式距离。最后,视频镜头 $f(t)$与关键帧 $\mathrm{Key}(j)$间的距离定义为:

$$d(f,\mathrm{Key})=\max\{\mathrm{dist}(t)\mid t=1,2,\cdots,fnum\} \tag{5-67}$$

最后,保真度定义为:

$$\mathrm{Fid}(f,\mathrm{Key})=\mathrm{MaxDiff}-d(f,\mathrm{Key}) \tag{5-68}$$

MaxDiff 是 $\mathrm{Diff}(f(t),\mathrm{Key}(j))$函数所能产生的最大值。Fid 越大,说明抽取出的关键帧序列更能代表原始视频镜头的整体信息。

2)主观评价标准

所谓有效性就是所提取的关键帧能否准确有效地代表镜头的主要内容。这主要靠人为主观地观察和评价。可以通过类似问卷调查的形式,在用户观察提取的关键帧后,给出主观的感受,并进行评价打分,然后对评价结果进行分析,这是目前比较通用的方法。例如找到 10 个用户,通过观察关键帧提取结果的好坏进行打分,结果分为 3 个档次:好、中、差。如若结果被评价为好得 3 分、中得 2 分、差得 1 分,对最后对得分进行分析,便可得到最终的评价结果。

本章小结

笔者主要介绍了 3 种常见媒体图像、音频和视频的基于内容的信息检索技术。

对基于内容的图像检索,首先介绍了基于内容的图像检索的基本原理;其次介绍了图像特征的提取方法,分为三大类分别进行了介绍,包括颜色特征提取算法、纹理特征提取算法和形状特征提取算法;再次介绍了特征间的相似性度量函数;最后对检索性能评价准则进行了介绍。

对基于内容的音频检索,首先介绍了基于内容的音频检索的基本过程、主要应用及评价标准。其次介绍了音频特征的描述与提取方法:一是时域音频特征,二是变换域音频特征。时域音频特征主要有信号的短时能量、过零率、频谱特征、短时自相关函数、平均幅度差函数、基频、响度等;变换域音频特征包括梅尔频率倒谱系数(MFCC),以及线性预测倒排系数(LPCC)、Chroma 旋律特征、指纹特征等。最后通过音乐检索的例子使读者对基于内容的音频检索有更直观的认识。

在基于内容的视频检索方面,首先介绍了视频数据的结构化及基于内容的视频检索的基本步骤和框架;其次介绍了基于内容的视频检索所涉及的关键技术,包括视频的特征提取、视频镜头分割、视频关键帧提取,视频的相似性度量以及视频查询方式等;最后对关键帧提取技术作了详细的介绍,包括常用的关键帧提取算法以及关键帧提取结果的评价。

习　题

1. 相较于传统检索方式,基于内容的多媒体信息检索有哪些优点?

2. 简述基于内容的图像检索的基本原理。

3. 图像颜色特征的提取方法有哪些?纹理特征的提取方法有哪些?形状特征的提取方法有哪些?

4. 图像特征相似性度量方法有哪些?

5. 基于内容的音频检索的基本步骤是怎样的?

6. 试列举常见的音频特征。

7. 试述基于内容的音乐检索过程。

8. 视频结构化后包括哪几个层次?它们的关系是怎样的?

9. 基于内容的视频检索的基本过程是怎样的?

10. 常见视频关键帧的提取方法有哪些?

11. 如何评价视频关键帧提取的效果?

第六章　多媒体同步技术

第一节　多媒体同步概述

一、多媒体同步的定义

和传统数据系统相比，多媒体系统中包含了各种各样的媒体，这些媒体具有不同的特性、不同的时态。有的与时间无关独立存在，比如静止图像、文本、表格等；有的依赖于时间关系，比如音频、视频、动画等。这些媒体对象的时间相关性可能由用户自己定义，也有可能隐藏在建立过程中。在单一的媒体系统中，所有的媒体对象都具有相同的时态特征，对于它们之间的时间相关性不需要特别关注。随着多媒体系统的发展，各个媒体之间的时态关系也变得越来越复杂，不管在时间上还是空间上各媒体对象之间都相互关联和相互制约，而这种媒体对象之间的时间相关性和相互约束性必须在多媒体系统中得到充分的体现和支持。

在多媒体数据中，媒体分量是表达信息和内容的各种媒体对象，也是多媒体数据的主体。在传输和存储这些媒体分量的同时，必须传输和存储它们之间相互制约的时间关系，这种关系被称为多媒体的同步规范。多媒体数据的构成如图 6 - 1 所示。在同步规范中主要包括同步描述和同步容限。其中同步描述指的是各个媒体对象内部或者媒体对象之间存在的相互制约的时间关系，同步容限指的是这种制约关系所能接受的最大偏移范围。

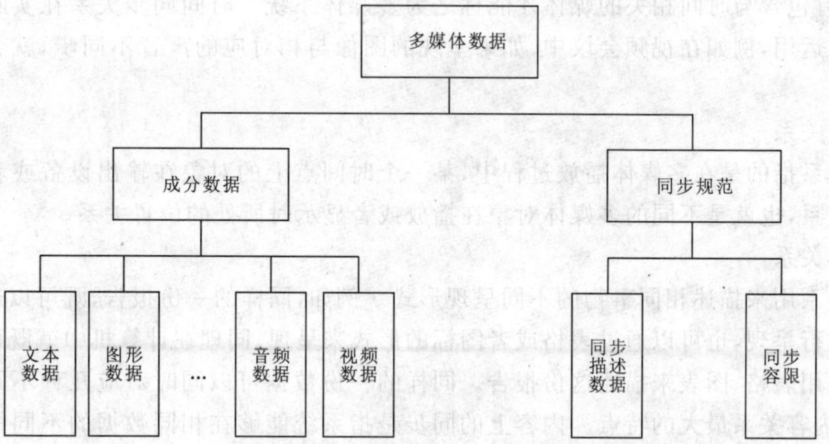

图 6 - 1　多媒体数据的构成

多媒体同步主要指的是维持媒体对象内部或者媒体对象之间相互制约的时间关系，并使这种制约关系最终被正确地表现出来。多媒体同步主要研究的是如何维持连续媒体对象间的时间约束关系。连续媒体数据可以看成是由一系列的信息单元(information unit)组成的时间序列(或者称之为流)。信息单元又可以称为逻辑数据单元(Logical Data Unit，简称 LDU)，逻辑数据单元的大小在一定程度上由同步容限决定。同步容限给出的偏移许可范围越大，LDU 越大；反之，偏移许可范围越小，LDU 越小。

为同步关系建立一个独立于实现环境的抽象描述模型是多媒体同步的核心基础。在建立抽象描述模型时，首先，为了让系统表示、存储和复审更为方便，要明确定义多媒体对象之间的时态行为(包括表示单元之间的彼此关系)；然后，在对各个媒体单元对象进行表现时，必须维持媒体对象时态行为之间原有的相互约束关系。

二、多媒体同步的分类

通常情况下，在多媒体系统中每个媒体对象都具有不同的特征，媒体对象之间存在的相互约束关系也可以有多种不同的描述形式。如果按照媒体对象与时间之间的依赖关系来分，媒体对象可以分为离散媒体流和连续媒体流。由于基于时间关系的连续媒体流的媒体对象内部以及媒体对象之间都存在着相互制约的时间关系，在对连续媒体流进行传输、存储以及播放过程中，必须维持这种时间关系，这是普通意义上的媒体同步，广义上的媒体同步还包括内容和空间上的关系。

1. 广义上的多媒体同步

多媒体广义上的同步包括时间上的同步关系、空间上的同步关系和内容上的同步关系。

1)时间关系

时间关系是针对依赖于时间关系的连续媒体流进行表征的，它主要用来描述连续媒体流的媒体对象内部以及媒体对象之间存在的相互约束的时间关系，这是普通意义上的媒体同步，也是狭义的媒体同步。在多媒体广义同步关系中，时间关系是最为重要的一种，因为对一个系统而言，只有包含与时间相关的媒体才能称之为多媒体系统。时间同步关系在实际环境中有着很广泛的运用，例如在视频会议中，如果呈现的图像与相对应的声音不同步，就会让观看者感觉不舒服。

2)空间关系

空间关系指的是在多媒体播放过程中，某一个时间点上的对象在输出设备或者终端显示上的布局关系，也就是不同的多媒体对象在播放或者显示时所处的位置关系。

3)内容关系

内容关系用来描述相同事物的不同呈现形式。例如，同样的一份报告，既可以通过文本文档的形式进行呈现，也可以通过表格或者图标的形式来呈现，同理在计算机中就既可以用文本文档又可以用表格、图表来描述这份报告。同样的一份数据可以同时对应几种不同的内容关系，这也是内容关系最大的特点。内容上的同步是指系统能够在相同数据的不同描述形式上自动地更新和升级。

2. 狭义上的多媒体同步

狭义上的多媒体同步主要指的是时间同步，按照同步对象进行分类，时间同步又可以分为3类：上层同步、中层同步和底层同步。

1)上层同步(交互同步)

在上层同步也即交互同步中，媒体对象所处的时间位置、空间位置以及表现形式都不是固定的，都可以由用户重新进行分配。上层同步是以用户应用的角度作为出发点进行的同步，这一类的同步重点在于交互和表现，这就要求同步过程既能体现出用户的交互性，又能很容易地被用户所理解和使用。例如，将一部小说改编为一部电影剧本，首先要考虑的是以什么样的场景和秩序来组织人物以及故事情节的发展变化，最后一个镜头接一个镜头地呈现给观众。这种思想同样适用于多媒体的上层同步环节，在多媒体的呈现过程中，各个媒体对象以何种方式在何时、何地呈现给观众，完全可以利用类似电影脚本的方式进行描述。脚本，就是把用户对媒体表现形式的意图与构思，最终像电影剧本一样"一场接一场"地表示出来。场次的控制加入了用户的交互性，由于交互性的参与，脚本的场次流程是非单一路径，它可以有多条路径，也可以有逆路径。

2)中层同步(媒体间同步)

中层同步涉及到不同类型的媒体对象，各媒体对象在合成表现过程中具有相互制约、相互依赖的时间关系是本层描述的重点。中层同步即媒体间同步的目的就是维护并行表现的各个媒体流间的时间关系，主要消除通信过程中所产生的媒体流之间的错位以及限制媒体流之间的扭曲。

由于多媒体所处的应用环境不同，媒体流相应的同步控制机制也有所不同。一方面，如果多媒体流在一个实时环境中执行，它的所有处理都将有良好定义的时间规范来约束。另一方面，如果媒体流在一个非实时环境中执行，它的所有处理由操作系统的调度策略来控制。

3)底层同步(媒体内同步)

该层同步用来完成合成同步所描述的各个媒体对象内部数据流之间的时序关系，这要根据具体媒体系统性能参数来进行。在单机多媒体情况下，同步技术要考虑计算机的读盘时间、图像的显示速度和处理的速度，这和磁盘的存取速度、视频适配器以及中央处理器的处理能力有关。在网络传输环境下，由于存在很多无法预料的因素，如网络的延时、网络的阻塞等，在多媒体传输过程中，这些无法预料的因素都会影响多媒体对象内部的时态特性，破坏媒体内的同步机制，造成媒体在传输和播放过程中出现不稳定现象，甚至引起媒体对象之间的不同步。为了媒体对象内部的同步，各种同步协议和同步技术应运而生。

媒体内的同步相当于一个对媒体设备的流控制的机制，媒体内的同步通信与媒体间的同步通信是紧密相关的，媒体内同步是媒体间同步的前提和基础。媒体内同步主要是为了维持一个时间相关媒体对象的各个信息单元之间的时间关系。由于多媒体对象是由一系列媒体单元构成，媒体单元之间在时间上有关联关系，因而在媒体的存储、处理、传输和播放的过程中必须保持它在时间上的连续性。例如对于一个 25 帧/s 的视频流来说，每帧应该播放 40ms，如果不能保持这种时间关系，超过一定限度，观众就会明显感觉到画面的停顿和不流畅，影响观看的效果。

三、影响多媒体同步的因素

影响分布式多媒体的同步关系的因素主要包括:媒体之间的时延偏移、时延抖动、时钟漂移和网络条件的变化。

1. 媒体之间的时延偏移

在多媒体通信过程中,来自同一个多媒体系统的媒体对象可能并不是由同一个信源所发送,由于不同的信源所在的地理位置也可能不同,在媒体传输过程中每个媒体流所选择的信道也不同,从而使得不同的媒体流具有不同的时延,这就是媒体之间的偏移。这些时延偏移会影响媒体对象之间原来存在的相互约束、相互依赖的关系,从而破坏媒体对象之间的同步。为了维持媒体对象之间的时态关系,目前主要通过两种方式进行同步控制。第一种控制机制根据不同媒体流各自的时态特性,通过调节媒体流发送时间来维持媒体间的同步;第二种控制机制通过在信源端加设缓存来调节媒体流的到达时间,但必须保证各个媒体流在经历了不同延时后能够同步到达接收端。

2. 时延抖动

所谓时延抖动指的是媒体流中最大时延与最小时延的差,也即时延的变化值。系统中很多部分都可能会产生时延抖动,主要包括端系统抖动和网络抖动。端系统抖动是指端系统中引起的时延变化,这主要是由于媒体单元在各个协议层的打包、拆包以及系统负荷的改变引起的。网络抖动是指媒体数据包从发送端到接收端的传输过程中所发生的时延变化,这主要是由中间各个节点的缓存所引起的。抖动一般情况是在信宿端通过采用弹性缓冲区来补偿。

3. 时钟漂移

全局时钟的缺失是造成时钟漂移最根本的原因。由于没有全局时钟,发送端的时钟频率和接收端的时钟频率在主观或者客观环境的影响下发生了变化,导致结果与其他时钟或者真实时间产生偏移。这些影响环境主要包括外部温度的变化或者晶体振荡器本身的缺陷。连续媒体流对象在采集、传输、播放以及存储过程中都离不开端系统时钟的驱动,如果忽略时钟漂移,就会造成多媒体系统中媒体对象之间的时态关系发生变化,影响媒体对象间的同步。解决时钟漂移最基本的方法就是利用时间同步协议为用户提供一个全局时钟。

4. 网络条件的变化

网络条件的变化是指网络连续性质的变化,它不是由抖动引入的。例如,媒体单元丢失率的增高或者平均时延的改变。通常情况下,多媒体数据传输都依赖于数据报传输服务,这种服务在传输媒体信息时很容易发生信息的丢失,造成媒体对象时态的改变,破坏多媒体的同步机制。可见,数据包服务并不可靠,当发生信息丢失时,通常利用重复播放前面的信息实现多媒体的同步控制。

第二节　多媒体同步模型

多媒体同步模型主要用于描述多种媒体对象之间的时态关系，由于应用环境的不同，多媒体对象之间时态关系的呈现方式也不同，用于描述时态关系的同步模型的建立机制也不同。基于时间轴的同步模型，基于参考点的同步模型以及基于层次的同步模型是目前常用的3种模型。

一、时间轴同步模型

时间轴同步模型指的是所有媒体对象都是相互独立地依赖于同一个时间轴。在时间轴同步模型中，媒体对象之间相互独立，对任何一个媒体对象进行操作都不会影响其他媒体对象的时态特性。时间轴同步模型如图6-2所示。

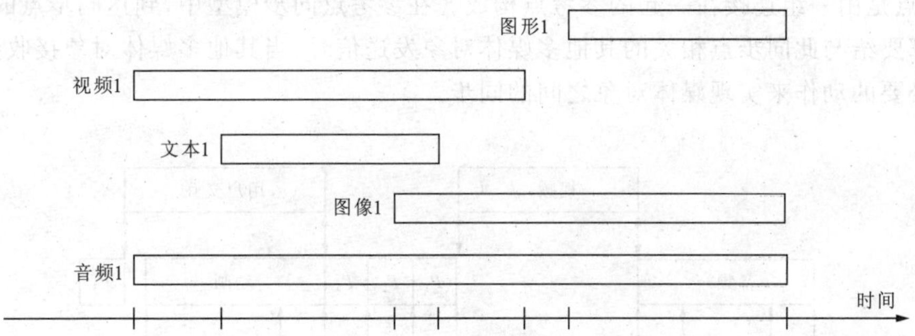

图6-2　时间轴同步模型

时间轴同步模型最大的优点是直观性强，应用范围也较广，尤其是在起始点固定的多媒体系统中更是常用的同步模型，但是时间轴同步模型要求媒体对象之间相互独立，这需要在实际应用中考虑一些问题：①多媒体对象与时间轴之间必须保证绝对同步，从而保证各对象之间的同步；②修改某个对象的时间属性可能会引起其他对象在时间轴上修改时间属性；③预先确定每一个多媒体对象的时间长度。

时间轴同步模型由 Hodges 等于1989年在 Athena Muse 项目中首次提出。Gibbs 于1991年在提出的主动对象模型中应用了修改后的时间轴同步模型。目前最经典的两种时间轴同步模型为：基于时间 Petri 网的同步模型 OCPN 和基于路径表达式的同步模型。

1. 基于时间 Petri 网的同步模型 OCPN

Little 和 Ghafoor1990 年首次提出基于时间 Petri 网的多媒体同步模型，被称为对象合成 Petri 网(Object Composition Petri Net，简称 OCPN)，实质是对时间轴同步模型的一种改进，比较适合多媒体存储应用中描述多媒体对象之间的时态关系。在这种同步模型中，媒体类型被映射到 Petri 网中的每一个位置，然后对这些位置分配令牌数目和时间间隔，媒体对象之间的同步点由各个变迁来描述。

2. 基于路径表达式的同步模型

Hoepner 于 1992 年提出了基于路径表达式的同步模型，为了描述多媒体之间的同步关系，该模型将 Allen 提出的 13 种时间片关系定义为路径表达式。在这种模型中定义了两种动作：原子动作和复合动作。其中，原子动作是描述同步关系的基本单位，不可再分；复合动作则由原子动作或者复合动作组合而成。

二、参考点同步模型

参考点同步模型是时间轴同步模型的一种改进同步模型。在这种模型中，依赖于时间关系的连续媒体被按照一定的规则分割成一个个离散的、与时间无关的子数据单元，每个媒体对象的起始时间点、终止时间点以及子数据单元的起始时间点都被定义为一个参考点，在参考点同步模型中，通过连接媒体对象的参考点来保持多媒体对象之间的同步关系。参考点同步模型如图 6-3 所示。在这种模型中，多媒体对象之间的同步通过在同步点上发信号的机制来实现，同步点是由一组连接在一起的参考点构成。在参考点同步模型中，到达同步点的每个多媒体对象都要给与此同步点相关的其他多媒体对象发送信号，当其他多媒体对象接收到信号后，会做出必要的动作来实现媒体对象之间的同步。

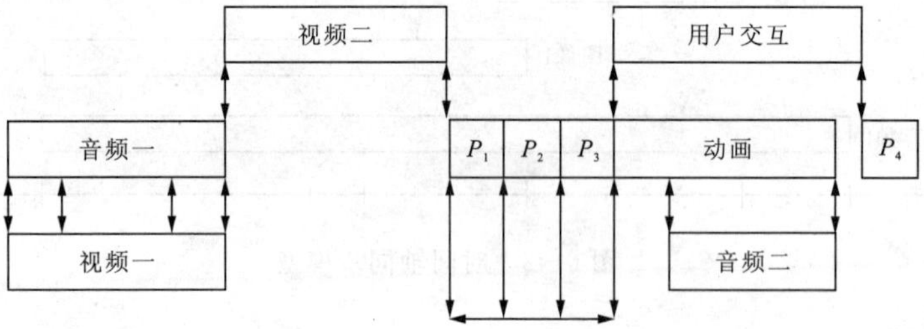

图 6-3　参考点同步模型

参考点同步模型的基础是将依赖于时间的连续媒体流按照一定的规则进行分割，这样很容易破坏连续媒体流之间原有的时间关系，媒体对象之间相互约束、相互依赖的关系也会受到影响，此外多媒体同步定义的正确性还需要通过检查不一致性的机制来保证。

三、层次同步模型

对于多媒体通信系统来说，同步机制往往不是作为一个独立的部分存在，而是分散在传输层之上的各个模块之中，通过层次化分析来理解各种相关的因素，并据此研究同步控制机制。图 6-4 所示是由 Meyer、Effelsberg 和 Steinmetz 于 1993 年提出的一个四层同步模型。

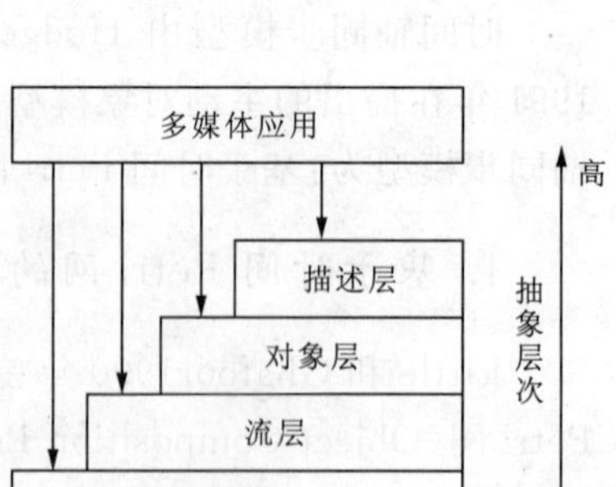

图 6-4　媒体同步的四层参考模型

该四层参考模型本身的层次结构与 OSI-RM 七层网络协议模型以及时域参考框架之间都有一定的关联，具体对照关系如图 6-5 所示。建立四层参考模型主要为了实现两个目标:对同步机制进行分层,并对分层后每层所应完成的任务进行描述。在四层参考模型中,为了实现同步先得进行同步规划:首先,生成调度方案,这由同步机制按照同步描述数据来确定,调度方案主要负责何时对其中的哪个逻辑数据单元或者哪个媒体对象进行处理,它与将要进行的多媒体数据处理(如提取、发送、播放等)有着密切的关系;其次,根据多媒体数据的特点及同步容限,同步机制进行必要的资源(如通信带宽、通信缓冲区、CPU 的时间等)申请;最后,在执行调度方案的过程中,同步模型需要充分考虑多媒体对象之间的时态关系,并根据同步容限对媒体对象之间规定的偏移范围进行偏差控制。

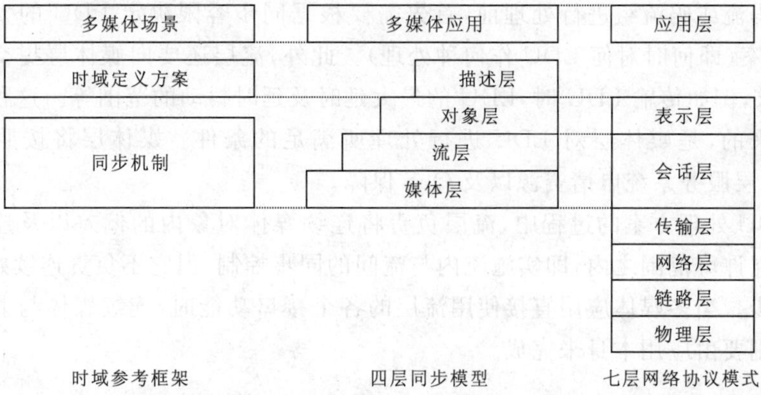

图 6-5　时域参考框架与四层参考模型之间的对应关系

1. 媒体层

媒体层处于同步机制的最下层,是同步机制与底层服务系统之间的接口。媒体层的处理对象是来自于连续码流(如音频、视频数据流)的 LDU。LDU 的大小在一定程度上取决于同步容限。偏差的许可范围越小,LDU 越小;反之,LDU 越大。通常,视频信号的 LDU 为 1 帧图像,而音频信号的 LDU 则是由若干在时域上相邻的采样点构成的一个集合。为了保证媒体流的连续性,媒体层对 LDU 的处理通常是有时间限制的,因而需要底层服务系统(如操作系统、通信系统等)提供必要的资源预留及相应的管理措施(如服务质量保障措施等)。

接口媒体层负责向上层提供与设备无关的操作,如函数 Read、Write 等。其中,由 Device-handle 所标志的设备可以是数据播放器、编/解码器或文件,也可以是数据传输通道。

在媒体层内主要完成两项任务:其一是申请必要的资源(如 CPU 的时间、通信带宽、通信缓冲区等)和系统服务(如服务质量保障服务等),为该层各项功能的实施提供支持;其二是访问各类设备的接口函数,获取或提交一个完整的 LDU。例如,当设备代表一条数据传输通道时,发送端的媒体层负责将 LDU 进一步划分成若干个适合于网络传输的数据包,而接收端的媒体层则需要将相关的数据包组合成一个完整的 LDU。

媒体层内部不包括任何同步控制操作,这意味着当一个多媒体应用直接访问该层时,同步控制将全部由应用本身来完成。

2. 流层

流层的处理对象是连续码流或码流组，内部主要完成流内同步和流间同步两项任务，即将LDU按流内同步和流间同步的要求组合成连续码流或码流组。由于流内同步和流间同步是多媒体同步的关键，因此在同步机制的3个层次中，流层是最为重要的一层。

在接口处，流层向上层提供诸如start(stream)、stop(stream)、creategroup(list-of-streams)、start(group)、stop(group)等功能函数。这些函数将连续码流作为一个整体来看待，即对该层用户来说，流层利用媒体层的接口功能对LDU所作的各种处理是透明的。

流层在对码流或码流组进行处理前，首先需要根据同步容限决定LDU的大小以及对各LDU的处理方案(即何时对何LDU作何种处理)。此外，流层还要向媒体层提交必要的服务质量(QoS)要求，例如传输LDU时，LDU的最大延时及延时抖动的范围等。这种要求是由同步容限推导而来的，是媒体层对LDU进行处理所满足的条件。媒体层将按照流层提交的QoS要求，向低层服务系统申请资源以及QoS保障。

在执行LDU处理方案的过程中，流层负责将连续媒体对象内的偏差以及连续媒体对象间的偏差保持在许可范围之内，即实施流内与流间的同步控制，但它不负责连续媒体与非连续媒体之间的同步。当多媒体应用直接使用流层的各个接口功能时，连续媒体与非连续媒体之间的同步控制则要由应用本身来完成。

3. 对象层

对象层能够对不同类型的媒体对象进行统一的处理，使上层不必考虑连续媒体对象和非连续媒体对象之间的差异。对象层的主要任务是实现连续媒体对象和非连续媒体对象之间的同步并完成对非连续媒体对象的处理。与流层相比，该层同步控制的精度较低。

对象层在处理多媒体对象之前先要完成两项工作。第一，从描述层提供的同步描述数据出发，推导出必要的调度方案(如显示调度方案、通信调度方案等)。在推导过程中，为了确保调度方案的合理性及可行性，对象层除了要以同步描述数据为根据外，还要考虑各媒体对象的统计特征(如静态媒体对象的数据量，连续媒体对象的最大码率、最小码率、统计平均码率等)以及同步容限。同时，对象层还需要从媒体层了解低层服务系统现有资源的状况。第二，进行必要的初始化工作。对象层首先将调度方案及同步容限中与连续媒体对象相关的部分提交给流层并要求流层进行初始化。然后对象层要求媒体层向低层服务系统申请必要的资源和QoS保障服务，并完成其他一些初始化工作，如初始化编/解码器、播放设备、通信设备等与处理连续媒体对象相关的设备。

得到调度方案并完成初始化工作以后，对象层开始执行调度方案。通过调用流层的接口函数，对象层执行调度方案中与连续媒体对象相关的部分。在调度方案的执行过程中，对象层主要负责完成对非连续媒体对象的处理以及连续媒体对象和非连续媒体对象间的同步控制。

对象层的接口提供诸如prepare、run、stop、destroy等功能函数，这些函数通常以一个完整的多媒体对象为参数。显然，同步描述数据和同步容限是多媒体对象的必要组成部分。当多媒体应用直接使用对象层的功能时，内部无须完成同步控制操作，多媒体应用只需利用描述层所提供的工具完成对同步描述数据和同步容限的定义即可。

4. 描述层

描述层的处理对象是由多媒体应用生成的时域场景。它主要解决的是多媒体表现中各个场景的安排与对象同步的描述问题，这一层关心的是多媒体对象是否能够被描述或描述是否正确，而不是关心具体如何实现同步。

描述层的核心是时域定义方案，它的接口为用户提供了使用时间模型描述多媒体数据时域约束关系的工具，如同步编辑器、多媒体文档编辑器和著作系统等。描述层产生的同步描述数据和同步容限，经由对象层的适当转换后进入由对象层、流层和媒体层构成的同步机制。此外，还可以将用户级的 QoS 要求映射到对象层接口。

第三节　多媒体同步控制机制

多媒体同步控制机制作为一种服务机制，主要用来维持多媒体系统中各个媒体对象内部或者对象之间的相互制约关系，使它在数据采集、传输、播放以及存储过程中不受到破坏。多媒体的这种相互制约关系称为媒体对象的时域特性，同步机制进行控制的指标由用户要求的同步容限决定。同步控制机制主要包括两部分：媒体内的同步控制和媒体之间的同步控制。媒体内同步表现为媒体流的连续性和实时性，媒体间同步表现为各个媒体对象的同步点能同时播放。

一、媒体内同步

一个连续的媒体数据流是由若干个逻辑数据单元构成的，每个逻辑数据单元之间存在着相互固定的时间关系，在多媒体数据传输过程中，由于网络传输存在延时抖动，就会破坏连续媒体内部的逻辑数据单元之间的时间关系。为了保持多媒体数据内部对象之间的同步关系，接收端必须采取一定的措施，以恢复逻辑数据单元之间原来的时间约束关系，因此需要在媒体流内部进行同步控制。

1. 基于播放时限的同步方法

一个连续的媒体数据流是由若干个 LDU 构成的时间序列，LDU 之间存在着固定的时间关系。当网络传输存在时延抖动时，连续媒体内部 LDU 的相互时间间隔会发生变化。这时，在接收端必须采取一定的措施，恢复原来的时间约束关系。一个方法是让接收到的 LDU 先进入一个缓存器以便对延时抖动进行过滤，使从缓存器向播放器（或解码器）输出的 LDU 序列是一个连续的流，如图 6－6 所示。

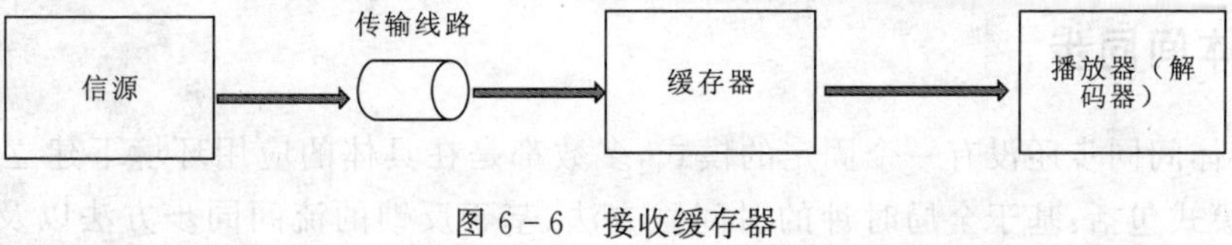

图 6－6　接收缓存器

通过缓存器会带来播放的延时。因此，另一个方法是必须适当地设计缓存器的容量，既能消除延时抖动的影响，又不过分地加大播放延时。这种方法适用于收发时钟同步且延时抖动在一个确定的范围之内的情况，不仅可以解决传输延时抖动，而且可以解决由数据提取、数据处理等原因引起的延时抖动。

2. 基于缓存数据量控制的同步方法

采用基于缓存数据量控制的同步方法的两种系统模型如图 6-7 所示，它的区别在于控制环路是否将信源和传输线路包含在内。信宿端缓存器的输出按本地时钟的节拍连续地向播放器提供媒体数据单元，缓存器的输入速率则由信源时钟、传输延时抖动等因素决定。由于受到信源和信宿时钟的偏差、传输延时抖动或网络传输条件变化等的影响，缓存器中的数据量是变化的，因此，需要周期性地检测缓存的数据量。如果缓存数据量超过预定的警戒线，例如数据快要溢出或缓存器快要变空，就认为存在不同步的现象，需要采取再同步手段。在第一种模型[图 6-7(a)]中，再同步是在信宿端进行的，可以加快或放慢新宿时钟频率，也可以通过删去或复制缓存器中的某些数据单元，使缓存器中的数据量逐渐恢复到警戒线之内的水平。在第二种模型[图 6-7(b)]中，同步措施在信源端进行，即在缓存数据量超过警戒线时，通过网络向信源反馈需要进行再同步的控制信息，让信源加快或放慢自己的发送频率。

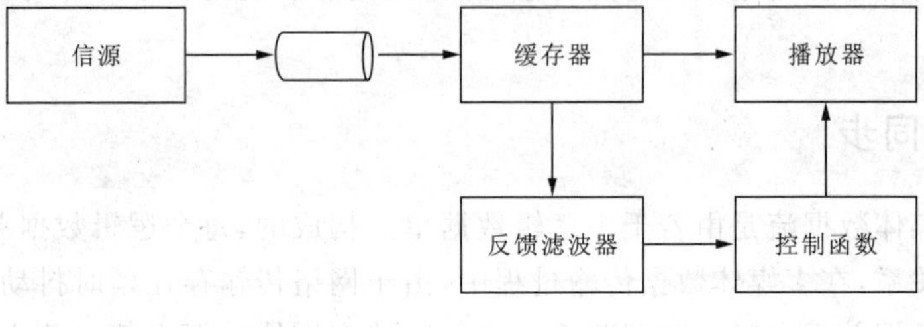

(a) 系统模型一

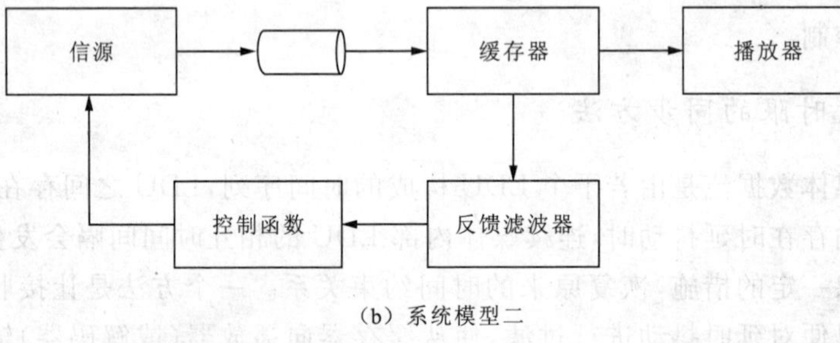

(b) 系统模型二

图 6-7 基于缓存数据量控制的同步方法的两种系统模型

二、媒体间同步

目前，媒体间同步还没有一个固定的模式，多数都是在具体的应用环境下建立的，常用的媒体间同步模式包括：基于全局时钟的时间戳方法、基于反馈的流间同步方法以及基于 RTP 协议的同步方法。

1. 基于全局时钟的时间戳方法

时间戳同步方法指的是在发送端给每一个媒体数据单元流中都添加一个统一的时间戳，在接收端对于含有相同时间戳的数据单元使它同时进行播放。基于全局时钟的时间戳同步技术的最大的特点就是通过在接收端利用时间戳来实现媒体间的同步，时间戳同步技术既可以用于多媒体通信，又可以用于多媒体数据的存取。基于全局时钟的时间戳同步技术又分为相对时间戳同步技术和绝对时间戳同步技术。相对时间戳同步技术通过在接收端利用媒体数据单元之间的相对时间戳来调节媒体对象之间的同步，在保持了媒体间准确同步的同时，并不需要全局同步时钟的参与。在绝对时间戳同步技术中，首先在接收端利用时间戳准确计算出每个数据单元分组所经历的延迟，然后根据不同的延迟采取相应的同步措施。绝对时间戳同步技术不会引入额外的延迟，但是需要提供准确的全网同步化时钟。

2. 基于反馈的媒体间同步方法

基于反馈的媒体间同步方法主要应用于网络环境下，这种方法最大的特点就是根据获得的信息在接收端进行失调检测。基于反馈的媒体间同步方法有两种实现机制：在发送端进行同步控制或者在接收端进行同步控制。

在发送端进行同步控制，顾名思义，就是根据接收到的失调信息在发送端实施同步调控。首先在信源和信道之间设置一个有一定容量的缓冲区，当发生网络拥塞的时候，发送端将发送的信息先存入缓冲区，等网络空闲了再进行数据传输。在发送端进行同步控制的最大特点就是发送端根据网络的负载情况来控制数据的发送频率，这会造成视频质量的下降，而且这种控制需要反馈，不利于及时进行数据发送，所以具有一定的滞后性。

在接收端进行同步控制，主要是利用接收到的失调信息在接收端进行再同步。首先根据网络发生的最大延时在接收端设置一个缓冲区，发送端发送的媒体数据先被存入缓冲区中，然后由同步调速器根据当前网络的负载情况来控制播放速度。当网络流畅时，接收端加快播放速度；当网络出现拥塞时，则放慢播放速度，从而实现媒体间的同步。在接收端进行同步控制最大的缺点是端到端的通信延时较大，媒体通信实时性较差。

3. 基于 RTP 协议的同步方法

实时传输协议(RTP)包括 RTP/RTCP，是互联网工程任务组(IETF)中的音频/视频传输工作组设计的实时传输协议，它为实时数据应用提供了点到点或多点通信的传输服务。基于 RTP 协议的同步机制就是通过 RTCP 的发报文、收报文来判断网络的服务质量，用减小多媒体载荷的方法来解决长时拥塞，用错误隐藏的方法来解决短时间的冲击。基于 RTP 协议的同步机制实质上是一种基于反馈的同步机制，RTCP 轻载信息是它的反馈信息，这是基于 RTP 协议的同步机制与其他基于反馈同步机制的不同之处。

基于 RTP 协议的同步控制策略是：每个接收端都可生成一种称为接收者报告的轻载信息，在这种信息中包含接收者观察到的网络失调的具体状态，接收端周期性地将这种轻载信息反馈给发送端，发送端收到报告后再将这种信息提交给上层应用程序，上层应用程序根据接收到的信息对当前网络环境进行失调检测，如果检测出网络出现了失调现象，就要强制进行同步控制。

第四节　同步性能的测量标准

不管是媒体间的同步还是媒体内部的同步都称之为多媒体之间的时间约束关系。这种约束关系既包括媒体间同步表现出的媒体同步性，又包括媒体内同步表现出的媒体实时性、连贯性。在多媒体系统中，这种同步性和实时性、连贯性体现为用户对多媒体播放效果的感知，即多媒体的播放效果在用户端是以具体的感知服务来体现的。为了评价多媒体的同步性能，需要在用户端提出一些同步性能的衡量指标，其中衡量指标又包括客观衡量指标和主观衡量指标。

一、客观标准

均方根误差和同步相位失真是评估多媒体系统同步性能常用的两种客观指标。

1. 均方根误差(Root Mean Square Error，简称 RMSE)

对 N 个媒体数据单元 MU 来说，$P_i(n)$、$G_i(n)$分别表示媒体 i 的第 n 个 MU 的播放时间和产生时间，其中 $n=1,2,\cdots,N$，媒体流内的均方根误差的定义如下：

$$\sigma_i=\sqrt{\frac{\sum_{n=1}^{N-1}[(P_i(n+1)-P_i(n))-(G_i(n+1)-G_i(n))]^2}{N-1}} \tag{6-1}$$

媒体流间的均方根误差定义如下：

$$\sigma_{av}=\sqrt{\frac{\sum_{m=1}^{M_a}[(P_a(m)-P_v(n))-(G_a(m)-G_v(n))]^2}{M_a}} \tag{6-2}$$

式中：$P_v(n)$表示视频流中第 n 个媒体单元的播放时间；$G_v(n)$表示视频流中第 n 个媒体单元的产生时间；$P_a(m)$表示音频流中第 m 个媒体单元的播放时间；$G_a(m)$表示音频流中第 m 个媒体单元的产生时间；M_a 表示音频流中媒体单元的总数目。在多媒体系统中，均方根误差值越大，表示多媒体的同步性能越差；反之，均方根越小，同步性能越好。

2. 同步相位失真(Synchronization Phase Distortion，简称 SPD)

同步相位失真可描述为：

$$D_{av}=(P_a(m)-P_v(n))-(G_a(m)-G_v(n)) \tag{6-3}$$

式中：$P_a(m)$表示音频流中第 m 个媒体单元的播放时间；$P_v(n)$表示视频流中第 n 个媒体单元的播映时间；$G_a(m)$表示音频流中第 m 个媒体单元的播放时间；$G_v(n)$表示视频流中第 n 个媒体单元的产生时间。在多媒体系统中，同步相位失真越大，表示多媒体的同步性能越差；反之，同步相位越小，同步性能越好。对于多媒体系统来说，时延抖动也是衡量媒体同步性能的主要指标，在媒体系统 i 中，时延抖动的计算式为：

$$J_i(j)=(P_i(j+1)-P_i(j))-E_i(P_i(j+1)-P_i(j)) \tag{6-4}$$

式中：$j=1,2,3,\cdots,n$，$P_i(j)$表示第 j 个分组的到达时间；$P_i(j+1)$表示第 $j+1$ 个分组的到达

时间；$P_i(j+1)-P_i(j)$表示两个分组的到达间隔差；$E_i(P_i(j+1)-P_i(j))$为$P_i(j+1)-P_i(j)$的均值。

二、主观标准

在多媒体系统中，用户对于媒体间存在的时延抖动或者不匹配在一定范围内是可以接受的。考虑到不同的用户个体对媒体间的时延抖动敏感程度不同，多媒体的同步性能可以通过用户感知的形式进行主观评价。在音频/视频多媒体系统中，根据音频信号和视频信号之间的偏移大小，通过大量的试验研究，给出了同步区域、不同步区域以及临界区域的定义范围，如图6-8所示。

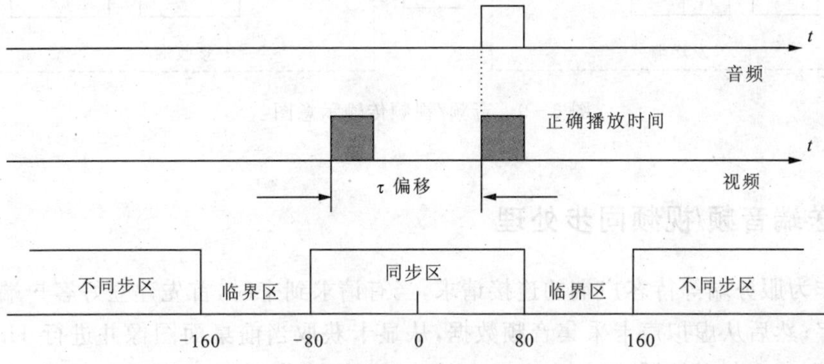

图6-8　唇音同步

打分标准是主观评价中常用的衡量指标。一般采用5分制，当所有观众都感觉不到抖动的存在可得5分；当处于两个相关媒体的同步区域时，多数用户都感觉不到偏移的存在，这时可得4分；当处于不同步区域时，几乎所有的用户都对播放效果不满意，这时可得2分；当处于同步区域和不同步区域之间的临界区域时，可得3分；而当所有观众都完全无法忍受抖动时，可得1分。媒体内的同步评价也可使用类似的打分方法。

第五节　音频/视频同步传输的实现

随着现代信息技术的发展，多媒体数据的不断丰富以及多媒体技术的不断成熟，人们对多媒体通信传输的需求也越来越大。特别是像音频/视频这种多媒体信息的网络传输，由于具有数据量大、内容丰富等特点，在传输过程中，对网络带宽传输速度等要求比较高，往往不可避免地造成不同步的问题，比如画面流不同步造成画面卡顿，声音流不同步造成声音的不连续，还有就是音频/视频同时传输时（如视频会议、网络教学、计算机协同工作等），常常由于音频和视频不同步造成唇音不同步的现象。音频/视频的传输过程如图6-9所示，音频数据和视频数据分别通过复杂的Internet环境从发送端传送到接收端进行播放。在传送过程中常常由于各种因素影响音频/视频数据的内在及相关时域特征，从而破坏同步关系，最终导致音频/视频数据不能在接收端正确同步播放。

下面，以 Windows 环境为例介绍音频/视频同步传输的实现过程。

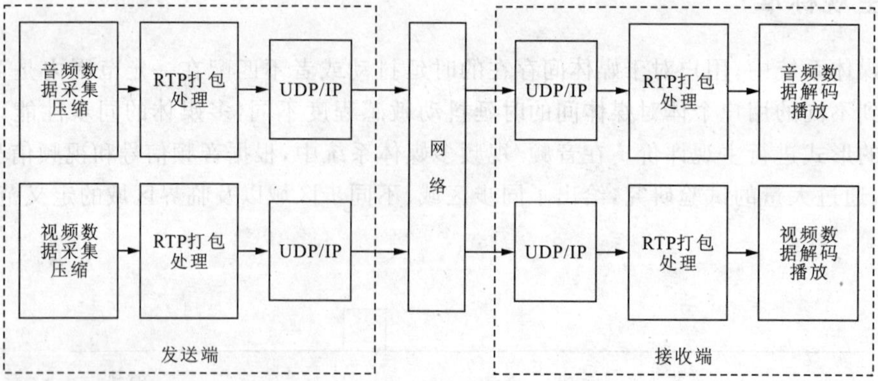

图 6-9 音频/视频传输示意图

一、发送端音频/视频同步处理

发送端作为服务端等待客户端的连接请求，当有请求到来时，首先建立好客户端到服务端的通信套接字；然后从虚拟声卡采集音频数据，从显卡获取当前桌面图像并进行 H.264 压缩编码处理，分别放到各自的缓冲区，在发送之前分别打上对应的相对时间戳；最后，在发送的过程中接收来自客户端的反馈信息对发送速率进行自我调整。这个过程主要包括：音频数据的采集、视频数据的采集、时间戳处理及发送速率控制。

1. 音频数据获取

对音频数据的获取可以通过 Windows 系统自带的 API 调用来实现，在调用前必须添加 mmsystem.h 头文件。整个声音的获取过程如下：

(1)建立两个临时缓冲区，每个缓冲区 2 000 字节；

(2)准备音频格式头 waveform；

(3)使用 waveInOpen()函数打开音频设备，获得设备的句柄；

(4)创建音频暂存结构 pWaveHdr(音频格式头)，同时将缓冲区作为它的成员；

(5)调用 waveInprepareHeader 对缓存结构进行初始化；

(6)调用 waveStart()开始获取音频数据；

(7)开始录音后，系统将从声卡获取的音频自动存放在缓冲区；

(8)随着录音的进行，缓冲区被填满音频数据，此时回调函数收到 WIM_DATA 消息，将缓存的音频数据取出转换为 G.729 格式，然后放入到音频发送队列，并且清空录音缓冲区数据；

(9)需要停止录音时调用 waveInStop()和 waveInReset()函数。

代码实现如下：

```
void GetSound(WAVEFORMATEX* format)
```

```
{
    //打开音频设备
    mmReturn=::waveInOpen(&m_hRecord,WAVE_MAPPER,&m_Format,(DWORD_PTR)
    waveInProc,(DWORD_PTR)this,CALLBACK_FUNCTION);
    //开始获取音频数据
    mmReturn=::waveInStart(m_hRecord);
    Return;
}
```

回调函数：

```
void CALLBACK waveInProc(HWAVEIN    hwi,//声音输入设备句柄
                         UINT       uMsg,//产生的消息,由系统给出
                         DWORD      dwInstance,//要传递的参数
                         DWORD      dwParam1,//附加数据 1
                         DWORD      dwParam2 //附加数据 2)
{
    switch(uMsg)
        case WIM_DATA:
        {
            CSoundIn * self=(CSoundIn* )dwInstance;
            MMRESULT mmReturn=0;
            //获得缓冲区音频数据
            LPWAVEHDR pHdr=(LPWAVEHDR) dwParam1;
            //清理数据
            mmReturn=::waveInUnprepareHeader(hwi,pHdr,sizeof(WAVEHDR));
            //将写满的缓存音频数据转换为 G.729 格式
            CBuffer buf(pHdr->lpData,pHdr->dwBufferLength);
            //将其写入到发送队列
            self->DataFromSoundIn(&buf,self->m_pOwner);
            //重新使用该缓冲区
            mmReturn=::waveInPrepareHeader(hwi,pHdr,sizeof(WAVEHDR));
        }
}
```

2. 视频图像获取

为了最大限度地降低视频数据的传输量，可采用 H. 264 压缩算法对采集到的视频数据进行压缩处理。为了达到良好的用户画面体验，默认每秒采集 24 帧，也即所采集的视频帧频(FPS)为 24。具体采集步骤如下：

(1)调用 Windows 的 API 函数 GetDC(0)、CreateCompatibleDC 等抓取当前桌面图像；

(2)对获取的图像进行初始化，以适应客户端图像要求；

(3)对图像数据进行 H.264 压缩处理；

(4)将处理好的图像数据存放到视频发送队列；

(5)停止采集图像数据。

关键代码如下：

```
void GetCurrentScreen( )
{
    //初始化缓冲结构区,发送队列等数据结构
    Init( );
    //对当前桌面进行抓屏,获取一帧桌面图像
    hDC=GetDC(0);
    hcDC=CreateCompatibleDC(hDC);
    hBitmap=CreateCompatibleBitmap(hDC,Width,Height);
    hOld=(HBITMAP)SelectObject(hcDC,hBitmap);
    //对获取的图像进行相应的格式化处理
    ret=BitBlt(hcDC,0,0,Width,Height,hDC,0,0,SRCCOPY |  CAPTUREBLT);
    bb.bmWidth=Width;
    bb.bmHeight=Height;
    bb.bmPlanes=1;
    bb.bmWidthBytes=bb.bmWidth*3;
    //进行 H.264 压缩处理
    Encode(bb,output,outputSize);
    //间 H.264 格式的数据放到发送队列
    AddSendBuffer(output,outputSize);
……
}
```

由于 H.264 具有帧间预测功能,但当刚开始采集的第一帧视频经 H.264 处理时,此时由于没有前一帧,所以发送的数据会是整个图像的所有数据。当接着的帧到来时,H.264 就会根据此帧与前一帧图像的对比情况,只搜集相对第一帧图像变化的部分,第二帧的数据量相对要小很多,所以当桌面图像没有变化时,第二帧获得的变化数据几乎为零,发送的视频数据基本不变;但当桌面图像变化比较频繁时,如用户进行大量的窗口操作(如播放高清电影等),则第二帧变化的部分就会很多,那么接下来所发送的数据量也会相应提高。

3. 时间戳处理

在音频与视频数据采集的过程中,采集过程是在不同的线程中进行的,外加不同的编码处理方案,很容易产生音频/视频不同步的现象。音频/视频数据获取示意图如图 6-10 所示。

在音频/视频数据采集的过程中产生不同步的原因如下：

(1)如图 6-10 所示,音频数据为连续的采集数据,是以每次采集所用的音频缓冲区存放一定时间段的音频数据为度量的;而视频信息是以相同时间间隔获取的图像帧数据为基本缓存的,是不连续的,它的计量方式是每秒的图像帧采集速度即帧频。所以当这些音频/视频数

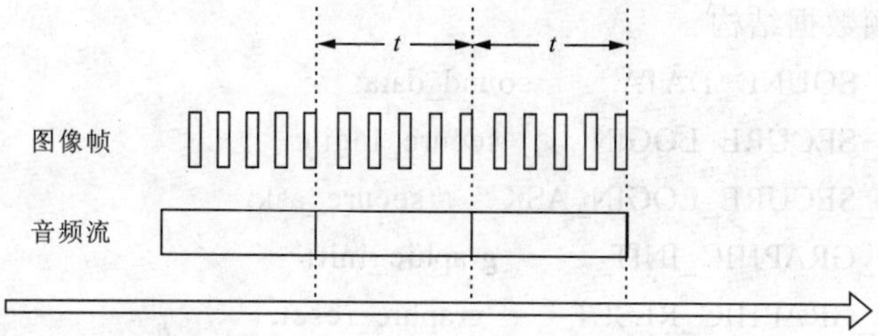

图 6－10　音频/视频数据获取示意图

据到达接收端时，如果不作同步处理，进行音频与视频的播放时很难保证每个音频数据段内与多个视频帧的严格对应关系，会产生不同步现象。

(2)所获取的视频帧使用 H. 264 协议进行编码，所获取的音频数据使用 G. 729 音频压缩协议进行压缩编码处理。在进行编码压缩过程中，由于两种不同的编码协议以及声卡、显卡等硬件性能的差异，必然会导致音频流和视频数据内部不同步现象发生即异步。

在发送端服务程序启动时，系统获取当前时间作为总的同步开始时间(synStart)，每当将压缩编码的数据放入发送队列时，获取当前的系统时间与 synStart 相差，计算出当前数据包的时间戳 timestamp，然后写入_ARC_MSG_HEAD 结构的 time_stamp 字段。

因此在发送音频/视频数据包时必须额外发送必要的控制信息，使接收端以此为依据控制音频/视频同步播放。可考虑采用以音频/视频数据采集的时间戳为同步播放的依据，在发送的数据包的消息头结构中加入时间戳字段，详细的数据包结构格式如下：

```
//消息头结构
typedef struct _ARC_MSG_HEAD
{
    sint8 sync;
    uint8 version:2;
    uint8 secure:2;
    uint8 priority_level:4;
    uint8 channel_ID;
    uint8 msg_type;
    uint8 reserve;
    uint32 msg_size;
    uint32 time_stamp;//时间戳
} ARC_MSG_HEAD;
//数据消息结构体
typedef struct  _ARC_MSG
{
    ARC_MSG_HEAD msg_head;
    union{
        //视频帧数据结构
```

```
        MSG_GRAPHIC_SEND    graphic_data;
        //音频数据结构
        MSG_SOUND_DATA      sound_data;
        MSG_SECURE_LOGIN    secure_login;
        MSG_SECURE_LOGIN_ASK    secure_ask;
        MSG_GRAPHIC_INIT    graphic_init;
        MSG_GRAPHIC_RESET    graphic_reset;
        MSG_GRAPHIC_ASK    graphic_ask;
        MSG_GRAPHIC_REQUEST    graphic_request;
        MSG_INPUT_EVENT_PARAM    input_param;
        MSG_INPUT_MOUSE_CREATE_CURSOR    input_create_cursor;
        MSG_INPUT_MOUSE_SET_CURSOR    nput_set_cursor;
        MSG_INPUT_MULTITOUCH    nput_multi_touch;
        MSG_FILENAME_GET    filename_get;
        MSG_FILENAME_LIST    filename_list;
        MSG_FILE_DATA_GET    filedata_get;
        MSG_FILE_INFO    file_info;
        MSG_FILE_DATA    file_data;
        MSG_FILE_CONFIRM    file_confirm;
    }
}
```

4. 发送同步控制

在音频/视频的采集到发送过程中，由于不同的压缩编码方案及声卡、显卡硬件的差异，音频/视频数据与视频数据连续性的差异等，在发送前已经产生了不同步，如果不进行有效的控制处理，那么它的累加程度会不断提高，最终导致巨大的不同步情况出现，给接收端的同步控制增加很大的难度。所以，在发送端音频/视频数据发送之前很有必要进行一定程度的同步控制处理，使得音频/视频数据能够同步发送，保证传输数据的流畅性和平滑性，更重要的是降低接收端同步处理的压力。

另外，在音频/视频数据经过网络传输时，由于音频数据和视频数据量大小不同，且网络带宽传输能力在动态变化，所以为获得良好的用户体验质量和充分地使用网络资源，有必要对音频/视频数据的发送速率进行有效的控制。通过发送速率的控制，一方面可以有效地避免由于超大的发送速率而导致的严重的网络拥塞现象，另一方面也可以有效避免由于发送速率不合理的降低导致的音频/视频数据质量降低和对网络带宽资源的浪费。总之，通过对发送速率的有效控制可以很好地调控发送端音频/视频数据发送的比特率，最终达到音频/视频质量和网络带宽利用率上的提高与最大限度的均衡。

在本书中，发送速率的控制是通过使用音频发送队列和视频发送队列，以及对它们的对比参数的量化调节来实现的，为了尽量保证发送端和接收端一样的音频/视频质量，没有对音频码率和视频帧频码率进行任何调整。如图 6-11 所示，系统同时使用两个发送队列，一个存放

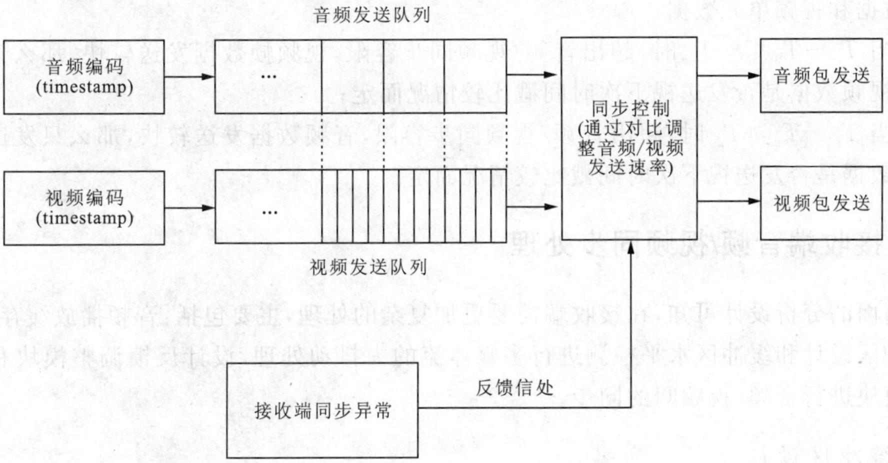

图 6-11　发送端同步控制示意图

音频数据流，一个存放视频数据流，在同步控制时由于音频是连续的且人对听觉的敏感度高于视觉敏感度，所以在控制发送过程中尽量保证音频数据的无损传输，而对于视频帧图像则根据具体的不同步情况进行相应的帧丢弃或重传等处理，即以音频为主流视频进行同步控制发送。

首先，利用缓存发送队列对音频/视频流各自进行内部去抖动处理，来保证音频/视频的流畅性，尤其是音频的连续性。第一，设置发送队列的门限值 M 个缓存单元，该门限值内的缓存数据的播放所用时间要大于最长抖动时间，刚开始采集音频/视频数据时，数据在发送队列中累计，直到缓冲单元占用数 m 大于 M；第二，控制模块，定时从缓存队列取出缓存单元数据发送出去，从而保证数据以一定的速率发送，同时通过调整发送时间间隔可以有效地控制发送速率。另外，为了防止缓存队列的向上溢出和向下溢出，当发送队列缓冲数据单元大于 $2M$ 时，减少发送间隔时间，提高发送速率；当发送队列缓存的单元数小于 M 时，则增加发送间隔时间以降低发送速率。具体有 3 种情况：①当 $M \leqslant m < 2M$ 时，缓存单元数正合适，不改变发送速率即不对发送时间间隔进行调整；②当 $m \leqslant 2M$ 时，缓存队列有可能向下溢出，减小发送速率即增大发送时间间隔；③当 $m \geqslant 2M$ 时，缓存队列有可能向上溢出，增大发送速率即减小发送时间间隔。

然后，利用音频/视频数据单元的时间戳(timestamp)对音频/视频进行同步发送控制，保证音频/视频的同步发送。通过图 6-10 可知：单位时间内采集的视频单元一定是音频单元的整数倍，那么在缓存队列中，某时刻所缓存的视频单元数也一定是音频单元数的整数倍 N，由此可以确定音频数据和视频数据的发送频率间的对应关系。经反复测试，视频发送队列的视频包的数据缓存数是音频数据包的缓存数的 5～8 倍，如果超过此范围就会发生比较明显的不同步现象。这种比例关系可以通过对音频缓冲单元与视频缓存单元中时间戳的比较更加精确地表示出来。当同步控制模块从队列最前端取得一个数据单元时，首先分别取得音频单元和视频单元的时间戳 T_a、T_v。经时间测验表明，当时间戳相差 120ms 时会出现明显的音频/视频不同步现象，所以，可规定音频/视频的同步容限为 120ms，那么进行具体的同步处理时会出现如下 3 种情况：

(1)当 $T_a - T_v > -T_{av}$ 并且 $T_a - T_v < T_{av}$ 时,音频/视频不同步在同步容限内,同时发送音频单元数据和视频单元数据;

(2)当 $T_a - T_v \leqslant -T_{av}$ 时,超出音频/视频同步容限,视频帧数据发送较快,那么只发送音频数据,视频数据是否发送视下次时间戳比较情况而定;

(3)当 $T_a - T_v \geqslant T_{av}$ 时,超出音频/视频同步容限,音频数据发送较快,那么只发送视频数据,音频数据是否发送视下次时间戳比较情况而定。

二、接收端音频/视频同步处理

由前面的分析设计可知,在接收端需要更加复杂的处理,主要包括:音频播放缓存队列、视频双缓冲区设计和缓冲区水平检测进行多媒体流的去抖动处理,设计反馈调整模块和同步播放控制模块进行音频/视频间的同步。

1. 缓冲区设计

音频/视频数据经网络传输到达接收端,往往会因为网络拥塞、抖动等情况,使得接收端收掉的音频/视频数据出现乱序或丢失情况。为了解决这个情况可先把收到的数据放入缓冲区,对混乱的数据在缓冲区中依据它所携带的时间戳进行重新排序,对于丢失的数据及时反馈给发送端进行重传,通过这样的方法达到对音频流和视频流进行去抖动的处理效果。在本例中由于音频和视频的特性不同,且在同步播放控制时以音频为主流,所以它们的缓存结构各不相同:对于音频数据采用环形链表的形式,而对于视频数据采用双缓冲区的方式。

1)音频缓冲区

音频缓冲区设计成环形链表的形式:首先设置一个读指针,指向环形链表当前第一个可读的数据区;一个写指针,指向环形链表当前第一个可写的数据区。通过对这两个指针在环形缓冲区的移动就可以很方便地实现音频数据的写入和读取操作。在本例中,由于视频数据的传输是多线程进行的,所以当有数据到达时可能存在多个线程同时对缓冲区进行写操作,因此需要增加必要的互斥机制对临界区进行保护,以防出现数据异常;而对音频的播放只有一个线程进行,所以当对环形缓冲区进行读操作时就不需要增加互斥保护操作了。环形链表缓冲区如图 6-12 所示。

由循环缓冲区示意图可知:在循环缓冲区初始状态时,环形链表的输出指针和写入指针都指向缓冲区的第一个缓存单元;当有音频数据到达,缓冲区增加了两个数据后,循环链表的写入指针向后移动指向编号为 3 的缓存单元;当又来了一个数据播放线程播放了一个音频数据后,循环链表的输出指针和写入指针分别向后移动了一个缓存单元。

缓冲区的大小即循环链表缓存单元数目的选择对音频/视频同步性能的提高很关键,缓存单元不能太少,太少不能有效抵消由于延迟带来的音频流抖动,严重时可能会造成数据丢失;缓存单元也不能太多,太多时大量的音频数据在缓冲区累积,造成用户体验的延迟,无法满足用户对实时性的需求。当由于某种情况如网络异常、负载过重、拥塞等出现时,会造成循环缓冲区向上溢出或向下溢出,因此必须为循环缓冲区设置上溢门限值 T 和下溢门限值 L。

当循环链表中缓存单元数位于 T 和 L 之间时,标志当前缓冲区数据正常,不存在上溢和下溢的危险,这个区间称之为基本缓冲区。在后面的缓冲区水平检测中,利用当前的写入指针和输出指针计算出当前缓存的单元数,然后与 T 和 L 进行比较,从而判断当前缓冲区的状态:

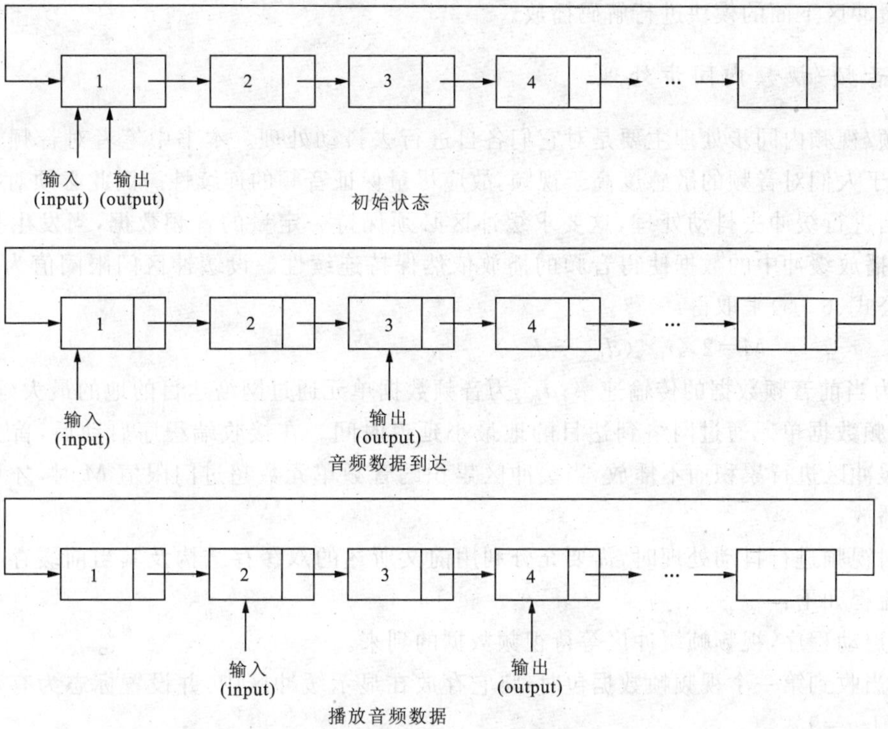

图 6-12 音频循环缓冲区示意图

当位于 T 和 L 之间时，表示当前缓冲区状态正常，没有溢出的危险；当小于 L 时，表示缓冲区存在下溢，需要进行同步处理；当大于 T 时，表示缓冲区上溢，需要进行同步处理。

另外，L 的大小选择也很重要，不能太大也不能太小，L 不能太大是因为如果太大会造成播放的延迟，还有就是造成接收端内存资源的浪费；L 不能太小，是因为太小不足以弥补由于失步造成的异步，无法有效保证同步播放。经反复测试，在本书中，L 选择 4 个音频数据包大小，T 选择 16 个音频数据包的大小。

2)视频缓冲区

对于接收到的视频帧数据，笔者采用双缓存技术对它进行缓存处理，即只缓存两个视频帧，一个是抖动缓冲区(shake buffer)，另一个是播放缓冲区(display buffer)，两个缓冲区分别有各自标志 ShakeFlag 和 DisplayFlag，为 0 表示没有缓存任何数据，为 1 表示当前有缓存数据，两个缓冲区的关系如图 6-13 所示。

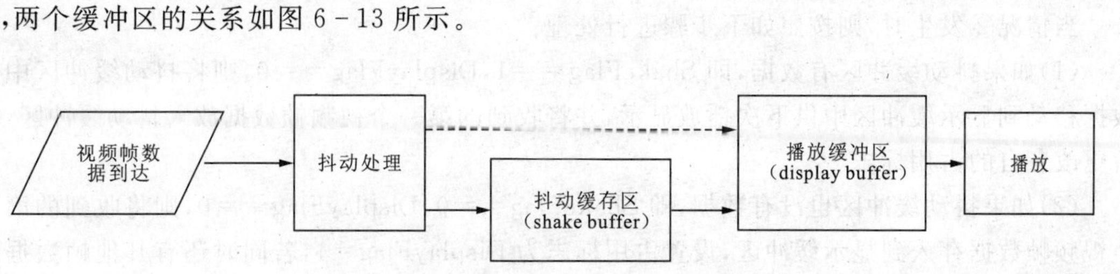

图 6-13 音频/视频双缓冲区关系图

在正常情况下，从服务端的视频数据暂存入抖动缓冲区，然后传送到播放缓冲区，最后交给播放缓冲区下面的模块进行解码播放。

2. 音频/视频内同步处理

音频/视频内同步处理主要是对它们各自进行去抖动处理。本书中笔者对音频进行连续播放，由于人们对音频的敏感度高于视频，故应尽量保证音频的连续性。因此必须对接收到的音频数据进行缓冲去抖动处理，这要求缓冲区必须保持一定量的音频数据，当发生抖动延时时，通过播放缓冲中的数据使得音频的播放依然保持连续性。设缓冲区门限阈值为 M，则 M 可通过公式(6-5)来取得：

$$M=2\times r\times(d_{max}-d_{min}) \tag{6-5}$$

式中：r 为当前音频数据的传输速率；d_{max} 为音频数据单元通过网络达目的地的最大延迟时间；d_{min} 为音频数据单元通过网络到达目的地最小延迟时间。在接收端程序启动后，首先音频数据只在缓冲区进行累积而不播放，当缓冲区累积的音频单元数超过门限值 M 时，才可以被取出进行播放。

在对视频进行抖动处理时，需要充分利用前文所述的双缓存结构及其当前缓存标志。具体处理流程如下：

(1)启动程序，视频帧缓冲区等待视频数据的到来。

(2)当收到第一个视频帧数据包时，将它存放在显示缓冲区中，并设置标志为有数据状态 DisplayFlag＝1。

(3)当收到第二个视频帧数据时，由于显示缓存已经被第一个帧数据占用，因此将它存放在抖动缓冲区(shake buffer)，并设置占用标志 ShakeFlag＝1，然后播放显示缓冲区中的视频帧，设置占用标志 DisplayFlag＝0。

(4)程序按照已定的时间间隔从显示缓冲区中取得视频帧数据并播放，然后设置占用标志 DisplayFlag＝0。

在步骤(4)中的时间间隔内和播放视频帧的时间内，下面的两种情况必然会发生且只能发生一个：①没有收到任何视频帧数据包；②有一个或多个视频帧数据包到达。

当出现情况①时，则进行如下的处理步骤：

(1)如果抖动缓冲区有数据，即 ShakeFlag＝＝1，DisplayFlag＝＝0，则将抖动缓冲区中的数据移动到显示缓冲区中，供下次播放显示，并设置占用标志。

(2)如果抖动缓冲区也没有数据，即 ShakeFlag＝＝0，DisplayFlag＝＝0，那么重复播放显示缓冲区上次播放的视频帧。

当情况②发生时，则按照如下步骤进行处理：

(1)如果抖动缓冲区有数据，即 ShakeFlag＝＝1，DisplayFlag＝＝0，则将抖动缓冲区中的数据移动到显示缓冲区中供下次播放显示，并将收到的第一个视频帧数据放入抖动缓冲区，然后更改各自的占用标志。

(2)如果抖动缓冲区也没有数据，即 ShakeFlag＝＝0，DisplayFlag＝＝0，则将收到的第一个视频帧数据存入到显示缓冲区，设置占用标志为 DisplayFlag＝1，若同时还有其他帧数据到达，则取随后的第一个视频帧数据放入到抖动缓冲区，并设置占用标志为 ShakeFlag＝1。

经过这种双缓冲区算法处理，与没有缓冲区的处理方法相比，不但有效地降低了抖动时延，而且能够很好地适应网络不稳定的情况。虽然使用此基于双缓冲区的算法不可避免地会增加数据的传输延时，但相对其他缓存方式而言，不但更加有效地降低了抖动时延，而且在保证视频帧播放连续性的同时大大减少了缓存数，从而提高了内存资源的利用率。但是如果要尽量保证播放视频帧的完整性，就要尽可能地避免接收端的丢帧处理，因此需要增加多个抖动缓冲区来存放在异常情况下到来的多个视频帧，但这样就必然要增大延时和视频帧数据处理量，这是必须要权衡的。另外，虽然只使用两个缓冲区仍需要进行丢帧处理，但是可以做到有选择性地丢帧而不被观看用户察觉，从而在很大程度上兼顾了用户对视频播放质量和实时性的需求。

3. 音频/视频间同步控制

音频/视频间同步控制主要通过提取收到的音频/视频 RTP 数据包的时间戳进行比较，以此为主要依据来实现对音频/视频同步播放的有效控制。在进行同步播放时由于音频数据包是连续的，而不像视频帧是断续的间隔帧，而且人们对听觉的灵敏性高于视觉的灵敏性，所以播放过程中始终以音频为主流，尽量保证音频帧的完整性，而对视频帧的播放(在保证人们良好的视觉体验前提下)始终以音频时间戳为基准。当出现不同步情况时，只有在必要的情况下才进行丢帧或重复播放某一帧的处理，而对音频包只进行适当的播放速度的调整，保证它的完整性。另外在音频/视频的客户端显示播放时，要分别选取合适的播放速度，而且播放速度会根据当前网络情况以及发送端音频/视频数据的采集速度动态变动。本例中，在正常情况下，发送端视频帧的采集速度是 24 帧/s，也就是每 41.6ms 在客户端显示 1 帧新的图像，但这个时间间隔不是一直不变的，会随着播放的情况进行动态调整。

如图 6－14 所示，音频播放和视频播放分别在两个不同的线程中进行。在音频播放线程启动后，以一定的时间间隔从当前音频环形缓冲区中取得第一个音频 RTP 数据包，然后解析出这个数据包的时间戳 T_a 存放在音频临界区以供视频帧播放显示时作为参考标准；然后调用 G.729 解码模块对数据包中的音频数据解码播放，播放完后调整当前缓冲区指针指向下一个待播放音频单元。

在视频帧的播放线程中，线程启动后，首先从缓冲区取得当前第一个待播放的视频图像帧数据，解析出它的时间戳 T_v，然后从临界区取得当前播放中的音频数据包的时间戳 T_a 与 T_v 进行比较。可使用 T_v 与 T_a 的差值表示当前音频/视频的失步程度，当此值超过一定的限度值 M 时，用户就会感觉到明显的不同步。若 M 的值选取为 90ms，那么 T_v 与 T_a 的差值就会出现如下 3 种情况：

(1)如果 $|T_v-T_a|\leqslant M$，表示当前音频/视频的失步程度在同步容限内，认为音频/视频仍然处于同步状态，那么解码播放该视频帧。

(2)如果 $T_v<T_a$ 且 $T_a-T_v>M$，表示音频/视频的失步程度超出了当前系统的同步容限，此时播放的视频帧远远落后于音频的播放，需要提高视频帧的播放速度才能达到音频/视频的同步效果，也就是要在最短的时间内取得下一个待播放帧，最好的方法就是丢弃该音频帧，立即从缓冲区取得下一帧，直到音频/视频的失步程度回到系统的同步容限内，到达最终的音频/视频的同步播放。这个过程中当连续丢弃的视频帧过多时，有可能给用户造成视频快进的感觉，笔者采取的方法是，不能连续丢弃 4 个视频帧数据，也就是当要丢弃到第四个视频帧时，采取对此帧正常播放，下一帧再进行丢弃操作，这样虽然一定程度降低了视频质量，但给用户

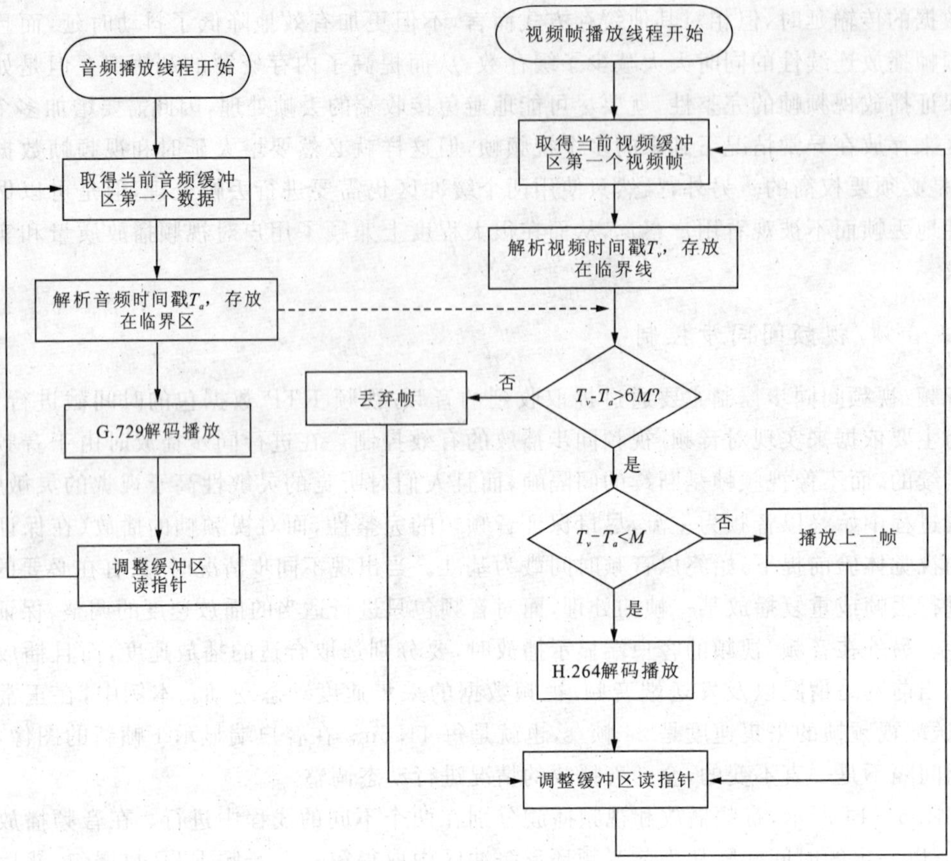

图 6-14　音频/视频同步播放控制流程图

的感觉不会那么明显。

(3)如果$T_v>T_a$且$T_v-T_a>M$,表示音频/视频的失步程度超出了当前系统的同步容限,此时播放的视频帧远远超前于音频的播放,需要降低视频帧的播放速度才能达到音频/视频同步的效果。此时应选择重复播放当前帧,但是当重复播放多次当前帧时用户就会明显感觉到视频停顿,所以对帧的重复播放次数要进行限制,以保证视频播放的流畅性。

接收端视频播放的关键代码如下:

```
//从缓冲区取得第一帧
ARC_MSG * output=getFirstFrame();
//取得当前视频时间戳
Tv=output -> msg_head. timestamp;
//从临界区取得当前音频时间戳
EnterCriticalSection(&m_SecureModuleLock); //进入临界区
Ta=getAudoTimestamp();
LeaveCriticalSection(&m_SecureModuleLock);//离开临界区
if(Tv - Ta<=M&&Ta - Tv<M);//在容限内进行视频帧解码播放
```

```
{
    MSG_GRAPHIC_SEND * pGraphicSend=&msg -> graphic_data;
    if (msg ->msg_head. msg_type==MSG_TYPE_GRAPHIC_SEND_FIRST)
    {
        tmpSize=pGraphicSend -> frame_size;
        tmpBuff=m_pFrameBuff;
        m_nFrameSize=0;
    }
    dataSize=msg -> msg_head. msg_size;
    dataSize -=sizeof(pGraphicSend -> frame_size);
    dataSize -=sizeof(pGraphicSend -> timestamp);
    memcpy(tmpBuff,pGraphicSend -> data,dataSize);
    tmpSize -=dataSize;
    m_nFrameSize + =dataSize;
    tmpBuff + =dataSize;
    if (tmpSize <=0)
    {
        //H. 264 解码
        m_pArcDecoder -> Decode(m_pFrameBuff,m_nFrameSize,m_pImage);
        //播放
        dlg -> DisplayFrame(m_pImage);
    ……
    }
}
if(Tv - Ta> M)
    //重复播放上一帧
    dlg -> DisplayFrame(m_lastpImage);
else
    doNoting;
……
```

4. 检测模块设计实现

检测模块主要用来对缓冲区占用水平进行周期性检测，通过检测结果可以间接地反映出当前网络的时延变化情况，所以，每当接收端收到一个音频/视频数据包时或播放一个音频/视频数据包时，都要对当前缓冲区占用情况进行检测。如果缓冲区数据单元数在基本缓冲区内，表示当前网络情况稳定，那么不作任何调整和反馈；如果不在基本缓冲区，则分析原因，做出具体的调整和信息反馈，并在 T 时间后再次进行缓冲区占用水平检测，这里 T 为检测的时间周期，经过调整后如果下次检测还是不在基本缓冲区内，则继续调整反馈直到回到基本缓冲区为止。

缓冲区占用水平检测过程：对于音频缓冲区循环单向链表，首先获取链表当前的读取指针 output 和写入指针 input，按照从 output 指向的位置遍历到 input 指向的位置，遍历的过程中记录所经历的结点数 n 即为当前缓冲区的缓存单元数，然后通过 n 与环形缓冲区上溢临界点 T 和下溢临界点 L 的比较即可得到当前缓冲区的占用情况。

另外，检测周期 T 的合理选择至关重要，它直接影响到音频/视频的同步播放质量。必须保证在时间 T 内发送端能够收到反馈信息并完成发送调整过程，而且调整效果能够在接收端起到作用，当然这并不意味着 T 的时间越长越好，如果检测周期太长、T 值太大，那么距离下次检测的时间就会过长；如果检测周期太短即 T 值太小，那就会进行频繁的反馈调整，上一次的调整还没真正的发挥作用就进行下一次调整，会造成对失步的预测不准确，出现所谓的振荡现象。

根据实验结果，音频和视频检测周期 T 应分别取值 900ms 和 1 000ms 左右的数值，本书中为了统一对音频/视频缓冲区的检测，降低分别统计的复杂度，且最大限度地保证音频连续性和播放质量，取检测周期 T 为 900ms。

5. 反馈模块设计实现

在上面所述的音频/视频同步控制模块中，有时候仅仅通过对超前视频帧或落后视频帧进行重复播放或丢弃处理往往是不够的，因为随着网络的动态变化，视频缓冲区可能出现缓存数据不足或缓存数据过量等情况，从而使得在音频/视频控制模块中对音频/视频的同步处理失效。因此很有必要设计反馈调节模块，将接收端缓冲区检测模块检测到的缓冲区占用水平和音频/视频同步控制模块的控制信息反馈给发送端，发送端根据收到的信息对音频/视频发送速率和发送质量进行适当调整，最终使得接收端音频/视频缓冲区占用水平保持在基本缓冲区内，从而有效地防止数据丢失，为音频/视频控制模块调整音频/视频同步播放提供有利条件。

本书的反馈信息以 RTCP 报文的形式发送给发送端。当缓冲区占用率小于 L 或大于 T 时，表示当前缓冲区占用异常，将此时的信息反馈给发送端，发送速率会根据反馈的占用率情况进行发送速率的调整即改变发送间隔时间。其中反馈信息中占用水平 b_k^{t+1} 为：

$$b_k^{t+1}=b_{tk}+\overline{vb_{ik}}\times d_k^i \tag{6-6}$$

式中：k 表示某个媒体流；b_{tk} 表示 t 时刻多媒体流 k 的缓冲区占用水平；$\overline{vb_{ik}}$ 表示缓冲区的 t 时间内的平均占用水平；d_k^i 表示反馈信息的媒体流 k 的网络延迟。

发送端收到 RTCP 报文反馈的缓冲区占用水平 b_k^{t+1}，然后按照公式(6-7)计算发送端应当设置的发送速率：

$$r_k^{\mathrm{rew}}=\begin{cases} r_k+\dfrac{(L-b_k^{t+1})}{(T_k-d_k^t)} & b_{tk}<L \\ r_k+\dfrac{(T-b_k^{t+1})}{(T_k-d_k^t)} & b_{tk}>T \end{cases} \tag{6-7}$$

发送端计算出发送速率后，则调整当前的发送时间间隔为 $1/r_k^{\mathrm{rew}}$，即发送速率和发送时间间隔成严格的反比关系。对于发送端而言，由于发送端也有相应的缓冲队列调控功能，所以不必担心由于发送速率的调整而出现发送缓冲区溢出的情况。发送端收到反馈信息对发送速率进行调整之后，在经历一个检测周期 T_k 后，发送端对当前缓冲区占用水平再次检测，若缓冲区占用水平回到基本缓冲区内，那么给发送端反馈此信息使发送端恢复到以前的正常发送速率，若没有回到基本缓冲区内则继续对发送速率进行反馈调整，直到缓冲区占用水平回到正常状态为止。

本章小结

笔者主要介绍了多媒体同步的基本知识。首先，概述了多媒体的定义并从广义和狭义两个方面对多媒体同步进行了分类；其次，介绍了多媒体同步的 3 种同步模型：时间轴同步模型、参考点同步模型以及层次同步模型；再次，详细阐述了多媒体的同步控制机制，包括媒体内同步控制机制和媒体间同步控制机制，并对多媒体同步的客观测量标准和主观测量标准作了详细的介绍；最后，详细介绍了一个音频/视频同步传输的实现示例，以使读者能对多媒体同步有更直观的了解。

习　题

1. 什么是多媒体同步？为何要进行同步？
2. 影响多媒体同步的主要因素有哪些？
3. 常用的多媒体同步模型有几种？分别是什么？
4. 媒体内同步方法有哪些？它们的实现过程是怎样的？
5. 媒体间同步方法有哪些？它们的实现过程是怎样的？
6. 媒体同步性能的客观评价标准有哪些？
7. 音频/视频同步中，接收端反馈模块的功能是什么？

第七章　多媒体信息系统实例

第一节　高清视频会议系统

一、基本定义

视频会议系统，是指把音频、视频、文本、PPT 等文件进行传输和共享，以此来达到对信息的同时感知、共享、互通的设备。在通信的发送端，首先将视频、音频、文本等内容采集、编码、压缩，然后使之变成适合传输信道传送的数字信号，在接收端再将信号进行还原。与电话会议相比，它具有直观性强、信息量大等特点。

视频会议，就是利用视频设备，通过传输信道在两地或多个地点开会的一种通信手段。标清视频会议由于受编/解码技术、视频显示设备等因素的制约，接收端最多能呈现隔行扫描的 480i 图像分辨率或逐行扫描的 480p 的图像分辨率。例如将 640×240 像素(相当于 480i)的分辨率数字图像在 42 英寸的屏幕上拉伸，图像将被扭曲，原因是低分辨率的图像无法提供高质量视图所需要的足够多的图像信息。高清视频(High Definition Video，简称 HDV)，与标清视频会议使用的视频标准相比，具有 10 倍及以上的分辨率。其视频图像显示比例为 16∶9，分辨率不低于 1 280×720 像素。高清视频使得视频会议变得更加逼真和现实，可以给与会者更好的会议效果。如果说标清视频会议解决的是“看得见”的问题，那么高清视频会议解决的就是“看得清”的问题。

二、高清视频会议系统的组成

高清视频会议系统普遍采用 H.323 通信协议，组件主要包括多点控制单元(MCU)、视频会议终端(硬件视频会议终端、软件视频会议终端)、网关(gateway)、网闸(gatekeeper)等几个部分。各种不同的终端通过 MCU 进行集中交换，组成一个视频会议网络。视频会议系统各组件关系结构图如图 7-1 所示。

1. 多点控制单元 (MCU)

MCU 是视频会议系统的关键设备，它的作用相当于一台交换机，负责对来自不同会场的图像、语音、数据信号进行交换，工作速率可以从 64kbps 到 8Mbps。MCU 对视频信号采用直接分配的方式，若某会场发言，则它的图像信号便会传送到 MCU，MCU 将信号切换至与之连接的其他会场。对数据信号，MCU 采用广播方式将某一会场的数据切换至其他所有会场。对于语音信号，分为两种情况：如只有一个会场发言，MCU 将它的音频信号切换到其他所有

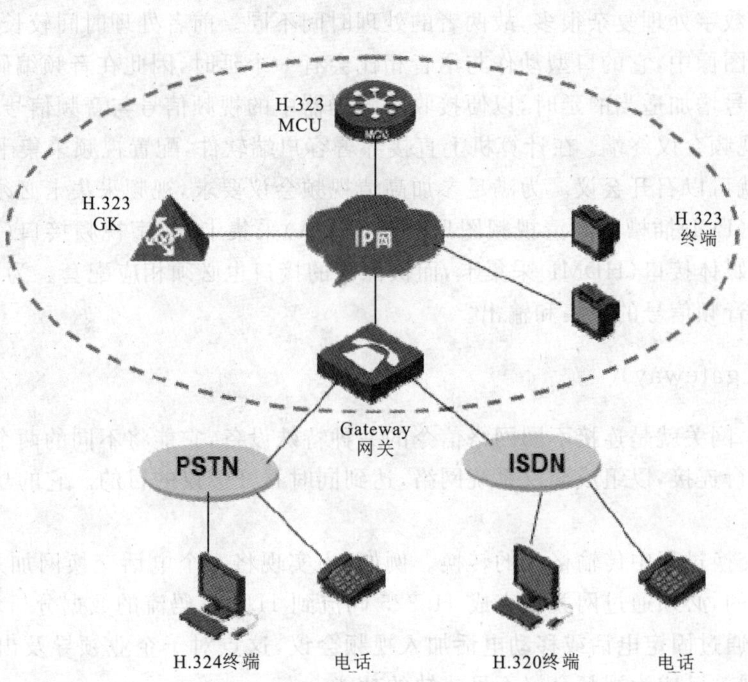

图 7－1　视频会议系统各组件关系结构图

会场；若同时有几个会场发言，MCU 将它们的音频信号进行混音，挑出电平最高的音频信号，然后切换到除本会场以外的其他所有会场。

MCU 主要由以下 3 个部分组成：

(1)控制单元。负责视频、音频、信令等信息交换处理，并执行会控软件的控制命令。

(2)媒体处理单元。负责对会议召集中的数据流进行处理，处理的对象涵盖音频、视频、PPT 及文本内容。

(3)接口单元。主要负责为传输通道提供接入端口。

总之，MCU 将各终端送来的信号进行分离，抽取出音频、视频、数据和信令信号，分别送到相应的处理单元，进行音频混合或切换、视频切换、数据广播和确定理由选择、定时和处理会议控制等，处理后的信号经过复合器按照固定的格式组帧，然后送往相应的接口单元。

2．视频会议终端

视频会议终端主要分为两种：用于会议室的硬件视频会议终端，以及在计算机上部署客户端软件的软件视频会议终端。

(1)硬件视频会议终端。根据用途的不同可以分为一体式和分体式。一体式终端是将摄像机与主机集成为一体，用户无须再单独配置摄像采集设备。分体式是将摄像机与主机分离，用户可以根据现场情况灵活、简便地配置与安装。硬件视频会议终端主要由视频编/解码器和音频编/解码器两部分组成。视频编/解码器能将数字化后的模拟视频信号进行压缩编码处理，以适应传输信道进行传送；音频编/解码器能将 30Hz～3.4kHz 的模拟音频信号进行数字化，以 PCM、ADPCM 等方式进行编码。由于在视频会议终端设备中，视频信号的数字处理要比音频信号的数字处理复杂很多,故两者的处理时间不同。前者处理时间较长,表现在收端显示设备的人物图像中,它的口型动作与语音相比会有一个延时,因此在音频编码器中通常对编码器的音频信号增加适当的延时,以便接收端解码器中的视频信号与音频信号同步。

(2)软件视频会议终端。在计算机上直接部署客户端软件,配置视频采集卡、摄像头、麦克风、有源音箱就可以召开会议。为满足参加高清视频会议要求,视频采集卡必须采用具有外部设备互联总线(PCI)插槽的高清视频图形阵列(VGA)采集卡、数字视频接口(DVI)采集卡或者高清晰度多媒体接口(HDMI)采集卡,而摄像头的接口也必须相应配套。为简单起见,可以使用耳麦实现音频信号的采集和输出。

3. 网关(gateway)

顾名思义,网关就是连接不同网络信令的一种特殊设备,它能将不同的两个网络或者不同的两个网段进行连接,以组成会议系统网络,达到同时召开会议的目的。它的功能主要有以下3点:

(1)数据交换过程中传输格式的转换。例如,为实现将一个电话交换网加入到IP数据网召开会议的目的,必须通过网关来完成H.225码流到H.221码流的数据分析和互译。目前,用户可以直接通过固定电话或移动电话加入视频会议,这点对于企业领导及出差人员尤为重要,因此语音网关已成为视频会议不可或缺的功能。

(2)声音信息、画质信息和文本格式或PPT文件类型在若干个会场进行交互时需要网关来搭建桥梁,以便共同完成数据互换交流。

(3)因为视频会议是构建在其他网络之上的一个单独网络,所以要通过各项协议和规程来完成数据的通信,而这些协议和规程的互通则需要网关提供转换功能实现。

4. 网闸(gatekeeper)

网闸虽然是视频会议系统中可以更替甚至剔除的一个设备,但是为保证整个系统安全稳定运行,目前几乎所有的视讯设备厂商基本都配有该设备或组件。它的功能主要有以下3点:

(1)地址转换。视频会议网络在运行过程中,面临会场数量多、管理不便等问题,为便于管理、简化操作,可以给各会场统一编号,而网闸就可以实现将编号转换成IP地址的功能,该功能类似于DNS将网址转换为IP地址的功能。

(2)许可控制。网闸用ARQ(接入请求)/ACF(接入确认)/ARJ(接入拒绝)等消息鉴定网络节点接入。例如,视频会议系统一旦投入使用,将有若干个不同地域、不同级别的系统管理员登录管理平台进行会议的控制和召集等各项操作,网闸此时就可以对它进行身份验证和释放,允许合法用户接入管理平台,同时拒绝非法用户。

(3)带宽控制。网闸支持BRQ(带宽请求)/BRJ(带宽拒绝)/BCF(带宽确认)消息,它可基于带宽消息,也可以是一个接收所有带宽改变请求的空功能。网闸可以根据整个视频会议系统的所有用户数进行带宽流量的控制,从而使正在召开的会议能占有足够的带宽,保证视频会议顺利进行。

三、高清视频会议的关键技术

高清视频会议的关键技术主要包括网络通信协议、视频编/解码技术、音频编/解码技术、图像标准4个方面。

1. 网络通信协议

高清视频会议常用的网络通信协议主要有两种：ITU-T提出的H.323协议和IETF提出的会话初始协议(SIP协议)，两者都对IP电话系统信令提出了完整的解决方案，初衷都是作为多媒体通信的应用层控制(信令)协议的，因此都利用实时传输协议(Real-Time Protocol，简称RTP)作为媒体传输协议。但两者的设计风格截然不同。H.323采用的是传统的电话信令模式，包括一系列协议；而SIP借鉴其他互联网协议，采用基于文本的协议。

SIP是基于IP网络，在Internet网络环境中，实现实时通信应用的一种信令协议。在基于SIP的应用中，每一个会话可以是各种不同类型的内容（如普通的文本数据、音频/视频数据、游戏数据等)，应用具有巨大的灵活性。H.323解决了点对点及多点视讯会议中诸如呼叫与会话控制、多媒体与带宽管理等问题，目前广泛应用于基于IP的视讯会议系统中。以下将对SIP与H.323协议进行比较。

1)体系结构

在H.323系统中，终端主要为媒体通信提供数据，功能比较简单，而对呼叫的控制、媒体传输控制等功能的实现则主要由网关来完成。H.323系统体现了一种集中式、层次式的控制模式。

SIP采用Client/Server结构的消息机制，对呼叫的控制是将控制信息封装到消息的头域中，通过消息的传递来实现。因此SIP系统的终端就比较智能化，它不只提供数据，还提供呼叫控制信息。其他各种服务器则用来进行定位、转发或接受消息。这样，SIP将网络设备的复杂性推向了网络终端设备，因此更适于构建智能型的用户终端。SIP系统体现的是一种分布式的控制模式。H.323的集中式控制模式便于管理，像计费管理、带宽管理、呼叫管理等在集中控制下实现起来比较方便，它的局限性是易造成瓶颈。而SIP的分布模式则不易造成瓶颈，但各项管理功能实现起来比较复杂。

2)协议栈结构

H.323的复杂性来源于它使用多个子协议，且它们之间没有清晰的界限，有些业务需要在多个协议之间交互。而SIP由于只使用一个含有所有必要信息的消息，防火墙或代理就无须为每个呼叫保持状态，而只为各个请求保持状态。这样，在防火墙或代理的实现和实际应用时，用户通过它都比较简单。另外一个导致H.323复杂性的原因是协议之间的功能重复。

3)可靠性

H.323定义了很多功能来处理中间网络设备故障问题。例如，当一个网守失效时，协议就会使用备用网守；如果一个由中间信号设备发送的呼叫失败，H.323能够向目的设备重新发送呼叫以保证呼叫不会中断。SIP则不具备处理中间实体故障的能力，不能在呼叫发送过程中恢复呼叫。

4)服务质量

在H.323中，网守能提供一组丰富的控制和管理功能，包括地址翻译、接纳控制、带宽控制和地域管理；网守还提供呼叫控制信令、呼叫签权、带宽管理和呼叫管理等选择功能。SIP自身不支持管理和控制功能，而是依赖于别的协议。

5)应用领域

H. 323 和 SIP 都是实现模拟信号数字化(VoIP)和多媒体应用的通信协议。H. 323 协议的开发目的是在分组交换网络上为用户提供取代普通电话的 VoIP 业务和视频通信系统。SIP 的开发目的是用来提供跨越 Internet 的高级电话业务。这两种协议定位有一定的重合,并且随着协议向纵深发展,这种重合竞争的关系日益加剧,但两者所要达到的目的是一致的,就是构建互联网协议 Znternet Protocol 多媒体通信网。由于它们使用的方法不同,因此它们是不可能互相兼容的,两者之间只存在互通的问题。

H. 323 是属于国际电信联盟(ITU)的标准,以 H. 323 作为标准构建的多媒体通信网很容易与传统公共交换电话网络(PSTN)兼容,从这点上来看,H. 323 更适合于构建电信级大网。国际上几乎所有的商业性 IP 电话网或视频会议网都是以 H. 323 为基础的。而且,不同版本的 H. 323 协议通过不断升级和扩展,已经日趋完善,为基于 H. 323 的 IP 多媒体业务提供了很好的保障。SIP 则是由一些 Internet 爱好者提出的,协议相对简单,但功能也相对简单。而且,对 SIP 的更新相对于 H. 323 协议也较为落后。目前,有许多运营商正在利用 SIP 构建试验网,但若想利用 SIP 构建电信级大网,必须对它进行补充、完善,这样一来 SIP 也不可避免地变得复杂起来。事实上,SIP 的发展趋势正是如此,SIP 的普遍使用也能够推动下一代网络的演进。

总之,H. 323 沿用的是传统的电话信令模式,协议集已经比较成熟,产品丰富多样。同时,H. 323 符合通信领域传统的设计思想,进行集中、层次式控制便于计费和与传统的电话网相连。SIP 协议借鉴了互联网的标准和协议的设计思想,在风格上遵循简练、开放、兼容和可扩展的原则,结构比较简单,但在大型组网和计费方面还不是很成熟。因此,虽然在当今的高清时代,主流视讯设备厂商都同时支持 H. 323 和 SIP 两种通信协议,但在实际应用中 H. 323 协议才是多媒体通信的主导协议。

2. 视频编/解码技术

视频编/解码技术是视频会议的最基本条件之一,只有高效的视频编/解码才能保证在现实的视频会议网络环境中提供高清晰的视频服务。目前高清晰视频会议系统普遍采用的视频编/解码标准主要有 MPEG-2 和 H. 264 两种。

1)MPEG-2 标准

MPEG-2 视频编/解码标准是国际运动图像专家组推荐的用于广电系统传输电视节目的标准,已经有十几年的历史,由 MPEG-1 扩充而来。当传输带宽较宽且传输质量有良好保证时,通过消耗带宽可获得较好的图像质量。

目前 MPEG-2 协议标准主要应用在广播电视行业作视频图像的压缩,一路高清视频图像经压缩后带宽一般为 16～20Mbps,由于经 MPEG-2 标准压缩的数据流所需的带宽较大,并且 MPEG-2 标准只定义了视频信号的编/解码方式,对于数据封装及传输标准都没有涉及,因此应用在视频会议领域的标准化程度不高,目前支持 MPEG-2 协议的视频会议产品相对较少。在广电视频传输领域,MPEG-2 标准只在终端专利使用费方面占有优势。

2)H. 264 标准

H. 264 是由 IS0/IEC 与 ITU-T 组成的联合视频组制定的新一代视频压缩编码标准,在 ISO/IEC 中该标准命名为高清视频编码(AVC),作为 MPEG-4 标准的第十个选项,在 ITU

-T 中命名为 H.264 标准。作为最新的视频编/解码标准，在制定时就充分考虑了多媒体通信对视频编/解码的各种要求，借鉴了 H 系列和 M 系列视频标准的研究成果，并引入了很多的先进技术，极大地提高了同等带宽水平下的图像质量。

H.264 主要有以下几个优点：在相同的重建图像质量下，H.264 比 H.263 和 MPEG-4(SP)减小 50%码率；对信道时延的适应性较强，既可工作于低时延模式以满足实时业务，如会议电视等，又可工作于无时延限制的场合，如视频存储等；提高网络适应性，采用“网络友好”的结构和语法，加强对误码和丢包的处理，提高解码器的差错恢复能力；在编/解码器中采用复杂度可分级设计，在图像质量和编码处理之间可分级，以适应不同复杂度的应用；相对于先期的视频压缩标准，H.264 引入了很多先进的技术，包括 4×4 整数变换、空域内的帧内预测、1/4 像素精度的运动估计、多参考帧与多种大小块的帧间预测技术等。H.264 标准虽然算法比较复杂，但是视频压缩比显著提高。

总之，H.264 是属于 H 系列和 M 系列优点的结合产物，它不但充分考虑了多媒体通信对视频编/解码的各种要求，而且还针对 H 系列和 M 系列的优缺点进行性能优化，整合数据资源，去除已经过时的数据协议，在技术上具有优势。目前，在高清视频行业，各主流厂商全部基于该协议来开发产品。2008 年北京奥运会期间，美国 NBC 电视联盟就是采用基于 H.264 标准的设备对奥运会进行高清电视信号转播的。

3. 音频编/解码技术

目前，ITU、MPEG、ETSI/3GPP、TIA/3GPP2 等国际和地区标准化组织均制定了一系列音频编码标准。其中 ITU 制定标准为 G.711、G.722、G.728、G.729 等，MPEG 制定标准为 MP3、AAC 等，3GPP 制定标准为 AMR、AWR-WB 等，3GPP2 制定标准为 IS127 等，而音频编/解码技术的企业标准为 Dolby AC-3、DTS、WMA 等。

标清时代，视讯设备厂商一般采用 G.711、G.722、G.728 等 ITU 标准作为音频编/解码技术，它仅能传输单声道。而到了高清视频会议时代，为改善收听效果，通常需要将原来的单声道改进成多声道。所以在高清视频会议系统中，一般采用 MPEG 制定的 AAC-LD 协议或者厂商私有的宽频多声道语音编/解码技术(例如华为公司的 HWA-LD 和宝利通的 stereo surround 等)，同时兼容 G 系列窄频音频编码协议，便于和老设备互通。另外，为了使用户得到更清晰的全双工数字音频，必须采用快速自适应回声抵消(AEC)、自动增益控制(AGC)和自动噪声抑制(ANS)等音频处理技术。

4. 图像标准

高清视频会议图像标准与普通的标清视频会议图像标准有所差异，一般以 H.263 CIF、H.264 CIF、H.263 4CIF 作为衡量标清视频会议图像好坏的标准。通用中间格式(CIF)的图像分辨率为 352ppi×288ppi，即普通 VCD 图像标准；4CIF 图像分辨率为 704ppi×576ppi，即普通 DVD 图像标准。而对于高清视频会议图像，需要以两个指标作为分析图像标准的主要依据。

1)分辨率

目前，高清视频会议的分辨率主要分为 3 种：720p(progressive，逐行扫描)、1 080i(interlace，隔行扫描)、1 080p。水平 1 280 个像素，垂直 720 个像素，采用逐行扫描方式简写为

720p，现已成为高清视频会议的入门级图像分辨率；水平 1 920 个像素，垂直 1 080 个像素，采用隔行扫描方式简写为 1 080i，采用逐行扫描方式简写为 1 080p。

从摄像机角度来讲，高清摄像机虽然是数字的，但是扫描方式是从模拟摄像机沿用过来的，传统的模拟摄像机，全部为隔行的，而高清摄像机，在保留隔行扫描格式的同时，还增加了逐行扫描格式，而且高清摄像机还保留了 PAL 制 50Hz 频率和 NTSC 60Hz 频率的选项。虽然高清已没有 PAL 和 NTSC 的区别，但是在美国、日本、韩国这些传统的 NTSC 地区，仍然保留了 60Hz 频率系统，而中国、澳大利亚、欧洲仍保留 50Hz 系统。1 280×720 像素有 5 种帧频，分别为 60p、50p、30p、25p、24p，可分别表示为 720/60p（美国国家电视台采用）、720/50p、720/30p、720/25p、720/24p（数字电影摄像机的标准）。1 920×1 080像素有 4 种帧频，分别为 60p、50p、60i、50i，可分别表示为 1 080/60p、1 080/50p、1 080/60i、1 080/50i。

对于用户来讲，仅需了解图像信号是否为 720p、1 080i 或 1 080p，不必关心摄像机采用的是哪种格式进行信号采集。同时，如果高清显示设备支持的物理分辨率能够达到 1 920×1 080 像素，那么可以认为 1 080i 和 1 080p 图像标准是没有区别的，因为目前的高清显示设备基本都内置倍线处理电路，该电路能将 1 080/50i 完美处理成 1 080/50p，1 080/60i 处理成 1 080/60p，包括 1 080/24p 的节目也可轻松地处理为 1 080/50p 或 1 080/60p。

2）幅型比

幅型比指屏幕的长度与宽度的比例，高清视频会议图像标准要求显示屏幕幅型比为 16∶9，而不是传统电视 4∶3 的比例。这样便增加了屏幕的有效显示面积，能够增加观看的临场感，也符合人眼观看的习惯。

四、影响高清视频会议质量的因素

高清视频会议系统因支持 720p 及以上的视频标准、H. 264 编/解码等技术，能够实现在有限带宽条件下的视频稳定传输，使会议场景、人物细节清晰可辨，远程沟通更加有效直接，会议临场感大大提高。而如何保证高清视频会议的质量，对于用户来讲极为重要。通常，影响高清视频会议质量的因素主要有以下 5 个方面：通信网络系统、设备选型、高清布线工艺及接口标准、会场声像条件、导播流程及网管操作。

1. 通信网络系统

所有的视讯网络系统工程都是建立在通信网络上完成的，如果通信网络的数据传输存在异常，势必影响视讯网络的正常使用。在高清视频会议系统中，通信网络结构、网络带宽的分配、QoS 服务质量、网络安全等都会对会议效果产生明显的影响。

1）通信网络结构

组成一个通信网络时，需要很多网络设备，每一个设备就是一个节点，网络范围越大，节点越多，设备也越多。由于节点工作采用的是排队机制，在整个网段中，某一个节点出现数据拥塞会导致所有节点数据进入排队，而节点选择解决的方式就是丢弃所承载的数据而重新进入节点，由此导致网络出现延时、丢包。为避免排队机制对视讯设备服务质量造成的影响，应该尽量优化网络结构，简化网络层级，为保证高可靠性，必要时按照双路由、双通道方式进行组网设计。

2)网络带宽

带宽的大小是指网络每秒最大所能传输的数据量,带宽越大,数据传输就越快。视讯网络在会议过程中既要传输音频和视频,还要兼顾传输文本文档、PPT 格式等计算机双流文件。高清视频会议系统中,针对 IP 组网,网络带宽与会议带宽有差别,一般网络带宽是会议带宽的 1.1～1.5 倍,原因是 IP 网络需要有信令、IP 包等信息传递的网络冗余。如果是专线组网,则网络带宽与会议带宽基本一致。经过调研,各大厂商 1 080p 高清视频会议系统所需网络带宽为 2～8Mbps,720p 高清视频会议系统所需网络带宽为 1～4Mbps 不等。

经了解,视频图像的变化率一般为 10%～40%。在专线组网的情况下,为满足 720p 视频图像传输要求,在有 10%的视频码流增量时,所需带宽约 0.9Mbps;在有 20%的视频码流增量时,所需带宽约 1.6 Mbps;在有 40%的视频码流增量时,所需带宽约 2.8Mbps。因此,720p 高清视频会议系统网络带宽典型设计为 4Mbps。例如按 4Mbps 的专线组网链路进行设计,有效带宽只占到 3 840kbps,其余 256kbps 带宽用于传输信令和预留突发流量,考虑到网络良性工作负载不应超过 85%,则实际可用带宽为 3 264kbps。而音频带宽通常占用 64kbps(带宽音频编/解码时可能占用 128kbps),实际使用中如果只传送活动视频,则 3 200kbps 带宽被活动视频独占,如果同时传送计算机双流,则 3 200kbps 带宽被活动视频和计算机双流共享,而之前预留的部分带宽则用于发送较大的突发码流。

3)QoS 服务质量

在专线组网的情况下,传输通道可供高清视频会议系统单独占用,带宽可以完全保证,因此 QoS 服务质量很好。而在使用 IP 组网方式时,如果网络只用于特定的无时间限制的应用系统,并不需要 QoS,比如 Web 应用或 E－mail 设置等,但是对关键应用和多媒体应用就十分必要。因此必须采用必要的技术手段,例如虚拟专用网络(VPN),配合设置相应的 QoS 服务策略,确保当网络过载或拥塞时,高清视频会议业务不受延迟或丢弃,网络高效运转。

4)网络安全

网络病毒对视频会议过程中的图像和声音容易产生一定的影响,例如图像马赛克、声音延迟,这些影响往往会造成会议的中断或者不必要的损失,所以视讯专网上的病毒防护和病毒查杀应该作为日常维护视讯系统中工作人员的一项重要工作来强调并加以考虑。

2. 设备选型

视频会议系统设备作为专用设备,用户在采购时应尽量采用主流设备厂商的 MCU、视频会议终端等主设备,确保设备质量可靠、支持多种协议、具有优秀的扩展性。同时,尽量采购同一品牌的主设备,确保设备良好的兼容性。另外,应选择技术实力比较雄厚、具有本地化售后服务机构的设备厂商,满足及时响应技术服务的要求。交换机、路由器等组网必需的网络设备,选型原则同上,这样可使马赛克和延迟降低到最小,最大范围地网络优化开展,合理地避免网络中存在的传输瓶颈。

3. 高清布线工艺与接口标准

高清视频会议系统更注重音频/视频信号的无损传输与最终还原,在实际工程中,接口标准、线缆选择、布线工艺等对系统总体效果的影响不容忽视。

高清接口标准种类繁多,连接线缆各异。在进行高清接口选择时,必须综合考虑会议室布局、视频线缆传输距离、视频会议终端和显示设备的接口类型，确保设计方案最佳，传输效果满足要求。

在线缆选择方面，根据确定的高清接口标准，敷设相应的音频/视频及控制线缆。网线尽量使用六类屏蔽双绞线，使用前采用双机直联方式测试网络传输性能，避免使用劣质网线，影响传输性能。视频线缆应根据传输距离，选择合适的规格等级，不能超过有效传输距离。通常，设备安装与装修同步进行，因此必须敷设必要的备用线缆，避免带来不必要的麻烦。

线缆固定与布线工艺是确保高清会议系统质量的基础。通常调音台线缆应设支架固定，以免意外拉拽导致接触松动；设备线缆在机架内部固定，避免长期悬挂导致端口接触不良；网络线缆在交换机和设备侧均要求良好固定，避免网络信号传输受损。

4. 会场声像条件

会场的布置与灯光设计对传输的画面效果有决定性作用。尤其是高清会议系统，设计良好的视频会议室除了可提供舒适的开会环境外，更可以实现较好的临场感，提高远程收看效果。

(1)灯光系统推荐使用三基色灯灯源，依靠漫反射、散射使光线均匀分布，避免使用直射光，照度应不低于 500 lux，监视器、投影幕附近的照度为 50～80 lux，以提高收看效果。

(2)布局方面。背景墙宜采用均匀的浅颜色，以方便摄像机镜头光圈自动调整；房间的墙壁、地板、天花板等忌用黑或鲜艳色彩的饱和色，以免摄像机变焦时图像产生模糊，同时增加编码开销，窗户可以悬挂厚布窗帘以防止阳光直射；为减少面部阴影，建议采用浅色桌面或桌布。

(3)扩声系统。高清会议对声音要求较高，主要是混响指标的选取，建议地面铺设地毯，墙壁使用隔音板，窗户采用双层玻璃。而调整混响时间的主要手段就是增加或减少使用吸声材料。合适的混响时间可以增强会议效果，使与会者听感舒适，高、中、低音搭配和谐，发言者声音有充满整个空间的感觉，否则声音干涩或产生回响，破坏会议效果。

5. 导播流程及网管操作

会议控制中心是保障会议顺利召开的核心，控制中心不仅能够操作、管理所有的会议设备，还必须能够监视所有会场，以判断上传下达的视频信号是否正常；会议网管是确保会议进程的关键设备，应配置两套设备，并保持相同的操作权限与会议模式；会议导播人员调试前应与业务部门保持良好沟通，明确会议进程与发言者座位，并设置好预置位，以便随时调用；当参与的会场数量多、发言角色变化较快时，必须进行会议预演，以熟悉各岗位技术保障人员的操作顺序。

高清会议电视的网管必须具备计算机双流下传功能，保证在培训讲座类会议中对主会场发送而对其他分会场禁止发送，否则会议进程将受到干扰。网管操作的应急预案必不可少，尤其要制定 MCU、主终端或分会场网络故障、声音啸叫等应急措施，并使操作人员熟练掌握，当故障发生时实现快速隔离。

五、视频会议系统安全机制

随着视频会议系统应用的普及，视频会议系统的安全问题也日趋重要。如果视频会议系统没有相应的安全措施，攻击者可以轻易获取管理者的权限，窃取用户口令，进而控制会议，监听会议内容,甚至把会议的内容录制下来,并在互联网公开散播,这将给企业和个人带来极大的不良影响。所以,采取必要的安全机制,对视频会议系统至关重要。

1. 视频会议系统面临的安全问题

目前,高清视频会议系统主要采用 H. 323 网络通信协议,但它的承载网——IP 网络本身是一个开放性网络,无法对业务提供安全保证。因此,如果不采取有效的安全保护措施,视频会议系统将面临严重的安全威胁,主要来自以下几个方面:

(1)窃听。攻击者通过监听或监视视频会议通信过程,或者在通信线路上在线截获通信对话内容,以获取商业机密或个人隐私。

(2)假冒。攻击者欺骗认证系统,假冒合法用户身份进行视频通信,以获取用户信息,非法访问存储数据等。

(3)篡改数据流。攻击者截获数据流后,通过修改、删除等手段将信息插入视频通信过程,企图干扰用户正常通信。

2. 视频会议系统安全需求

视频会议系统安全需求主要体现在身份认证、数据完整性、私密性、可用性、抗抵赖性等方面。

(1)身份认证。参加会议的用户必须为经过鉴权的合法用户,这是视频会议系统安全机制中最为重要的环节。

(2)数据完整性。数据包在信源到信宿的整个传输过程中,必须完好无缺,确保不被修改或损坏。

(3)私密性。会议内容经过加密,接收方只有采用相应的解密算法和密钥才能读取数据,即使数据包被非法用户截获,数据包也无法打开。

(4)可用性。视频会议系统在合法用户需要提供服务时可以随时提供可靠的服务。

(5)抗抵赖性。防止发送方和接收方抵赖所传输的音频/视频信息。

3. 视频会议系统安全机制

为满足以上需求,在工程实践中通常需要从应用层安全机制、网络层安全机制、传输通道安全机制、用户层安全机制、使用国产设备或国家指定加密设备 5 个方面采取视频会议系统安全机制。

1)应用层安全机制

基于 IP 网络的视频会议系统采用 H. 323 协议,它不仅包括对音频、视频或数据流本身的保护,还包括对 Q. 931(呼叫建立)、H. 245(呼叫管理)、网闸的保护,以防止呼叫控制协议受到破坏。它的安全保证主要采取 H. 235 协议,主要有:身份认证、数据完整性、数据加密和用户费用证实机制。用户费用证实机制更多应用于电信运营商。用户身份认证的实现可以基于非对称加密体系,也可以基于对称加密体系。前者是通过数字证书中的公钥、私钥对,对信息加密、解密。后者是利用用户名和密码等唯一标志信息来进行认证。

2)网络层安全机制

基于 IP 网络的视频会议系统应充分利用网络层现有的互联网协议安全(IPSEC)协议,提出网络层的安全解决机制。IPSEC 作为 IPV4 及 IPV6 上的机密通信框架,已为大多数厂商所支持而成为实际上的虚拟专用网(VPN)技术标准。IPSEC 主要提供了 IP 网络层上的加密通讯能力,该标准为每个 IP 包增加了新的包头格式。由于所有使用 TCP/IP 协议在网络上传输数据时,都必须通过 IP 层,所以提供了 IP 层的安全服务就可以保证端到端传递的所有数据的安全性。

3)传输通道安全机制

传输通道初始设计时应考虑通道冗余及传输设备的非关联性,以确保主用通道故障时,数据依然能够通过备用通道或迂回路由可靠到达接收方。

4)用户层安全机制

除了以上介绍的几种安全机制外,还需要针对不同应用需求和网络现状,为视频会议系统提供用户层安全机制。

(1)数据包加密技术。它的主要组成是加密模块和解密模块,加密模块接收视频会议系统终端用户数据进行加密形成加密后的数据在网络上传输,接收模块接收经过加密的数据对它进行解密得到用户数据。开发者可以根据自己的需要,为视频会议系统提供密钥并进行管理。

(2)应用层网关。防火墙是一种有效的网络安全机制,它能够在企业内部网络与外部网络之间实施安全防范。它不但可以实现基于网络访问的安全机制,还可以对网络上流动的信息内容本身进行安全处理,通过对网络上传输的数据进行分析、处理、限制,从而有效地保护网络内部的数据。应用层网关是被设计能识别指定 IP 协议的防火墙。它不是简单地查看包头信息来决定数据包是否可以通过,而是可以更深层次地分析数据载荷,也就是应用层的数据。

(3)虚拟专用网络(VPN)技术。它是通过特殊的加密通信协议在连接 Internet 上的位于不同地方的两个或多个企业内部网之间建立一条专用的通信线路,就好像假设了一条专线一样,但是它并不需要真正的敷设光缆之类的物理线路,即利用公共网络构建虚拟私有网。VPN 网络有 3 层含义:一是数据传输的安全,二是用户接入的安全,三是对内网资源的访问安全。第一个层次是指所有的流量均经过加密和压缩后在网络中传输。第二个层次是指 VPN 网络采用数字证书交换或基于硬件 IP/MAC 绑定技术的方式来确定用户的合法身份。针对移动用户还需要使用优盾(USB Key)的身份认证方式。第三个层次是指 VPN 网络可以针对不同用户分配不同的权限规则,避免内部出现安全隐患,一个合法的 VPN 用户接入网络后,对网络资源的访问权限被限制在一定的范围内。

5)使用国产设备或国家指定加密设备

目前,视频会议系统协议标准主要由国外几个较大厂商主导制定,使用国外视频会议设备,如果底层存在漏洞,将难免在安全上处于被动。因此,如果对信息安全要求较高,则优先考虑具有自主知识产权的国产厂商设备。

另外,可以使用经过国家权威测试部门测试的指定加密设备,实现数据的保密性和完整性传输。

4. 高清与标清视频会议系统安全机制区别

标清视频会议系统主要使用 H.320 网络通信协议,协议栈并未设计安全方面的相关协议,支持的线路类型主要为 ISDN 和 E1,因此它的安全措施主要依靠传输通道安全机制及使用国产设备或国家指定加密设备等技术手段来保证。高清视频会议系统主要采用 H.323 网络通信协议，首先可以由协议栈中的 H.235 协议进行身份认证，确保数据完整性，完成数据加密；其次可以通过用户层数据加密、IPSEC 协议、应用层网关、VPN 技术解决高清视频会议系统的安全问题。

第二节　移动教育系统

学习形式随着电子信息技术和通信技术的发展，正发生着日新月异的变化。从群体学习到移动学习，学习资源获取的方式多样化，教学效率较以往更为提高。现代教育强调以学习者为中心，学习者和教师可以在时间和空间上分离开，教学过程可更顺利而优质地进行。移动学习和传统教育相比增强了学习者在学习环境中的物理空间移动能力，运用各种移动设备终端，通过无线通信技术连接网络，可轻松获取所需学习资源，实现随时随地学习。

一、移动学习概述

在信息时代的洪流中，新事物、新知识随时随地都在大量涌现，影响和改变着人们的生活方式。从过去到现在，社会逐步向学习型社会转型，终身学习成为必然趋势，随时随地学习成为了人们所期望的学习方式，而移动互联网、通信技术和网络技术的发展则为移动学习提供了强大的技术支撑。互联网技术让人们摆脱了空间的束缚，而无线 Wi-Fi 技术使人们获得了进一步自由地获取所需要的信息的机会，移动教育将会成为没有围墙、资源信息量更大的学校，网络学习也会成为人们日常生活的重要组成部分。人们无论何时何地，都可以不间断地使用移动通信终端，方便、自由地接受教育，自主地进行学习。在这样的情况下，移动学习应运而生。

关于移动学习的定义，教育界并没有一个明确而统一的定义。欧洲和美国一般以 Mobile Learning（简称 M-Learning）或 Mobile Education（简称 M-Education）来指称，而在我国则一般表述为移动教育。国内外研究学者对此也意见不一，各有各的看法。国外认可的是由 Ericsson、Insite、Telenor Mobile 与 IT Fornebu Knowation 联合发起的名称为“Telenor WAP 移动学习”研究项目的研究报告中给出的移动学习的定义。“Telenor WAP 移动学习”研究项目的研究报告指出，人们在地理空间流动性增加，以及弹性学习需求增加的条件下，使用移动终端设备进行学习，这便形成了一种新型的学习方式——移动学习。而国内认可的则是由全国高等学校教育技术协作委员会对移动学习给出的定义。高等学校教育技术协作委员会指出，移动学习是指依托目前比较成熟的无线移动网络、国际互联网以及多媒体技术，学生和教师通过利用目前较为普遍的无线设备（如手机、PDA、笔记本电脑等）来更为方便灵活地实现交互式教学活动以及教育、科技方面的信息交流。

结合国内外定义，可以认为移动学习是指基于无线移动网络技术、国际互联网以及多媒体等，借助移动终端设备，通过移动教学服务器获取教育信息、教育资源和教育服务的一种新型学习方式。

从移动学习的定义就可以看出，移动学习融合了各种网络技术并将它们有机结合起来，采用的设备是移动终端，这正体现了移动环境下的学习特点。

（1）灵活性。移动设备的灵活性也决定了移动学习具有灵活性。随处可见的移动终端设备，为学习者创造了随时可以学习的移动环境。

(2)高效性。随时随地地获取学习者需要的学习资源,体现了移动学习的高效性。只有学习资源是学习者所需要的时候,学习者的学习过程才会具有高效性。

(3)个性化。传统的课堂教学虽然还在继续使用中,但是它的教学内容是比较大众化的,有些学生如果需要学习自己感兴趣的知识,那么这样的教学模式是不被允许的。因此,移动学习可以满足学生获取自己感兴趣的东西进行学习的需求,实现学习的个性化。

二、移动教育理论

移动学习是各种计算机软件和硬件技术发展的智慧结晶,所以在将移动学习应用于教育领域的研究中,必须以新型的学习理论作为支撑。下面,简要介绍这些移动学习理论。

1. 远程教育理论

远程教育理论认为:学习是一个由学习者控制的过程,在此过程中,学习者占主导地位,它强调学习过程的设计要注重对学习者学习支持的设计。在此设计过程中,要体现学习能力的培养,有教师与学生之间以及学习者之间的交互渠道和形式的设计。不同的学习内容对应不同的学习形式,学习者通过自我探索、小组合作来增强自身能力,自我调节,及时调整学习目标、学习内容、学习方法以及学习进度。学习者应该学会自我评价,能够根据指导者的反馈意见,使自己的学习个性化。

2. 分布式学习理论

分布式学习理论既突出个体的主体地位,又重视学习群体性和社会性,准确恰当地体现出信息时代强调学习活动的社会性、交互性与主观能动性的特点。分布式学习理念中的学习的过程与要素更多地被建构主义思想描述为一种“学习环境”。这种说法是对传统教学情景的升华,它注重强调教学的真实性与参与性,注重人与人之间的协作关系,强调学习者自主掌控学习过程,使学习过程达到效果最大化。这样,在强调学习者的主体地位的同时又不忽视教师指导作用,在学习过程中,二者相辅相成,达成一个统一的有机整体。

3. 泛在学习理论

泛在学习理论提出的 4A(anyone、anytime、anywhere、anything)理念现在已经是移动学习的核心指导思想,它融入在移动学习平台的整个设计过程。泛在学习理论较传统教学模式具有如下特性:

(1)永久性(permanency)。在泛在学习的过程中,学习者学习知识所依托的学习要素并不会像课堂教学那样,学过就消失,而是被完整地存储在某个记忆存储器中,永久保存,需要时即可取出。

(2)可获取性(accessibility)。泛在学习与传统教学模式的区别在于,泛在学习使得学习者在无空间、时间的限制下获得自己需要的相关信息。

(3)即时性(immediacy)。传统课堂教学需要在固定的上课时间才能从老师那里获得资源,但泛在学习则不一样,学习者只要想到了都可以获得,并没有固定的时间限制、内容限制。

(4)交互性(interactivity)。泛在学习强调交互过程,在学习的过程中,教师与学生之间的交互是必不可少的,泛在教育能够同步或异步地进行师生之间的交流。

(5)教学行为的场景性(situating of instructional activities)。传统的教学模式并不能将知识情景化地展现出来,但是泛在教育克服了这一障碍,学习者获得的信息均可以通过情景化的形式呈现在学生的面前。

泛在学习理论是理想的学习过程理论,通过泛在学习过程,学习者不仅打破时间、空间限制,而且可以学习更为生动有趣的知识,提高教学质量。所以,移动学习离不开泛在学习理论的指导。

4. 非正式学习理论

非正式学习理论指出:学习源于直接的生活,生活中隐含了各种各样的暗示信息,这些暗示信息远远超出了明确讲授的内容。有学者认为,有50%以上的学习是以非正式学习的形式进行的,并且非正式学习20%的付出得到了80%的产出。学生既具有个体性特点,也具有社会性特点。传统的基于阅读和思考等个体性学习活动所获得的知识比较深刻,但花费的时间较多,并且需要一定的毅力,这便成为一部分学习者学习的障碍。然而对于大多数学习者来说,讲座、讨论和社会交往等社会性活动使他们更容易获取知识,因此,在根据非正式学习的特点进行移动学习的设计时,应该为学习者创造性地设置协作交流的环境。

5. 随机进入学习理论

随机进入学习理论的基本思想原是指学习者在不同时间和地点,通过不同的途径和方式,选择相应的资源进行学习的一种学习方式。学习者可以选择自己方便的时间,选择相关学习内容进行学习,巩固知识内容,对所学内容有一个比较全面而深入的掌握。移动学习为随机进入学习理论提供了实践平台。

6. 认知灵活性理论

认知灵活性理论提出:在某些实例情境中,学习者通过多种方式构建自己的知识,以便在情境发生根本变化的时候能够做出适宜的反应,从而促进复杂和机构不良领域的高级知识的获取。但是,在现实生活中,大多数问题都是没有确定规律的,这就要求我们利用所学知识,结合问题情境,建构新的理解方式和解决方案,其中涉及到结构不良领域的知识。在整个学习过程中,以认知灵活性理论为指导,学生通过自主学习建构知识意义,确定学习目标和学习内容,从多个角度去建立知识框架。

三、移动学习的体系结构

作为远程教育的有益扩充,移动学习依托成熟的移动通信网络技术和Internet网络,使学习者与施教者能在创设的移动学习环境中,通过移动终端设备(如数字电话、PDA等)实现教学活动的交互过程,完成教学过程知识的传递。基本框架如图7-2所示。

一般移动学习系统的结构大致为客户端、网络、服务器3个子结构:

(1)客户端。移动学习平台可以拥有多个客户端,客户端一定是能够链接到移动网络的设备。

(2)网络。系统结构中的网络分为两种:一是移动网络,负责客户端也就是移动终端的移动服务器之间的通信和交互;二是Internet网,负责移动服务器和国际互联网上的服务器之间的通信和连接。

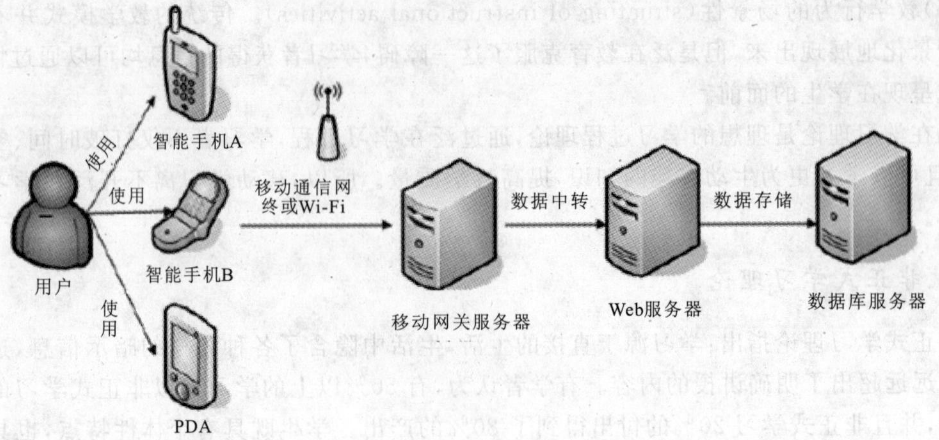

图 7－2　基本框架图

(3)服务器。系统中有 3 个服务器：一是移动服务器，负责接收终端发送来的信息；二是网络服务器，主要负责当客户端有请求时响应客户端的请求；三是数据库服务器，此服务器主要用于存储系统中大量的学习资源以及学习信息等数据。

总而言之，移动学习的体系结构可以简化为用户使用移动终端设备从服务器中获取学习资源和学习服务的一种体系架构。

四、移动教学系统模型

移动教学系统作用于用户(学生和教师)教学过程中的各种教学活动，主要包括学生选课、学生课表、学习信息、学习资源的共享等，它将学生、老师以及学习资源有机地结合起来。

1. 移动教学系统的组成

作为一个有机整体，移动教学系统主要由 4 个部分组成：

(1)移动终端。智能手机、PDA、平板电脑等。然而作为移动教学的终端，不同种类的移动设备，性能还是存在比较大的差异，所以，在不降低系统兼容性的前提下，设备自适应调节过程不能缺少，而且还必须做到最大化。

(2)移动通信网络。移动通信网络技术的成熟，成为实现移动教学辅助系统的关键。在此，移动通信网络可以是 4G 网络或 Wi－Fi 等。移动通信网络实现了移动终端和 Internet 的无缝链接。

(3)Internet 及 Web 服务器。Internet 及 Web 服务器是不可或缺的系统组成部分，只有通过 Internet，终端才能通过移动网络读写数据库的数据。

(4)数据库服务器。数据库服务器主要存储系统资源和数据。由于系统资源量大，所需存储空间大，而移动终端设备的存储空间有限且数据格式要求一致，故系统需要单独的数据服务器。所有数据可通过移动网络经 Web 服务器以统一的数据格式存入数据库服务器中。

2. 移动学习系统的用户角色

移动学习系统的用户角色分为学生、教师、管理员 3 类：

(1)学生。在教学过程中,学生是教学的主体,也是移动教学系统的主要使用者。学生既可主动获取知识,也可以协助其他学生进行学习。学生可以通过系统进行课程的学习,和教师进行交流,并且可以在线提交作业和测试,上传作业和资源;在每学期课程结束之后,还可以对教师的教学质量进行评价。

(2)教师。在整个系统中,教师是教学过程的设计者和实施者,监控和指导学生的学习过程,同时又协作和评价学生的学习过程。教师可以与学生进行交流,答疑,并且还可以即时指导学生完成相关学习任务。教师可以对学生实践学习进行考勤,然后做出成绩评定。教师还可以根据学生的学习,为学生个性化推荐课程,并将此信息通过系统推送给学生。

(3)管理员。管理员主要负责整个系统安全和数据库的维护,包括认证系统中的新用户,管理学生和教师的用户信息,增加或删除课程资源和信息,分配课程资源以及权限管理等。管理员不参与教学和学习过程。

移动教学系统的基本功能包括 3 个方面:学生客户端、教师客户端、服务器端。

学生客户端主要是针对学生的学习而设计的客户端。通过此客户端,学生可以管理自己的相关信息,包括增、删、改、查个人信息和课程信息;可以和教师及其他学生之间进行及时互动、答疑,以及课程咨询等。

教师客户端主要是面向教师的教学过程而设计的客户端。通过此客户端,教师可以管理自己相关信息,包括增、删、改、查个人信息和课程信息;可以和其他教师及学生之间进行及时互动、答疑,以及课程咨询等;还可以通过了解学生学习情况为学生推荐课程。

服务器端主要控制系统用户(包括学生、教师、管理员)、系统对象的相关信息。服务器端建立在 Web 服务器上,主要是以网页系统的形式进行操作。

系统结构功能如图 7-3 所示。

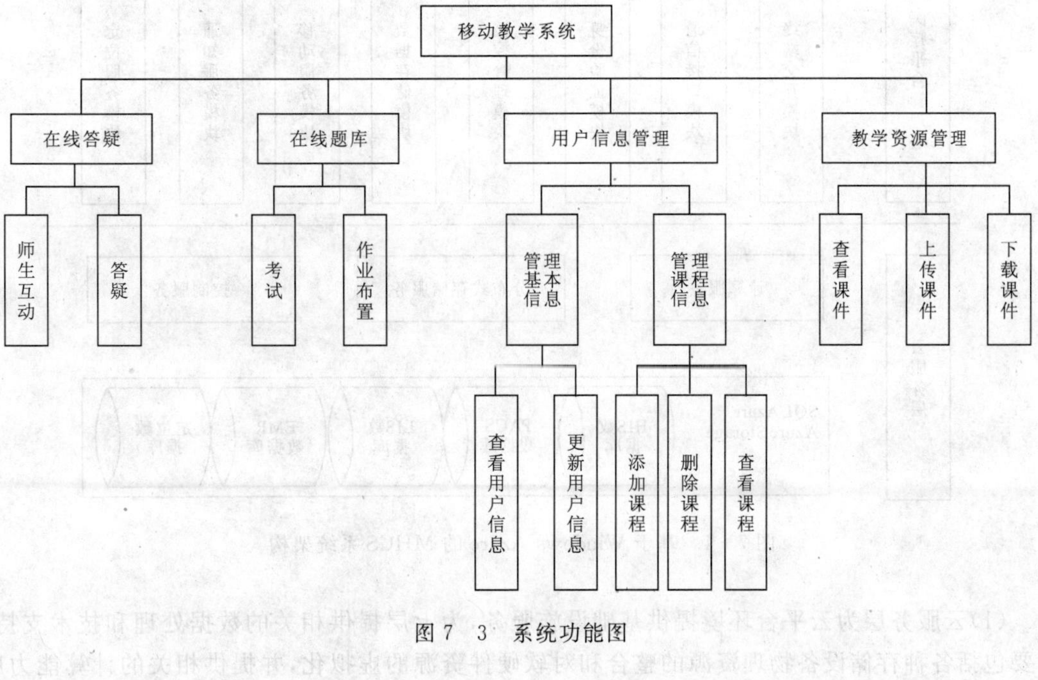

图 7-3　系统功能图

第三节　基于云计算的移动医疗系统

一、整体架构

基于云计算的移动医疗系统架构的主要设计思想是将医疗信息的处理、计算和存储交给云端，而移动终端在需要获取数据时只需向云端发出 HTTP 通信请求并获取信息。考虑到移动终端的处理能力和存储能力有限，这一设计思想能够充分发挥云计算快速处理和海量存储的优势，并结合移动终端的便捷性，在降低对设备硬件要求的同时，带给用户更好的体验。

基于云计算的移动医疗系统架构，简称 MHCS 架构，主要有 3 层：最上层的移动终端应用层、中间的医疗平台管理层和底层的云服务层。具体的架构如图 7－4 所示。

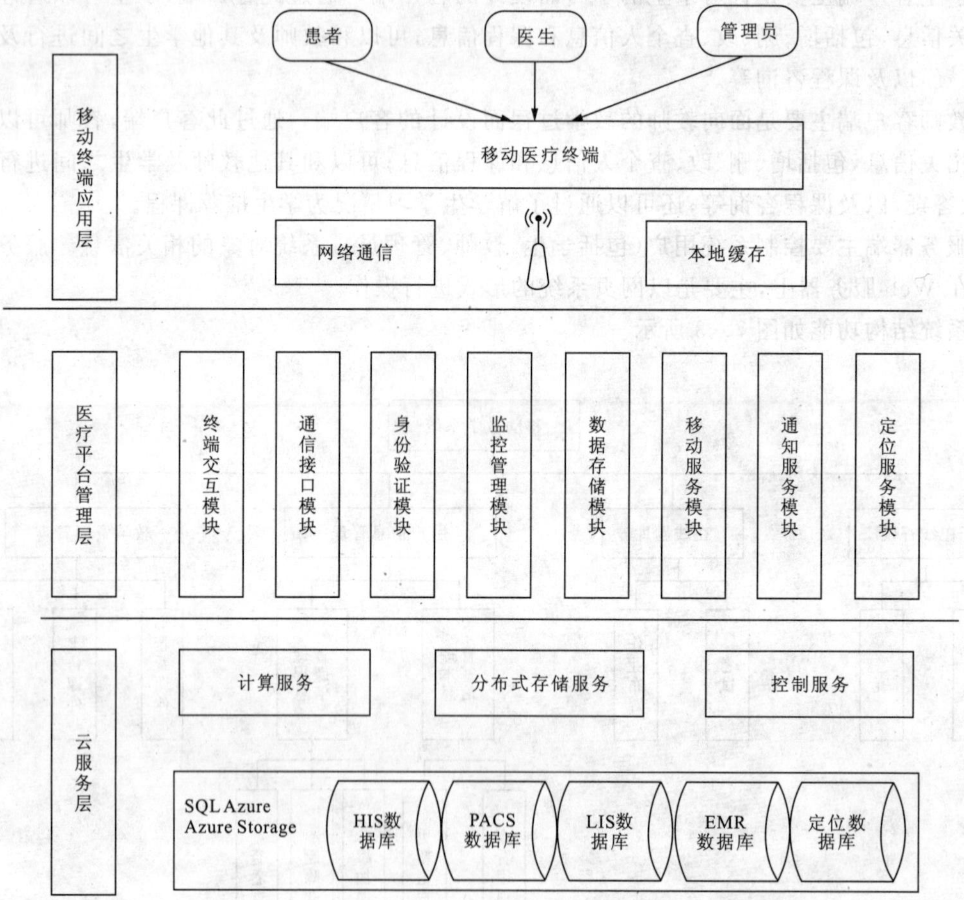

图 7－4　基于 Windows Azure 的 MHCS 系统架构

(1)云服务层为云平台环境提供基础设施服务，为上层提供相关的数据处理和技术支持。主要包括各种存储设备物理资源的整合和对软硬件资源的虚拟化，并提供相关的计算能力服务、负载均衡处理和调度问题、分布式资源管理、安全管理等。

(2)医疗平台管理层提供相关医疗服务管理，是连接应用终端和云服务层的关键。不仅要提供通信接口，还要保证接口的高度可移植性，以适应不同的云环境，提供来自客户端的请求和服务器端的反馈以及终端客户之间的信息交互。相关的用户身份和访问控制的处理，也同样在该层实现并作为应用层的服务器响应。

(3)应用层提供直接面向客户端的交互平台 API，为用户提供相关的医疗咨询服务和护理服务功能，并且可以方便接入管理服务层，实现与云端的通信和数据共享，完成信息之间的交互。

在该平台架构中，云服务层为手机提供数据存储和计算的平台，遵循了"重云端，轻客户端"的设计理念。客户端重在与云端通信，而不作实际的计算处理，更多的作为用户界面呈现数据。

二、云服务层

云服务层中提供了 Windows Azure 云中的三大服务，分别是计算服务、控制服务和存储服务。

1. 计算服务

计算服务，就是指为应用层的终端程序提供相应的虚拟机和软件环境的寄宿服务，包括对 ASP. NET Web 程序和支持数据通信的应用程序框架(WCF)服务提供基于互联网信息服务(IIS)的寄宿服务，为后台程序提供基于 Windows Azure Worker Role 的寄宿服务。

MHCS 架构中提供的计算服务可以支持运行有大量并行用户的大型应用程序。在云端服务器上所运行的虚拟机，被称为计算单元，由数据中心负责维护和管理。它以最基础的小型计算单元为基础，共分 4 种类型。不同类型的虚拟机有不同的硬件资源、操作系统与价格。以一个小型计算单元来说，它拥有 1. 6GHz 的 CPU、1. 75GB 的存储器、225GB 的存储空间，I/O 优先级为中级，而在它之上的还有中型、大型与超大型 3 种计算单元。

用户的应用程序中的每个实例都运行在自己的虚拟机上。用户通过访问登录自己的 Windows Azure 应用程序账户，指定运行的实例数。Azure 将自动创建虚拟机运行客户的程序。可以把服务角色和 Role 实例的关系与面向对象语言编程中的类和对象的关系作比较。如果把角色看成是一个运行环境的模板或类型，相当于 C++中的类，那么 Role 实例就是根据这个模板生成的实例，对应于类中的对象。用户的应用服务最终是以一个个 Role 实例运行在 Windows Azure 之上的。应用服务中允许包含一个或多个服务角色，每个服务角色还可以有一个或多个 Role 实例。

在云服务层中每一个角色实例都是用户服务的独立运行单元。虽然这些角色实例与底层虚拟机没有直接关系，但无论是 Web Role、Worker Role 还是 VM Role，它们的每一个实例都对应一个具体的虚拟机，也就是说，实例与虚拟机具有一一对应的关系。因此，一个角色实例就相当于一个部署了用户服务代码、服务配置和本地数据的虚拟机。例如，在应用程序中的服务配置文件里设定需要 3 个 Web Role 实例时，Fabric 控制器实际上会为用户分配 3 个运行 Web Role 的虚拟机。

2. 存储服务

MHCS 架构平台使用 Windows Azure 数据存储系统。数据存储系统由多个服务器协同完成。存储系统主要分为 3 层结构，分别为前端层、分区层和分布式文件系统层(DFS 层)。层次结构如图 7-5 所示。

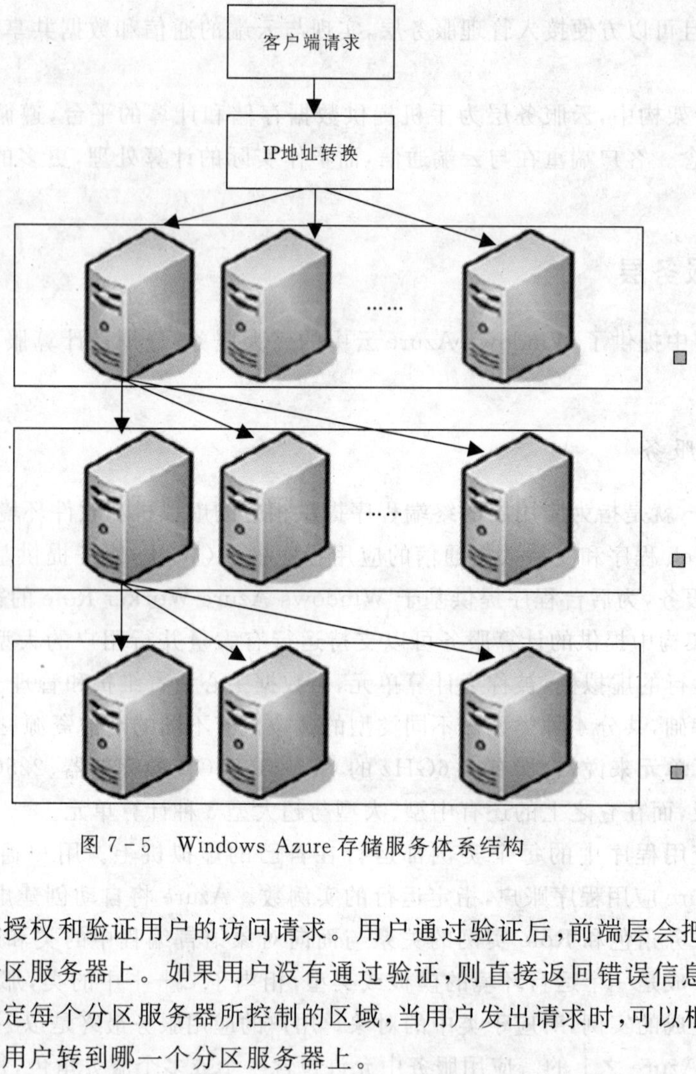

图 7-5　Windows Azure 存储服务体系结构

前端层的功能是授权和验证用户的访问请求。用户通过验证后，前端层会把访问请求转到分区层上相应的分区服务器上。如果用户没有通过验证，则直接返回错误信息。前端服务器根据分区对照表确定每个分区服务器所控制的区域，当用户发出请求时，可以根据用户请求中携带的信息决定将用户转到哪一个分区服务器上。

分区层负责管理存储服务中所有数据对象的分区。每个数据对象都包含一个分区键作为决定该数据对象的分区服务器的信息。分区层根据分区键分配和管理数据对象的存储分区。该层同时还可以实现负载均衡管理。

分布式文件系统层负责数据的存储工作。它通过上层的负载均衡，采用数据分割技术将数据存储在不同的 DFS 服务器中，保证数据的高可用性和合理的容错，以并行读磁盘的方式提高读写速度。

在分布式文件系统层中，包括两个重要的数据存储机制，分别是动态重复制和检查数据一致性。DFS层将用户的数据保存在多个DFS服务器上，使用复制功能实现了稳定性的要求。用户首先将存储数据送到主服务器，DFS层通过复制功能创建两个副本。用户提交的数据首先都会保存在主服务器上，然后通过重复制技术同步到另外两个副本中。当主服务器发生故障的时候，DFS层从另外两个副本中自动选择其中的一个作为主服务器，同时再创建一个新的副本以保证任何时候都有3个副本同时存在。3个副本备份的方式保证了医疗数据的高可靠性。同时，数据中都还包含一个checksum值，系统不断地轮询服务器，通过checksum来检查数据的一致性。当发现一致性出现问题时，则会丢弃该数据，然后从副本中复制一份正确的数据。

用户请求云端数据读写操作的流程如下：

(1)客户端使用URL请求，URL通过域名服务器转换成IP地址，通过网络通信传送至前端层。

(2)前端层认证用户身份信息，通过分区对照表查找请求数据对应的分区服务器，把请求发送到分区层。

(3)分区层接收到请求。①读操作，即首先查找数据是否在缓冲区中，如果有则直接返回数据，否则就把访问请求发送到对应的分区服务器。②写操作，即通过负载均衡管理将写操作发送到一个合理的分层服务器中。

(4)分布式文件系统层接收到请求。①读操作，即从对应的服务器磁盘中读取数据，返回结果。②写操作，即把请求数据写到服务器磁盘上，同时启动复制机制将数据复制到其他两个副本服务器中，返回成功状态。

3. 控制服务

控制服务主要包括配置和管理虚拟机、路由分发和负载均衡等功能的实现。在云服务层中的所有应用都是基于微软数据中心的。这些机器集合和软件均由Fabric控制器控制。

在Role实例中安装Fabric代理，每台机器的Fabric控制器均可以与Fabric控制器进行通信。Fabric控制器的控制依赖于Windows Azure应用上传的配置信息，决定应用运行的位置，选择物理服务器来最优化硬件。配置文件提供了Web Role、Worker Role实例数量以及虚拟内存系统(VMS)的数量等。Fabric控制器的控制方式如图7-6所示。

如果应用需要3个Web Role实例，但是在运行过程中有一个出现了故障，Fabric控制器会自动创建一个新的实例。同样地，当VM出现故障时，Fabric控制器会在另一台设备上开始一个新的实例，同时设置负载均衡器指针指向新的VM。

应用层中每一个发布的服务都会有一个映射到云端应用的虚拟IP地址，负载均衡器通过虚拟IP把用户请求分发给不同的实例处理。负载均衡器的分发规则就是主要基于虚拟IP地址和直接IP地址之间的映射关系来进行的。每个服务实例都有自己的IP地址，这个IP地址称为直接IP地址(Direct IP Address，简称DIP)。IP地址是无法在数据中心之外访问到的，它们的主要用于内部通信，包括不同实例之间的通信、负载均衡器和实例之间的通信等。如果服务需要具体的地址，则可以通过专用的编程接口来获取。

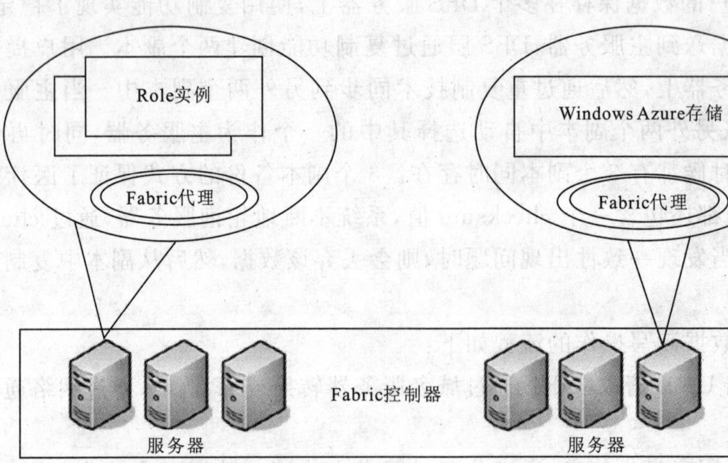

图 7-6　Fabric 控制器

三、医疗平台管理层

1. 终端交互模块

医疗管理层的交互模式,包括移动终端和云服务层数据的交互。平台管理层在接收到来自客户端的 HttpWebRequest 数据请求后,通过 Web Service 接口查询并获取存储在 SQL Azure 或者是 Windows Azure Storage 中的数据。再以通用的 XML 格式作为响应返回给客户端。

建立 HTTP 连接从云端加载数据的伪代码如下:

```
Uri i=new Uri("云端的 uri 地址");//初始化 http 客户端
HttpClient client=new HttpClient();//从云端加载数据
HttpResponseMessage response=await client. GetAsync(i);
response. EnsureSuccessStatusCode();
Stream stream=await response. Content. ReadAsStreamAsync();
//获取云端响应的数据
string sy=await response. Content. ReadAsStringAsync();//初始化为 xml 文档
XDocument xdoc=XDocument. Parse(sy); //加载 xml
//进行数据解析
```

2. 数据存储模块

MHCS 架构中将 Windows Azure 存储和 SQL Azure 兼顾使用。使用 Blob Storage 存储医疗和二维码图片文件,将它们存放在 Blob 中利用 Windows Azure 内容传输网络(CDN),使数据缓存能够更接近于用户终端。使用 Table Storage 解决本地 Session 状态的缓存问题。如图 7-7 所示为系统的云存储架构。

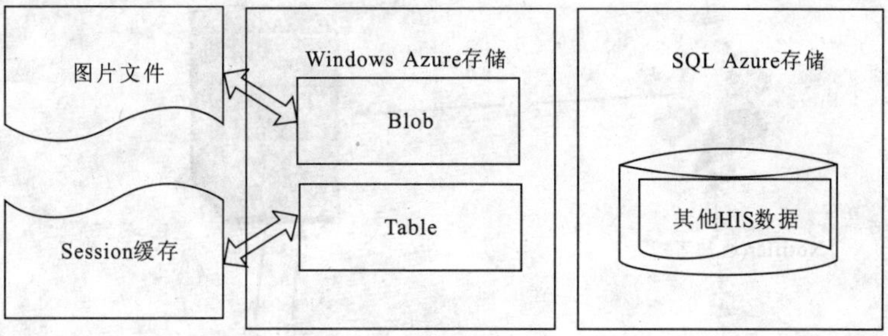

图 7-7　云存储架构

3. 推送通知服务模块

该模块提供一个异步的、尽力的推送通知服务(Push Notification Service,简称 PNS)。经过身份验证的 Web 服务通过 HTTPS 协议通信将推送信息传送云端,推送服务根据规则和通知类型将信息推送到应用层。Windows Phone 应用程序的推送通知有 3 种不同的类型,分别是原生通知(raw notification)、Toast 通知(toast notification)和磁贴通知(tile notification)。这 3 种通知的表现形式和消息传送的格式各不相同,通知发送端可以根据应用的具体情况来选择需要的通知形式。下面介绍在推送通知服务中的几个重要角色。

(1)通知者(notifier)。是 Notification 服务的提供者,主要包括医疗服务提供商和医生等。该角色如果需要提供 Notification 的服务,则需要向微软推送通知的服务器注册需要的通道(channel),配合协议与 MPNS 进行沟通。

(2)微软推送通知服务(Microsoft Push Notification Service,简称 MPNS)。主要扮演中介服务的角色,负责将通知者想要发送的资料内容转发给 subscribers(主要指移动终端设备)。它接受由 notifier 所申请的 Service Name 进行注册,让推送客户端可以在建立通道时指定需要的服务。它也接受推送客户端申请需要的通道来进行沟通。

通知者送出的资讯会被 MPNS 保存起来,等 MPNS 与推送客户端建立 Channel 连接之后才会被送达 Client 端。

(3)推送客户端(push client)。推送客户端要取得推送信息的话,则需要向 MPNS 建立起独有的通道,因此,推送客户端会主动向 MPNS 送出连接请求。

(4)通知信道(notification channel)。一个信道表示一个应用程序与 MNPS 的注册。在接收到推送通知前,一个应用程序必须首先和 MNPS 打开一个信道,这样 MNPS 可以传递通知给它。在一台设备上,一个应用程序只能打开一个信道。不过一个信道可以接收 1 种、2 种或者 3 种类型的推送通知。MNPS 会保持信道打开一段时间,即使在设备上这个应用程序处于墓碑状态。因此,应用程序需要总是使用通道名称来检查这个信道是否已经被打开,如果已经打开就可以直接使用。

图 7-8 展示了推送通知服务的流程。

(1)应用程序(subscribers)向推送客户端服务发送一个建立连接的统一资源标识符(URI)请求。

(2)推送客户端服务与 Windows Azure 中的 MNPS 交互,请求与 MPNS 建立通道连接,

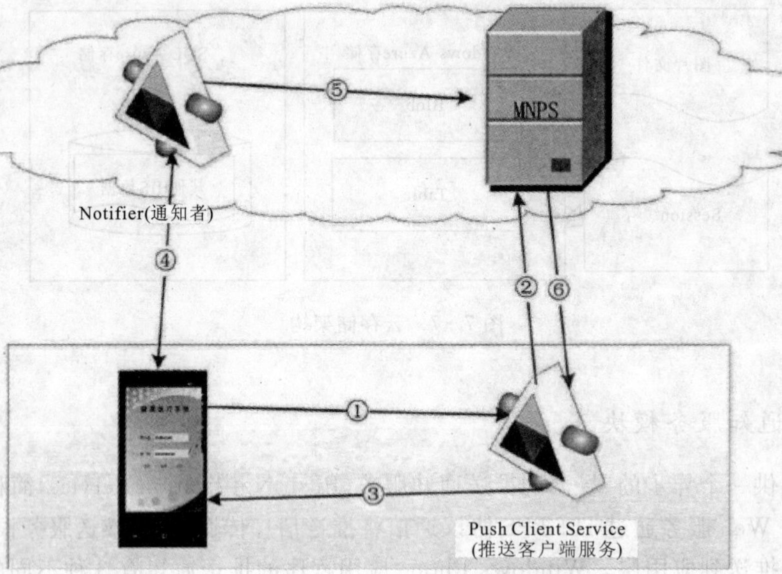

图 7-8 推送通知的流程

要求一个该手机终端专用的 URI，MPNS 使用通道 URI 响应，向推送客户端返回一条通知 URI。

(3)推送客户端服务将通知 URI 返回到应用程序。

(4)应用程序将推送 URI 发送给通知者。

(5)通知者需要向应用程序发送消息的时候（如最新的咨询反馈、生活小贴士的更新等），使用这个通知 URI 向 MPNS 发送一条通知。

(6)MPNS 将这条推送通知发送到推送客户端，推送客户端服务路由到应用程序。

4. 移动服务模块

移动服务模块通过 REST API 接口把数据库中的信息以 JSON 格式提供给移动终端应用层。这个接口用户可以通过自定义代码定制。自定义代码包括数据校验、数据处理等。该模块的核心就是提供 Web 接口服务。通过移动服务访问云端的应用层终端允许有多种形式，移动服务为移动设备提供了访问代理。应用层只需调用这些访问代理，就可以访问云端数据库，而不需要进行任何网络和协议的处理。如图 7-9 所示。

5. 身份验证模块

该模块提供了用于验证用户的凭据，具有创建和修改用户，以及管理密码和电子邮件地址之类的用户设置的功能。

当应用层中的 Windows Phone 程序使用云端身份验证服务时，必须创建 Web 角色，才可以访问 Web 角色部署的服务。认证服务为 Windows Phone 应用程序的请求提供授权，Web 服务检查授权的有效性，并提供访问 Windows Azure 存储和 SQL Azure 的数据服务。如图 7-10 所示。

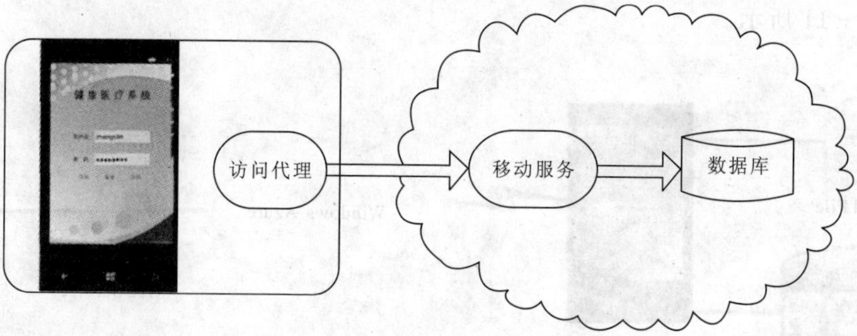

图 7－9　移动服务模块工作示意图

图 7－10　用户身份认证模块

四、移动终端应用层

移动终端应用层是作为显示桌面服务的设备，为用户提供医疗服务应用访问。客户端为应用建立友好的操作界面，并为应用程序提供所需要的资源，如配置文件、图形图像等。其中最重要的两大模块是本地缓存模块和网络通信模块。

1. 本地缓存模块

移动终端的本地存储分为移动终端的 SQLite 轻量级数据库和 Isolated Storage（缓存文件）两部分，读取本地存储的数据时不需要连接网络应用程序。

SQLite 中的数据是通过数据库文件的形式从 SQL Azure 中复制到本地 SQLite 保存起来的，存放一些常用的并且不经常变化的数据，例如以前该用户咨询过的病情信息或者是通过搜索功能查询到的医生和疾病相关的常识资料等信息。而存储在 Isolated Storage 中的数据，则以缓存文件的方式存储。当用户执行任务时，会首先在本地 SQLite 数据库或 Isolated Storage 中查询是否有可用的缓存信息，如果有则直接调用本地缓存，而不再从云端取得数据，从而实现节省数据通信流量的作用。

可以对隔离存储空间里面的文件进行增、删、改、查的操作。它有两种使用方式：第一种是通过 IsolatedStorageSettings 类操作 Key/Value 键对来存取数据；第二种是通过 IsolatedStorageFile 类来存取文件。使用 Isolated Storage 时要通过 GetUserStoreForApplication() 方法来获得存储空间的路径。同时,其他存放在云端数据库的非只读数据可通过 WebService 方式获取,如图 7-11 所示。

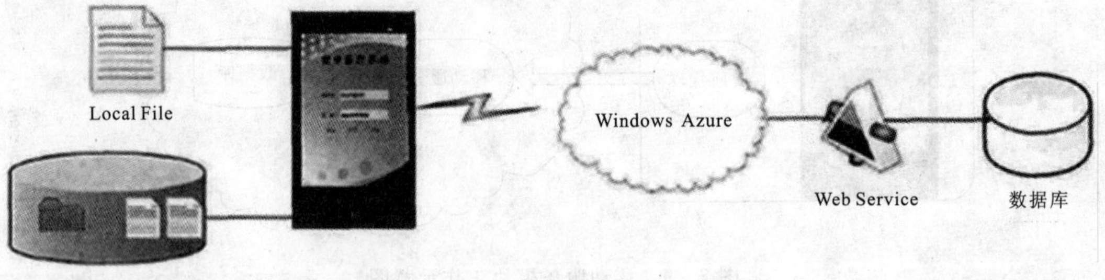

图 7-11　Windows Phone 数据存储方式

传统的 B/S 架构中,客户端数据缓存的策略单一,且在缓存时间内无法更新数据,造成数据脏读。客户端要想获得数据的及时更新,只能通过不断向服务器发送请求的方式来实现。

针对这种情况,可采用云端推送通知服务的机制来改进缓存机制,使服务器主动建立缓存数据更新的消息推送,实现数据列表的动态更新,提高用户界面(UI)的交互体验,保证本地缓存数据的可读性。

在服务器端建立一个 WCF 服务,当缓存数据更新时,则通过 WCF 服务向云端的 MNPS 发送一条消息。MNPS 再把更新消息路由到客户端。客户端通过推送客户端解析数据,然后重新向服务器发起连接请求,加载数据并更新本地缓存。具体的工作流程如图 7-12 所示。

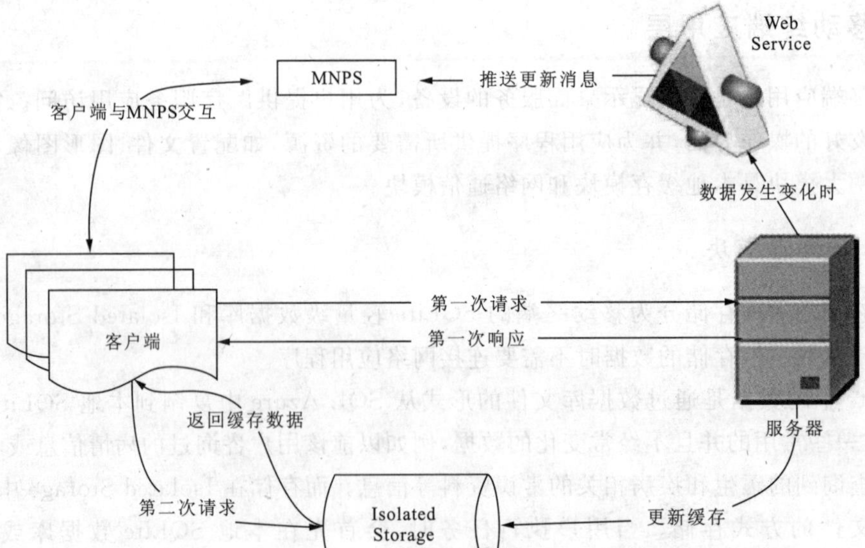

图 7-12　推送通知改进数据缓存图

在客户端建立的缓存以 JSON 格式的文件保存在 Isolated Storage 中,并采用以划分模块的方式在 Isolated Storage 中建立文件夹目录,便于缓存文件的管理和分类,减少数据访问时的查找范围，提高系统读写性能。

在云端使用 Azure Table 建立一个 CacheEntity 缓存实体类，用来管理缓存文件目录，实体中包括主键、缓存开始时间、缓存周期、存储模块、存储文件名称和数据类型等属性。在读取缓存文件前通过 IsolatedStorageSetting 与 CacheEntity 缓存实体进行关联，关联的方式为主键 Key 和缓存文件名统一。通过 CacheEntity 获取缓存 JSON 格式数据，通过反射的方式获取反序列化转换数据类型。转换成功后更新数据，并反馈到 UI 上，这样客户端就成功获取了缓存中的数据。

2. 网络通信模块

移动终端应用层与平台管理层采用 HTTP 协议进行通信。主要的通信流程如图 7－13 所示。

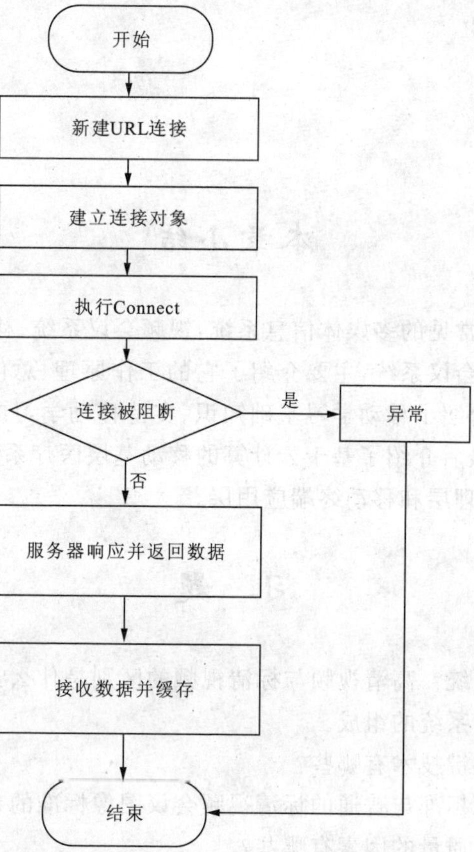

图 7－13　HTTP 通信流程

(1)新建 URL 对象，把需要传输的数据作为 URL 参数传递。

(2)建立一个 HttpURLConnection 的连接。

(3)执行 Connect，向服务端发起 URL 连接请求。

(4)如果 URL 请求的线程被阻断，则抛出异常；若连接成功，则服务器端响应该请求并进行处理，同时返回客户端需要的数据。

(5)客户端把云服务端传递回来的数据通过一个缓存容器保存起来，并通过特定方式解析数据。

HttpWebRequest 向云端请求数据时，使用 Begin－End 异步处理模型保证代码的健壮性，使程序在出现异常时可以将执行流程反馈在 UI 上。异常处理的代码块如下：

```
Public void SendWebRequest(){
WebClient basicCkient=new WebClient();
//发送请求
…}
Void syncResult(syncresult result){
   Try
   {
   } Catch(Exception) {
//异常处理
…}
}
```

本章小结

笔者主要介绍了 3 类常见的多媒体信息系统：视频会议系统、移动教育系统和移动医疗系统。首先介绍了高清视频会议系统，主要介绍了它的工作原理、总体架构及关键技术；其次介绍了移动教育系统，重点介绍了移动学习基础知识、支持移动学习的现代教学理论、移动教学的体系结构和系统模型；最后介绍了基于云计算的移动基层医疗系统，着重介绍了它的整体架构、云服务层、医疗平台管理层和移动终端应用层。

习　题

1. 什么是视频会议系统？高清视频与标清视频的区别是什么？
2. 简述高清视频会议系统的组成。
3. 高清视频会议的关键技术有哪些？
4. 高清视频会议图像标准与普通的标清视频会议图像标准的差别是什么？
5. 影响高清视频会议质量的因素有哪些？
6. 支撑移动教育系统的学习理论有哪些？
7. 简述移动学习系统的基本体系结构。
8. 简述基于云计算的移动医疗系统的体系架构。
9. 移动医疗平台管理层应包括哪些功能模块？
10. 移动医疗系统终端应用层最重要的两个模块是什么？它们的功能是什么？

主要参考文献

曹长青.基于内容的视频检索中关键帧提取算法研究[D].太原:太原理工大学,2013.

曹亮.基于Otsu理论的图像分割算法研究[D].武汉:武汉理工大学,2008.

曹赛.现代远程教育移动学习模式与系统研究[D].贵阳:贵州师范大学,2014.

陈光新.数字音频的重压缩与重采样检测研究[D].大连:大连理工大学,2011.

陈云善.AVS视频编码关键技术研究及其在达·芬奇平台上的实现[D].北京:中国科学院研究生院,2012.

戴佳哲.基于内容的图像检索算法研究[D].杭州:浙江理工大学,2016.

戴声奎.视频编码关键技术研究[D].武汉:华中科技大学,2005.

邓莉.移动教学辅助系统的研究与应用[D].绵阳:西南科技大学,2015.

邓泽峰.图像复原技术研究及应用[D].武汉:华中科技大学,2007.

董雨西.无损音频编码算法研究[D].天津:天津大学,2012.

段继忠.AVS视频编码标准的关键技术研究与优化实现[D].天津:天津大学,2009.

范添翼.基于内容的视频检索关键技术研究[D].北京:北京交通大学,2015.

冯承景.数字音频重压缩与重采样检测算法的研究[D].大连:大连理工大学,2014.

冈萨雷斯.数字图像处理[M].北京:电子工业出版社,2007.

高亮.高清视频会议系统方案设计与实现[D].西安:西安电子科技大学,2013.

高彦平.图像增强方法的研究与实现[D].青岛:山东科技大学,2005.

韩辉.远程医疗系统的研究与实现[D].南京:南京理工大学,2013.

胡祥.视频会议系统的设计研究[D].南京:南京邮电大学,2014.

胡雪梅.提高无损音频编码实时CD录音速度的研究[D].成都:电子科技大学,2015.

户志伟.音频/视频同步传输的研究及在虚拟桌面系统中的实现[D].成都:电子科技大学,2015.

黄涛.基于内容的视频检索关键技术研究与仿真[D].武汉:武汉理工大学,2014.

蒋亚军.三种常用颜色模型的比较研究[J].湖南科技学院学报,2007,28(4):37—38.

孔繁庭,马亚峰.DCT域彩色图像增强技术研究[D].兰州:兰州大学,2012.

雷少帅.基于内容的视频检索关键技术研究[D].太原:太原理工大学,2012.

李俊鹤.运动模糊图像复原技术研究[D].武汉:武汉理工大学,2012.

李雪威.基于感知的彩色图像增强和分割算法研究[D].天津:天津大学,2009.

李震.静态图像压缩编码算法的若干研究[D].济南:山东大学,2010.

刘芳.基于时间轴模型的音频/视频同步的研究与实现[D].广州:暨南大学,2008.

刘可钊.多媒体通信中的音频/视频同步问题研究[D].南京:南京理工大学,2007.

卢官明.多媒体信息处理[M].北京:人民邮电出版社,2011.

马乐圣. 数字音频流信息编/解码与技术研究[D]. 南京:南京理工大学,2014.
齐恒. 基于内容图像检索的关键技术研究[D]. 大连:大连理工大学,2012.
钱智明. 图像分割方法研究[D]. 长沙:国防科学技术大学,2010.
乔玲玲. 图像分割算法研究及实现[D]. 武汉:武汉理工大学,2009.
秦明. 图像分割技术研究[D]. 长春:吉林大学,2010.
曲阳. 视频检索中的镜头分割及关键帧提取方法研究[D]. 沈阳:沈阳工业大学,2016.
伞兴. 静态图像压缩方法研究[D]. 合肥:中国科学技术大学,2007.
邵慧娟. 常用颜色模型[J]. 电子世界,2013(3):57—58.
宋少鹏. 网络音频编码算法研究和实现[D]. 西安:西安电子科技大学,2009.
唐杰. 基于内容的音频检索技术研究[D]. 北京:北京邮电大学,2010.
田亚凯. 远程医疗监控系统中的关键技术研究与实现[D]. 南京:南京邮电大学,2015.
王洪涛. 面向视频编码标准应用的帧间预测技术研究[D]. 合肥:中国科学技术大学,2015.
王明三. 基于内容的图像检索关键技术研究[D]. 成都:电子科技大学,2014.
王瑞玉,张阳,李坤. 基于内容的多媒体信息检索[J]. 广播电视信息,2015(6):49—51.
王晓林. 基于内容的视频信息检索技术研究与实现[D]. 西安:西安电子科技大学,2013.
王肖晨. 数学形态学理论及在彩色图像处理中的应用[D]. 哈尔滨:哈尔滨工程大学,2008.
王运生. 基于内容的海量音频高效检索[D]. 太原:太原理工大学,2014.
文华. 基于数学形态学的图像处理算法的研究[D]. 哈尔滨:哈尔滨工程大学,2007.
吴炜. Internet 上连续媒体的同步技术研究[D]. 西安:西安电子科技大学,2005.
吴学明. 图像分割的算法研究[D]. 成都:成都理工大学,2006.
吴亚东. 图像复原算法研究[D]. 成都:电子科技大学,2006.
夏校朋. 基于 H.264/HEVC 的视频编/解码关键技术研究[D]. 北京:中国科学院研究生院(光电技术研究所),2016.
谢义方. 数字图像复原算法研究[D]. 长沙:湖南大学,2004.
熊健. 高效视频编码关键技术研究[D]. 成都:电子科技大学,2015.
许晓丽. 基于聚类分析的图像分割算法研究[D]. 哈尔滨:哈尔滨工程大学,2012.
严恺. 基于云计算的移动医疗系统研究[D]. 长沙:中南大学,2014.
杨泉. 基于内容的视频检索关键技术的研究[D]. 兰州:西北师范大学,2009.
俞鹏飞. 基于内容的音频检索系统关键技术及其实现[D]. 上海:复旦大学,2013.
袁俊. 数学形态学理论及其在图像处理中的应用[D]. 武汉武汉理工大学,2007.
张起丽. 基于数学形态学的彩色图像处理研究[D]. 西安:西北大学,2009.
张元伟. 静态图像压缩编码的研究与实现[D]. 太原:太原理工大学,2010.
张泽亮. 视频会议系统控制端应用开发[D]. 哈尔滨:哈尔滨理工大学,2015.
赵娟. 基于内容的海量音频智能检索与重复性检测[D]. 太原:太原理工大学,2015.
赵盼盼. 基于人眼视觉特性的高压缩比静态图像编码技术研究[D]. 太原:中北大学,2016.
赵毅. 空间音频编码及多声道音频恢复技术研究[D]. 北京:北京理工大学,2015.
周彬. 基于数学形态学的图像处理算法研究[D]. 哈尔滨:华北电力大学(北京),2008.
周承涛. HEVC 编码快速算法关键技术研究[D]. 杭州:浙江大学,2014.
周延献. 感知音频编码算法研究[D]. 天津:天津大学,2012.

CHO S, HARAFICK R M, YI S. Improvement of Kittler and Illingworth's Minimum Error Thresholding[J]. Pattern Recognition, 1989(2): 223 - 237.

CHOW C K, KANEKO T. Automatic Boundary Detection of Left Ventricle from Cineangioograms[J]. Computer Biom ed. Res, 1972(5): 3 884.

FFANCIS H Y, CHAN F K, LAM H Z. Adaptive Thresholding by Variantional Method[J]. IEEE Transactions on Image Processing, 1998, 7(3): 468 - 473.

GUIRONNET M, PELLERIN D, GUYADER N, et al. Video Summarization Based on Camera Motion and a Subjective Evaluation Method[J]. EURASIP Journal on Image and Video Processing, 2007: 1 - 13.

HASSAN M H, SJY P. Thresholding Based on Learning Theory[J]. In: Proc IEEE. Detroit, MI, USA, 1988, 76(10): 1 379 - 1 381.

OTSU N. A Threshold Selection Method from Gray Level Histogram[J]. IEEE Trans. on Syst. Man, Cybern, 1979, 9(1): 62 - 66.

PUN T. A New Method for Gray - level Picture Thresholding Using The Entropy of Histogram[J]. Signal Processing, 1980(2): 223 - 237.

TAMURA H, MORI S, YAMAWAKI T. Textural Features Corresponding to Visual Perception. [J]. IEEE Transactions on Systems Man & Cybernetics, 1978, 8(6): 460 - 473.

YANOWITZ S D, BRUCKSTEIN A M. A New MethodComputer Vision, Graphics and Image Processing[J], for Image Segmentation, 1989(4): 82 - 95.

